石油工程持续融合技术创新管理与实践

刘 合/王 峰 著

SHIYOU GONGCHENG
CHIXU RONGHE
JISHU CHUANGXIN GUANLI YU SHIJIAN

石油工业出版社

图书在版编目（CIP）数据

石油工程持续融合技术创新管理与实践 / 刘合，王峰著.
北京：石油工业出版社，2017.3

ISBN 978-7-5183-1800-1

Ⅰ. ①石 …Ⅱ. ①刘… ②王…Ⅲ. ①石油工程 – 技术革新 Ⅳ. ①TE

中国版本图书馆 CIP 数据核字（2017）第 031053 号

出版发行：石油工业出版社
（北京安定门外安华里 2 区 1 号　100011）
网　址：www.petropub.com
编辑部：（010）64523562　　图书营销中心：（010）64523633
经　　销：全国新华书店
排　　版：北京乘设伟业科技排版中心
印　　刷：北京中石油彩色印刷有限责任公司

2017 年 3 月第 1 版　2017 年 3 月第 1 次印刷
787 × 1092 毫米　开本：1/16　印张：14
字数：305 千字

定价：80.00 元
（如出现印装质量问题，我社图书营销中心负责调换）

序

面对石油工业的历史挑战，作者以吉林油田低品位油气资源开发实践为基础，以工程技术创新为突破点，围绕低油价下油田效益开发所面临的一系列工程管理和技术问题，认真分析油田规模建产、战略调整、长期稳产和效益开发等不同开发阶段工程技术面临的主要矛盾，用“矛盾论”和“实践论”的科学方法论，理清了工程技术影响勘探开发的主要矛盾与次要矛盾的转换关系及时机，定位了不同时期工程技术的地位和瓶颈技术。通过长期生产实践与现代化管理方法的有机结合，以工程哲学的思想为指导建立并发展了工程技术持续融合创新管理模式，有效指导了工程技术科技创新与管理，研发形成一批工程新技术、新方法、新工艺、新装备，加快了新技术开发步伐和工业化应用进程。

工程技术贯穿油气田开发全生命周期，在传统技术创新管理模式下，新技术从研发到应用周期长、效率低，难以适应油田快速发展的节奏，持续融合创新管理突破了传统管理模式的束缚，实现了管理升级和技术的有序换代。

作者建立的“持续融合技术创新管理模式”，即在原有技术基础上，以工程哲学思想为指导，以生产中不断更新变化的技术需求为引领，打破传统专业壁垒，抓住主要矛盾，将采油工程全系统的人才、技术、资本、信息等创新要素有机整合，实现资源配置的整体优化，并在这个相对多维的技术管理空间里形成开放、交互的创新体系，凝结成协同有序发展的持续动力。

持续融合创新管理强调研发的目标性、管理的系统性和成果的应用性，其内涵是：坚持传统工程技术常用常新，适应储层和生产动态的变化；坚持采油、油藏、钻完井和地面工程一体化融合；油田公司、采油厂、采油矿、采油队四级技术体系一体化管理，生产、科研、试验、推广一体化组织；新技术、新产品、新工艺、新标准一体化升级，保障工程技术创新长效、整体和协同发展。

“持续融合技术创新管理模式”在吉林油田开发低品位油气资源中得到了全面推广与应用,促进了新工艺、新技术的推广应用,加快了油气产能建设;有效的开发管理模式将成为规模开发、经济建产的推手;开发投资得到科学控制,获得了更好的经济效益;能够实现低品位油气资源绿色、低碳开发等。“持续融合技术创新管理模式”的推广应用,将为油田低品位油气资源效益开发带来新的技术变革、新的管理模式、新的经济收益及新的社会效益。可以预见,在低品位油气资源持续开发过程中,从不断创新到技术融合,从“授人以鱼”到“授人以渔”,将技术与管理有机的结合,必成为低品位资源开发的有效科学方法。

中国工程院院士:何继善

2016.12.20

目录 Contents

第一章

中国低品位资源现状及面临的挑战

第一节　中国低品位资源现状

一、低品位资源定义

1. 基本定义

低品位油气资源指相对于规模大、丰度高、产量高和油质好的“高品位”油气资源而言，现行制度和一定市场（油价）条件下，采用常规的经营管理方式，依靠现有的工艺技术，不能经济开采的油气资源。对于低品位资源，目前没有统一定义，国外称为“边际储量”、“边际油田”、“低产井”；国内低品位油藏一般来说有油藏丰度小（小于 50×10^4t/km^2）、原油黏度大（大于 5×10^4mPa·s）、埋藏深度大（大于 3200m 深度）及凝固点高（高于 40℃以上）等特征。

一方面，从成因方面分析，我国低品位资源有两种：（1）天然形成的：中国通常将复杂的小断块油气田、稠油油田，以及低丰度、低渗透油气田的资源称为“低品位”资源。（2）人为造成的：长期开采后油气田剩余的资源，大体相当于固体矿藏的“尾矿”，资源品位变差。不过流体矿藏的“尾矿”总量巨大，目前一般占探明地质储量的 70% 以上。另一方面，相对技术经济条件而言，“品位”是技术经济条件的函数，随着技术进步、油价上升，“低品位”资源可以变成“高品位”资源，而在油价下降时，“高品位”资源也可以变成“低品位”资源。

2. 按照开发阶段分类

根据低品位油气资源的开发阶段，将低品位油藏分为“难动用储量”和“尾矿”两类，第一种是指天然形成的未开发的低品位油藏，第二种是指长期开发后剩余的低品位油藏。

（1）难动用储量。

国内几大石油公司（油田）对难动用储量的定义也有所不同。

中国石油的定义为：在目前的技术、经济和政策条件下，开发低效或者无效的未开发储量。

中国石化的定义为：在目前的技术、经济和政策条件下，3 年以上未动用的已探明地质储量。

中国海油的定义为：在当前的技术、经济和政策条件下，经济效益较差、低于行业标准收益指标的暂时不能够投入开发的资源。

（2）尾矿。

指经过一定时期开发后，在当前技术、经济和政策条件下，过去一年内已经证实的，继续开采已无效或低效的剩余可采储量，其中包括因无效而停产、关井的原油储量。

3. 按照资源特征分类

根据低品位油气资源的概念和基本特征，从资源质量、储集物性及分布特征等方面将低品位油气资源分为四大类：

（1）Ⅰ类，即稠油类。这类资源本身质量比较差。从物理性质上看，密度大，一般超过0.934，黏度高，大于100mPa·s，流动性差；从组分上看，氧、硫、氮等元素、非烃及沥青质含量高，硫元素含量0.14%～1.10%，氮元素含量0.17%～1.12%，而常规油的硫和氮含量通常分别低于0.14%和0.17%，非烃和沥青质含量高达10%～30%，有的甚至可达50%。通常，这类资源埋藏浅，但储量规模较大。

（2）Ⅱ类，即低渗透类。这类资源本身物性特征较好，但一方面储量丰度低，单井产量低，规模较大，总量较大；另一方面储集物性比较差，孔隙度、渗透率低，渗透率一般小于50mD，物性非均质性强，储集空间分布极其复杂，比如裂缝或溶蚀孔隙。总体上，这类储量属于油气贫矿类，主要是由于储层物性特征较差致使其难以动用开采，包括复杂岩性、地层油气藏和裂缝性油气藏。

（3）Ⅲ类，即小油田类。这类资源本身品质及其储集物性较好，但由于单个油气藏（田）面积小、规模小、储量小，或者构造复杂，断裂发育，油水关系复杂，常呈成群或成带分布，多为边际油田。由于规模小，开采成本高，风险大，而且需要采用先进的钻井技术，如多分支水平井技术和大位移水平井技术。

（4）Ⅳ类，即剩余油类。这类资源是指经过多年生产后的油田所剩余的储量，属于油气"尾矿"，是一种人为生产活动造成的，通常分布在大型老油田，而且总量较大。在经过一次、二次采油后，油藏、油水关系复杂，剩余的资源分布规律性差，开发和生产成本较高，通常需要先进有效的油藏经营管理技术，包括精细油藏描述技术和三次采油技术等。

4. 低品位油气资源特征

（1）资源本身物化特性或其储层物性较差，通常密度大、黏度高、流动性差，非烃组分含量高，或者具有储量丰度低、单井产量低及渗透率低的"三低"特征；

（2）资源本身质量和储集物性较好，但分布极其复杂，或储量规模较小，需要特殊开采工艺和设备，风险高；

（3）随技术发展、油价升降而变化，与技术和油层呈函数关系，一般情况下，这类储量随技术进步、油价上涨及管理水平的提高而逐步转变为可动用储量，建成产能；

（4）与体制状况和石油公司的经营管理水平密切相关，通过灵活的体制，严格的成本控制和高水平的管理，在油价和技术一定情形下，相当部分低品位油气资源也可转化为可采储量。

总体来看，低品位油藏包括现在不能开发和不愿开发的油藏两种，不是一个非常严密的概念。从本质上看是一个相对的、动态变化的概念，随着技术、经济及政策和管理能力的变化而转变。

二、中国低品位资源总体情况

中国地质条件复杂，油藏复杂程度高，低品位油藏在全国油气资源中占有很大比重。2015全国油气资源动态评价显示，随着高品质资源逐步开采消耗，剩余的常规油气资源品质整体降低，80%为低品质、高风险类型。其中，超过35%的剩余石油资源分布在低渗储层，25%为致密油和稠油，20%分布在海域深水；超过35%的天然气资源分布在低渗透储层，25%为致密气，20%以上位于海域深水。

1. 国内低品位油气资源分布特征

（1）资源潜力可观。以非常规油气资源为例，截至2015年全国埋深4500m以浅页岩气地质资源量$122 \times 10^{12}m^3$，可采资源量$22 \times 10^{12}m^3$。累计探明地质储量$5441 \times 10^8m^3$，探明率仅0.4%。埋深2000m以浅煤层气地质资源量$30 \times 10^{12}m^3$，可采资源量$12.5 \times 10^{12}m^3$，累计探明地质储量$6293 \times 10^8m^3$，探明率仅2.1%。

（2）开发要求高。随着发展的不断深入，勘探开发对象复杂化，资源隐蔽性增强，发现难度加大，施工难度增加，对技术装备水平的要求和勘探开发成本不断提高，生态文明建设也对油气勘探开发提出更高要求。

（3）具有现实可开发价值的比例不高。当前经济技术条件下，可有效开发的页岩气有利区（指经过评价优选，通过钻探能够或可能获得页岩气工业气流的区域）可采资源量$5.5 \times 10^{12}m^3$，只占总量的25%，主要分布在四川盆地及其周缘。煤层气有利区可采资源量$4 \times 10^{12}m^3$，占总量的30%，主要分布在沁水盆地南部、鄂尔多斯盆地东缘、滇东—黔西盆地北部和准噶尔盆地南部。

（4）低品位储量动用程度逐年提高。中、东部地区的大庆、辽河、胜利、长庆等油田，低品位资源已经成为油气产量的重要组成部分。以胜利油田为例，经过40余年的勘探开发，新发现储量及已探明未开发储量已全面转向低品位阶段。勘探每年新增探明储量1×10^8t，目前近3/4的储量为低渗透、砂砾岩体、滩坝砂及深层油藏；胜利油田分公司240个未开发储量单元、5.73×10^8t储量，主要为深层特低渗透、薄层稠油、深层稠油及潜山油藏。

2. 国内低品位石油储量的开发现状

（1）动用及生产状况。

由于经济技术及政策环境等诸多因素的限制，低品位石油储量难以动用开发，建成实际产能。20世纪80年代以来，长庆、吉林、胜利、辽河及大庆等油田在开发难动用储量方面做了大量积极探索，初步建成了一定规模的低品位储量生产油田。进入20世纪90年代，特别是近几年，随着国民经济的快速发展，国内石油供应短缺加剧，国际油价长期处于高价位，而且石油科技水平不断提高，石油公司加强了对低品位石油储量的动用和开发，建成了相当规模的原油生产能力。

在对低品位石油储量的开发管理上，部分油田大胆尝试，运用市场机制，实行投资主体多元化，采用了合资开发、合作开发及个体投资等模式，充分发挥中小石油公司人员少、成本低、机制活等优势，形成了一套有效开发低品位储量方式，而且大胆探索，打破常规，因地制宜，探索出了实用、简易、有效的开采工艺措施。

比如，大庆、吉林油田通过联营合资方式率先摸索出国内外合作开发低品位石油储量的有效模式，先后成立了 44 家合资公司从事难动用储量开发和生产。不仅大大提高了油田原油产量，摸索出一套开发低丰度、低渗透资源的路子，而且创造了近万个就业岗位，促进了油田地区的稳定，取得了良好的经济效益和社会效益，促进了油气资源的合理、高效开发。

地处鄂尔多斯盆地东部斜坡带的延长油矿，近年来通过全面实施科技兴油战略，摸索出一套适合低渗透、特低渗透油田的开发生产工艺，包括先进的油井压裂技术和丛式井钻井工艺技术及旧井改造技术等，使延长油矿的资源利用效率明显提高。

20 世纪 90 年代后期，面临世界油价持续低迷，中国海油积极探索，借鉴国外先进管理经验，逐步形成了一套成功开发海上边际油田群的模式，采用油田群联合开发的思路和大位移水平井等技术，先后成功开发了珠江口盆地、惠州、北部湾盆地、涠州和渤海、渤西等边际油田群，将海上可动用储量的下限降为 550×10^4t，极大地提高了资源利用效率。

（2）存在的主要问题。

① 动用开采力度不够。截至 2002 年，累计动用低渗透石油储量 31×10^8t 左右，不足累计探明低渗透石油总储量的一半，约为 49%，对于稠油储量，开发力度相对较大，但仍有 25%～30% 没有动用，约 5×10^8t。其中，中国石油开发动用了低渗透石油储量 20.37×10^8t，约占其拥有低渗透石油储量的 46.9%，尚有 23×10^8t 有待开发动用。另外，处于高含水期的老油田在经过改善水驱的二次采油技术后，由于陆相油藏具有非均质性严重的特点，仍有 60% 以上的剩余油未被开采出来。

② 开采工艺和技术落后。总体上，中国开发低渗透油和稠油等贫矿型石油资源的工艺技术水平较低，存在一些关键技术瓶颈，不能满足大规模开发难动用储量的需要。对于裂缝性低渗透油藏缺乏有效的精细油藏描述技术和水平井及复杂结构井开采技术；对于稠油，尚未实行蒸汽驱技术的工业化开发和生产，缺乏解决特殊稠油油藏的开采工艺；对于老油田剩余油，缺乏先进有效的分布预测技术。

③ 勘查开发生产秩序混乱。在开发难动用储量油田过程中，个别地方无证勘查开发石油，非法抢占石油公司的合法区块和油井，不少区块，特别是非法区块不按油田开发规律办事，打井无设计、开发无方案、急功近利、乱开滥采、秩序混乱，不仅严重浪费国家油气资源，而且破坏污染了当地生态环境。

④ 油气资源管理体制不合理。油气资源实行集中统一管理，投资主体过于单一，生产

成本过高，没有充分发挥市场对资源开发和利用的有效配置，不利于对低品位石油资源的开发。

⑤ 税费政策有待改进。一是不同地区、不同品位油气资源税费政策的极差不明显，特别是优质资源与低品位资源之间的税费没有形成有效合理的等级；二是对于难动用储量缺乏有效的鼓励和支持政策，没有形成有效的激励政策，不利于促进低品位资源的开发。

总体来说，国内地质条件比较复杂，随着高品位资源开发程度的加深及探明储量的增加，低品位资源的比重将越来越大。在经济、技术条件不断成熟的前景下，低品位资源开发力度将不断加大直至成为油气开发资源的主体。

三、低品位资源典型代表吉林油田资源状况

吉林油田整体位于松辽盆地南部，包括嫩江、第一松花江及拉林河以南盆地部分，地跨吉林、辽宁、内蒙古三省区，盆地东部为张广才岭，西部为大兴安岭和小兴安岭，南部为康平法库丘陵地区。吉林油田主体位于吉林省中部，地面海拔 130～200m，勘探开发领域广阔，油气资源蕴藏丰富。油气产区主要分布在松原、白城、四平和长春 4 个地区，中心位置在松原市，区内交通便利。区域构造位于松辽盆地南部和伊通盆地。

吉林油区从 1955 年开始进行石油地质勘探工作，区内地质条件复杂，纵向上发育多套含油层系：顶部组合（明水气层），上部组合（黑帝庙油层），中部组合（萨尔图、葡萄花、高台子油层），下部组合（扶余油层和杨大城子油层）和深部组合（农安油气层、怀德油气层）。勘探开发对象为松南中浅层、伊通盆地、外围盆地和松南深层，主要含油目的层包括杨大城子、扶余、高台子、葡萄花、萨尔图、黑帝庙和双阳油层。油层以低渗透—超低渗透油藏为主，其具有碎屑颗粒分选性差、储层岩石的黏土和基质成分较多、成岩作用较强、油气层岩石中的孔隙喉道细小、比表面积较大等特点；多为三角洲前缘亚相，主要沉积微相类型有分流河道主体、分流河道、废弃河道、天然堤、决口扇和河口坝等。岩性以细砂岩、粉砂岩及泥岩为主，一般发育东西向天然裂缝，储层薄、变化快，隐蔽性强；油藏类型复杂多样，其中特低—超低渗油藏受岩性、物性控制作用较大，油藏天然能量较弱，原油性质多为常规原油，部分地区发育稠油油藏。

吉林油田石油开发经历了中高渗、低渗、特低渗、超低渗—致密油开发四个阶段。自 20 世纪 50 年代末首次在扶余油田获工业油流后，至 20 世纪 70 年代末，先后开发了扶余、红岗等中高渗透油田，从 20 世纪 80 年代开始，拉开了低渗透油田的开发序幕，陆续开发了新立、乾安、英台、长春等低渗透油田；20 世纪 90 年代依次开发了新民、四五家子、大安、大老爷府、木头油田南部等低渗透—特低渗透油藏；此后动用规模和产量比例逐步加大，“十五”期间，油田开发进入特低渗透油藏开发阶段，英台、大情字井地区效益储量陆续投入开发，2004 年原油产量突破 500×10^4t，截至 2010 年，原油产量达到历史最高位的 610×10^4t，其中，主体为低渗透—特低渗透油田，产量占比达到 81.9%。“十二五”以来，开发对象主要为松辽盆地南部中央凹陷区长岭凹陷的高台子、扶余油层，以及伊通盆地莫里青油田的双阳油层，油层中部深度一般大于 2000m，渗透率小于 1mD，属于典型的超低渗透—致密油藏，资源品质变

差，受开发技术限制、开发成本攀升、体制机制等因素的影响，新增探明储量及其动用率逐年变低，原油产量持续下降，截至 2015 年底，原油产量为 466×10^4t，其中超低渗透—致密油藏原油产量已经达到 38.13×10^4t，占总产量 7.24%，并呈现逐年上升趋势。可以说，吉林油田"十二五"以前开发上产主要是依赖于低渗透—特低渗透油田的持续开发动用。

截至 2015 年底，吉林油区共探明 28 个油气田，探明石油地质储量 15.22×10^8t；其中低渗透—特低渗透油气田 18 个，地质储量为 12.37×10^8t，占总探明储量的 81.27%。累积动用地质储量 10.08×10^8t，其中低渗透—特低渗透储量为 7.58×10^8t，占动用资源的 75%。剩余探明未动用储量 5.2×10^8t，其中，低渗透—特低渗透资源占比达到 90.7%，绝大部分油层渗透率小于 3mD；49% 的储量丰度小于 30×10^4t/km^2，千米井深日产油小于 0.7t 的资源占 79%，新井单井日产油下降至 1.5t 以下，低产是制约开发的核心问题，如何有效动用这部分低品位难采储量，对于实现油田可持续发展具有十分重要的意义。

吉林探区油气资源丰富，最新的勘探成果和地质认识认为，吉林探区石油资源量为 32×10^8t，探明程度较低，剩余资源量大，主要集中于中浅层扶余油层、中上部组合前缘带和东部盆地群的伊通盆地，勘探对象主要是河流相砂体控制的低渗透岩性油藏、西部坡折带浊积体岩性油藏、伊通盆地冲积扇、古潜山油气藏等。虽然剩余资源量大，但资源劣质化程度加剧，油藏控制因素多样，油水关系复杂，整体物性差，储量丰度低，埋藏深度大，一般均在 2000m 以上，储层以薄层、单层为主，油藏连续性差。扶余油层致密油在剩余资源量中占主体地位，资源量达到近 8.0×10^8t，储层孔隙度在 8%～11% 之间，渗透率一般在 0.1～0.5mD 之间及以下，直井稳定产量小于 1.2t/d，常规开发方式没有经济效益，勘探、开发的难度极大。

第二节　低品位资源有效开发面临的挑战

一、低品位资源的主要特点

1. 资源特点

从资源品质看，低品位资源的主要特点是低孔低渗、低产和低丰度，以吉林油区为例，低品位资源具有"低、深、薄、快、散" 5 个油藏特点。

储层低孔、特低渗、特低丰度特征日益突出。全国探明石油资源平均储量丰度 167×10^4t/km^2，低渗透储量资源平均储量丰度 46×10^4t/km^2，而吉林油区低渗透储量多小于 50×10^4t/km^2，一般为（20～40）$\times 10^4$t/km^2；油层有效孔隙度一般为 8%～13%，油层渗透率为 0.5～10mD，多数在 3.0mD 以下，如近些年提交的大安、大情字井油田外围等区块的油层渗透率平均为 0.69mD；目前正在开展致密油一体化开发试验攻关的乾 246—让 53 区块的油层渗透率平均为 0.1～0.3mD，孔隙度 8%～10%，储量丰度仅为（25～35）$\times 10^4$t/km^2。

油层埋深越来越大。新区产能建设井深从"十五"初的 1400m 左右增大到 2015 年的

2100m 左右，从今后的勘探开发形势分析，这种井深变化趋势将进一步延续下去。目前评价开发重点目标乾安地区油层埋深大于 1900m，伊通地区油层埋深在 2400～3100m。

薄层、薄互层特点日益突出。开发井中 3～5m 的油层厚度已占到 40% 以上，平均单层有效厚度只有 1～2m。以乾 246 区块Ⅰ砂组主力出油层为例（图 1–1），储层为三角洲前缘沉积，纵向上发育 2–4 个单砂体，砂岩厚度一般 8～15m，单层砂岩厚度 1～4m，平均单层有效厚度 2m 左右，隔层厚度一般在 2～3m，由于储层稳定性差，非均质性强，受 T_2 反射层强轴屏蔽作用和三维地震资料分辨率的限制，反射特征不典型，储层预测与砂体刻画技术难度大。

受沉积、岩性因素影响，储层变化快，连续性差。碎屑岩储层砂体连续性主要决定于沉积环境，吉林油区泉四段纵向上发育多期河道叠加或切叠，平面连片发育，顺物源方向砂体连通性相对较好，切物源方向河道宽度窄，砂体稳定性和连通性差，砂体宽度一般在 400～800m 之间，渗透性砂体宽度一般小于 500m（图 1–1）。

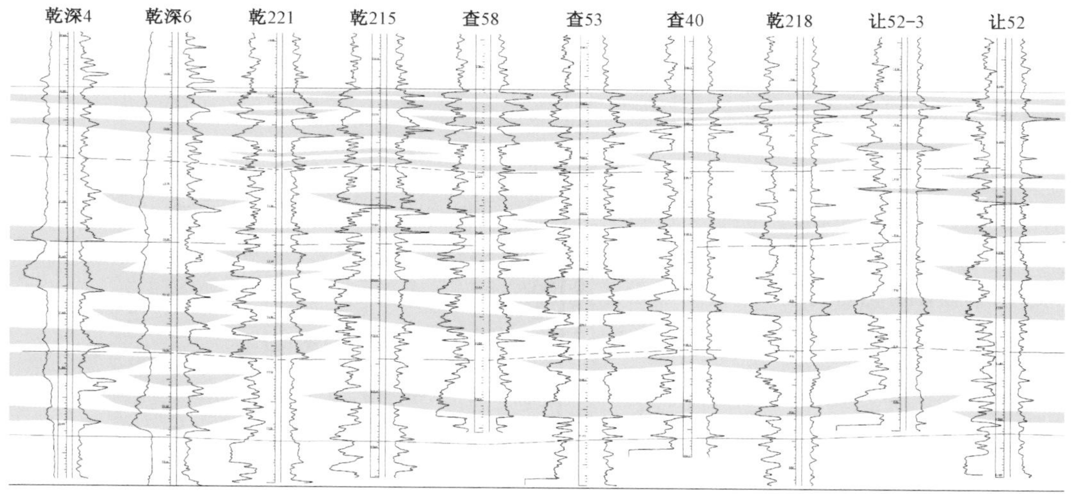

图 1–1　乾 246 井区乾深 4—让 52 井泉四段砂岩对比图（南北向）

油层在平面及纵向上分布趋于零散，油藏富集模式趋向于局部微构造和隐蔽的砂体相对高渗区。以英台油田为例，工区面积 693km²，纵向自下而上在扶余、高台子、葡萄花、萨尔图、黑帝庙油层均有油藏分布，平面上动用的独立油藏单元达到近 60 多个，油藏分布不均衡，南部油藏分布在局部断层控制的微幅度构造内，北部以断层岩性及岩性油藏为主，断层附近相对富集高产，多数油藏含油面积在 0.2～2.5km² 之间。

2. 储层微观孔隙与渗流特征

吉林油区特低渗透、超低渗透油藏主要分布在长岭凹陷、大安—红岗阶地和扶新隆起三大前缘带，通过储层物性、孔隙结构、渗流特征和储层敏感性四个方面研究，可以确定不同类型储层分类评价结果。

（1）储层物性。

吉林油区特低渗透、超低渗透油藏储层物性差（表 1-1），平均孔隙度在 10.5%～16.5%，渗透率在 0.36～7.2mD 之间。研究表明，特低渗油藏和超低渗油藏孔隙度差别较小，但渗透率和产能的差别较大，渗透率比孔隙度更能反映出储层的好坏。从物性统计结果看，孔隙度与渗透率呈较好的半对数线性关系，孔隙度随渗透率的增加而增大，并且随着深度的增加孔隙度和渗透率都有降低的趋势。与其他油田对比，长庆油田开发动用的特低渗透资源储层渗透率平均在 3～5mD 之间，大庆油田外围特低渗储层渗透率 1.7mD，吉林油田储层物性条件要差于长庆油田，与大庆油田外围基本相当。

表 1-1　吉林油区特低渗透、超低渗透油藏代表区块物性统计表

油藏	特低渗				超低渗			
区块	黑 79	乾 +22-8	乾 118	新 119	红 75	让 11	大 45	庙 124-1
孔隙度（%）	16.5	12.4	12.6	12.9	11.3	10.5	10.7	10.5
渗透率（mD）	7.2	3.5	1.65	1.29	0.72	0.49	0.39	0.36

（2）孔隙结构。

① 孔道半径。

根据不同渗透率岩心的孔道半径分布频率曲线（图 1-2），大渗透率岩心孔道分布区间与小渗透率岩心孔道分布区间接近，表明吉林油区特低、超低渗透油藏的孔道半径不能较好地反映出储层渗流能力的差别，因而也不能准确地反映出储层开发能力的差别。

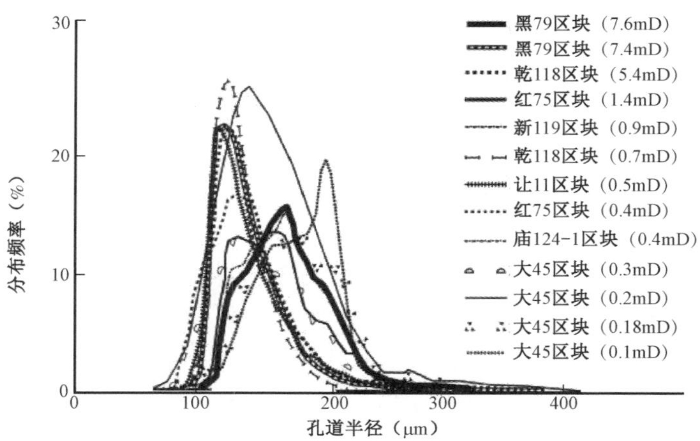

图 1-2　孔道半径分布频率

② 喉道半径。

根据不同岩心喉道半径的分布频率及与渗透率贡献率关系曲线特征（图 1-3、图 1-4），渗透率越大，喉道分布范围越宽，较大的喉道半径所占比例及对渗透率的贡献越高，储层的开发潜力越大；渗透率越小喉道分布越集中，曲线的峰值越高，较小的喉道半径所占的比例

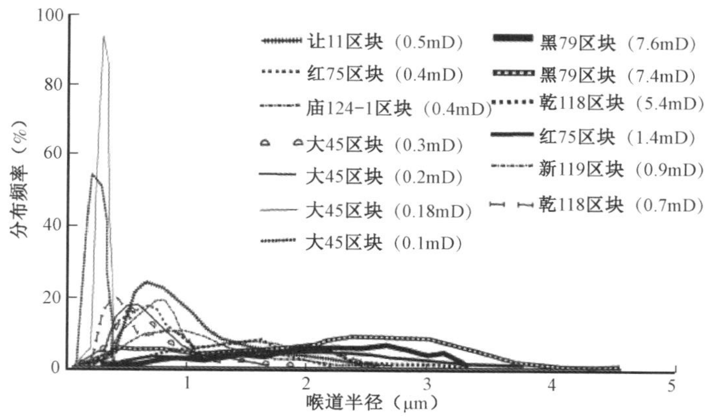

图 1–3　喉道半径分布频率

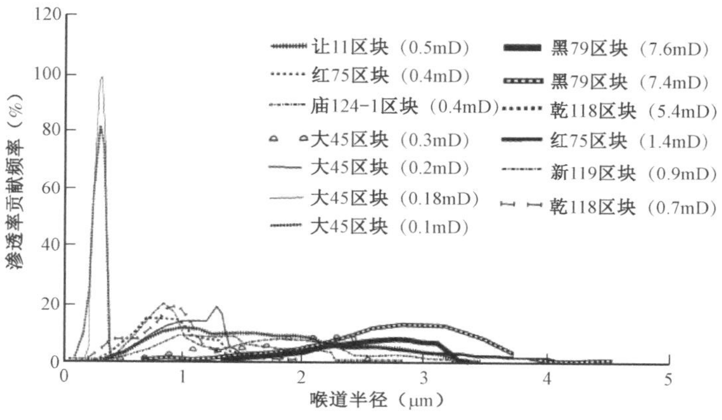

图 1–4　喉道半径与渗透率贡献率关系

及对渗透率的贡献越高，储层的开发难度越大，因此喉道半径及其分布是决定吉林油区特低、超低渗透油藏储层渗流能力的主要因素，吉林油区储层主流喉道半径为 0.5～1.5μm，与其他油田对比，长庆油田特低渗透储层主流喉道半径为 3.6μm，大庆油田外围特低渗储层主流喉道半径为 0.5～1.7μm，吉林油田明显差于长庆油田，与大庆油田外围基本相当。

平均喉道半径反映的是岩石总体喉道大小，在实际油田开发中对渗流能力起主要贡献的是主流喉道半径，吉林特低、超低渗透油藏的主流喉道半径与渗透率成较好的半对数线性关系（图 1–5）。

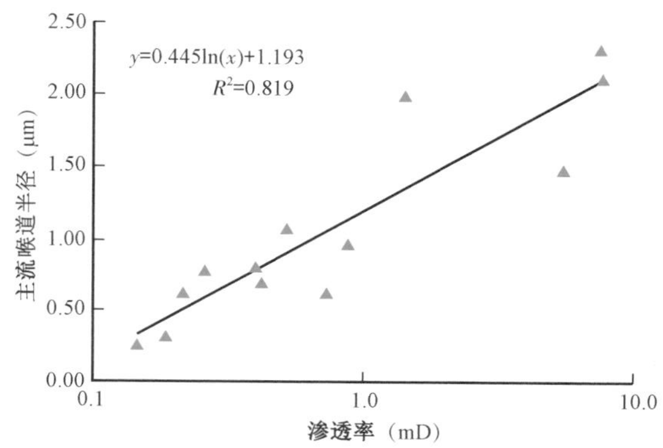

图 1–5　主流喉道半径与渗透率关系

③ 可动流体饱和度。

可动流体饱和度与渗透率呈较好的半对数关系，可动流体饱和度随渗透率的增大而增大，但可动流体饱和度与孔隙度相关关系明显差一些，储层物性越差相关性越差。吉林油田的可动流体百分数为51.5%，比大庆低渗透油田的可动流体百分数（36.9%）要高，略低于长庆低渗透油田的可动流体百分数（51.7%）。

（3）流体及渗流特征。

① 流体性质。

根据低渗透油田的大量开发实践，地层流体的物理性质中原油黏度对油田开发的影响最大。吉林油区地层原油黏度一般均小于10mPa·s，属于低黏度原油，统计表明地层原油黏度与渗透率、地层温度、地层压力和油井产能并没有形成明显的对应关系，因此对于埋深较大的低黏度特低、超低渗透油藏来说，原油黏度对油田开发的影响并不突出。

② 单相流体渗流特征。

低渗透油藏由于渗透率低，孔隙结构复杂，渗流环境复杂，因而其油、水渗流特点、规律要比中高渗透储层复杂得多。研究特低渗透油藏流体的非线性渗流特征，准确地确定特低渗透油藏的启动压力梯度，对特低渗透油田的井网部署和有效开发具有重要意义。

"十五"以来，随着特低渗透油藏大规模的开发，精确的室内实验研究成果和矿场实际表明：当渗透率小于5mD时，油藏中流体的渗流在大多数区域处于非线性渗流，而只有在井口附近区域处于拟线性渗流，若还沿用常规低渗透油藏的非达西渗流理论将会产生较大的误差。

低渗透储层由于孔喉微细，流体在渗流过程中受到岩石孔壁与流体固、液界面上的表面分子力的强烈作用，因此需要一个启动压差，才能使流体开始流动。从特低、超低渗透储层岩心水测启动压力梯度测试结果看（图1-6），启动压力梯度随着渗透率的增加呈减小趋势，并且与渗透率有较好的幂函数关系。当渗透率小于1mD时，启动压力梯度随渗透率的减小而急剧增大；当渗透率大于1mD时，启动压力梯度随渗透率的增大，其降低幅度变小。这是因为岩石渗透率越小，喉道越细，岩石喉道壁黏附的边界层厚度（对于水是水化膜厚度）占喉道半径的比例就越大，孔隙中过流面积越小，驱动流体流动所需克服的阻力越大，启动压力梯度也就越大，单井产能降低幅度越大（图1-7），因而储层开发难度也越大。吉林油区特低渗透储层启动压力在0.01～0.1MPa之间，比长庆油田启动压力大（0.01～0.05MPa），比大庆油田启动压力低（0.05～0.15MPa）。

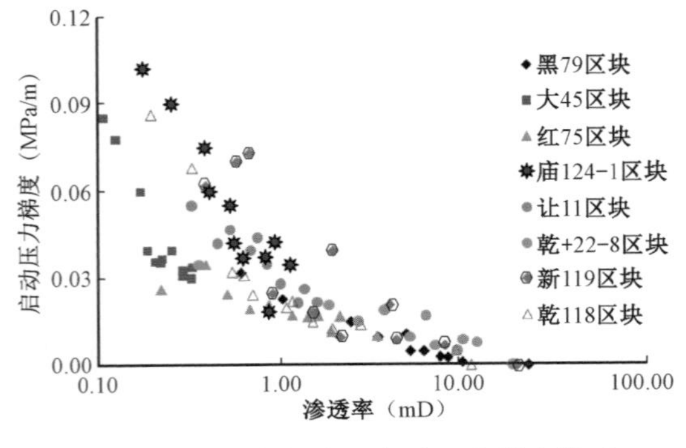

图1-6 渗透率与岩心启动压力梯度关系

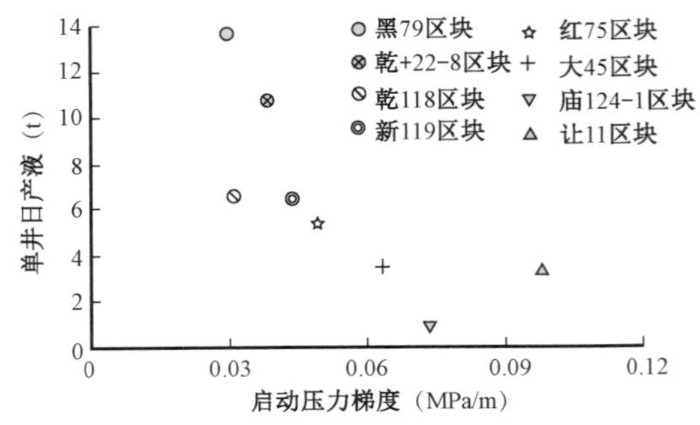

图1-7 启动压力梯度与单井产能的关系

③ 油水两相渗流特征。

根据吉林油区特低、超低渗透油藏不同渗透率级别岩心测试相对渗透率曲线分析，束缚水饱和度和残余油饱和度较高，其中束缚水饱和度在 30%～40%，残余油饱和度在 25%～30%，油水两相共渗区较小，在 30%～40%，说明岩心孔喉细小，毛管压力对油田开发的影响较大，具有一定开发难度。分析对比岩心驱油效率与渗透率关系，整体看驱油效率与渗透率对应关系较差，说明驱油效率受储层非均质性影响更大（图 1–8）。

（4）储层敏感性。

① 应力敏感性。

吉林油区特低、超低渗透油藏应力敏感性实验表明，在升压及降压过程中压力与渗透率关系符合指数递减规律，渗透率越低，应力敏感性越强，并且这种渗透率伤害在压力恢复后仍很难恢复（图 1–9）。

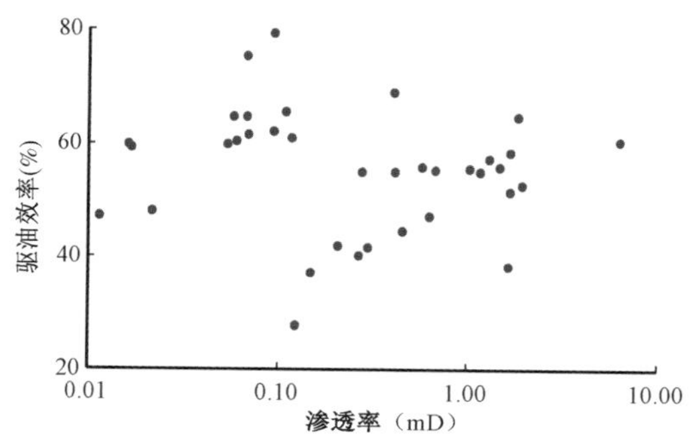

图 1–8 驱油效率与渗透率关系

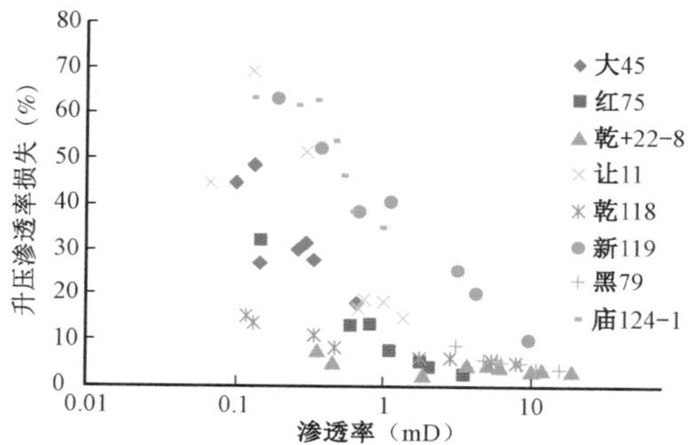

图 1–9 应力敏感性与渗透率关系

② 流体敏感性。

黏土矿物含量是影响吉林油田特低、超低渗透油藏注水开发的一个重要影响因素，黏土矿物含量越高储层水敏性越强（表 1–2），注水开发效果越差。长庆油田储层黏土矿物含量最低（9.1%），吉林油田储层次之，大庆油田外围扶杨油层最高（17.4%）。

表 1–2 黏土矿物绝对含量对比分析表

区块	高岭石（%）	绿泥石（%）	伊利石（%）	伊 / 蒙间层（%）	蒙皂石（%）	黏土含量（%）	储层敏感性
庙 124–1	0.00	2.54	3.16	4.44	0.67	10.14	中—强
大 45	0.61	2.42	3.49	5.73	1.79	12.25	中—偏强
让 11	0.54	2.95	3.64	8.37	1.46	15.50	中—强
红 75	0.07	0.14	12.53	1.26	0.19	14.00	中—偏强
新 119	0.64	2.17	1.01	0.85	0.19	4.67	弱—中等
乾 118	0.58	0.12	0.84	0.46	0.14	2.00	弱—中
乾 +22–8	0.26	1.44	3.13	0.92	0.09	5.75	弱—中
黑 79	0.00	0.95	1.20	0.50	0.08	2.64	弱—中

通过以上实验结果分析，发现吉林油田低渗透储层的渗流能力主要由主流喉道半径所决定。储层主流喉道半径细小，使得喉道内的黏土遇水膨胀后容易堵塞喉道影响流体流动，另外也使流体在渗流过程中受到固壁作用的影响很大，具有启动压力梯度，启动压力梯度的影响是低渗透储层的开发特征异于中、高渗透储层的重要原因。吉林油田低渗透储层介于大庆油田和长庆油田同类储层之间，在物性相近的情况下，长庆油田的主流喉道半径最大，黏土含量和启动压力梯度最小，这是长庆油田低渗透油藏开发效果明显好于吉林油田和大庆油田低渗透油藏的主要原因。

（5）储层分类评价。

通过储层微观及渗流特征研究，优选出 5 个与储层相关性强的参数（渗透率、黏土矿物含量、主流喉道半径、可动流体百分数、拟启动压力梯度）表征特低、超低渗透油藏储层分类系数，其公式为：

$$Feci=\ln\frac{(K_e/K_{emax})(s_o/s_{omax})(r_m/r_{mmax})}{(\lambda/\lambda_{max})(m/m_{max})}$$

式中 K_e——储层渗透率均值，mD；

K_{emax}——储层渗透率最大值，mD；

S_o——体百分数均值，%；

S_{omax}——可动流体百分数最大值，%；

r_m——主流喉道半径均值，μm；

r_{max}——主流喉道半径最大值，μm；

λ——拟启动压力梯度，MPa/m；

λ_{max}——拟启动压力梯度最大值，MPa/m；

m——黏土绝对含量均值，%；

m_{max}——黏土矿物绝对含量最大值，%。

利用储层分类系数取值及计算公式，并根据初期单井产能和储层分类系数的关系，确立了吉林油田特低、超低渗透油藏储层分类评价标准（表 1–3）。

表 1–3　吉林油田特低、超低渗透油藏储层分类评价标准

油藏	分类	渗透率（mD）	黏土矿物含量（%）	主流喉道半径（μm）	可动流体百分数（%）	拟启动压力梯度（MPa/m）	单井初期产能（t/d）	分类系数
特低渗	Ⅰ	5～10	＜ 3.0	＞ 2.0	＞ 60	＜ 0.0250	＞ 5.0	＞ 3.0
	Ⅱ	1～5	2.0～6.0	2.0～1.0	＞ 50	0.025～0.035	5.0～3.5	3.0～0
超低渗	Ⅲ	0.5～1.0	4.0～14.0	1.5～1.0	40～55	0.035～0.050	3.5～2.5	0～3.0
	Ⅳ	＜ 0.5	＞ 10.0	＜ 1.0	40～55	＞ 0.050	＜ 2.5	＜ -3.0

3. 开发特点

受低渗透油藏地质特征影响，吉林油区低渗透油田在开发上具有 5 个较明显的特征：

油田初期含水高。低渗透油藏储量品质差，对产能有两点影响，一是油藏中原生水饱和度高，投产初期油井出水；二是采油指数小，生产时需要较高的压力水平和较大的注采压差。自进入 20 世纪 90 年代以来，随着低渗透－特低渗透油田开发规模的逐渐加大，表现出油田开发初期就具有较高的含水，不存在无水采油期，到“十一五”之后开发的大安、大情字井油田开发初期含水就已高达 50%～60%。

单井产量低、采油速度低。低渗透储层主要发育在三角洲前缘相带，受基质渗透率、孔喉形态等影响，油层内流体渗流能力差，通常情况下不具备自然产能，即使具备产油能力也很低。尽管通过有效的油层改造技术使许多区块突破了工业油流关，但递减速度很快，“多井低产”的特征在吉林油区表现十分突出，使油田长期在较低的采油速度下开发。根据统计，目前吉林油区特低及超低渗油田新井千米井深稳定日产油一般低于 0.7t，远低于国内其他油田的产能水平，初期的采油速度 1.5% 以下。

油田采收率低。这主要是受两个方面因素决定的：一是基质孔隙度、渗透率条件差，油层中残余油饱和度相对较高，可动部分较少；二是面对这种低品质资源，当前的工艺技术还难以充分有效动用，吉林油区特低渗透油田常规开发平均采收率仅为 15%～18% 之间，致密油资源甚至低于 10%。

产量递减快，稳产难度大。吉林低渗透油田油气富集受岩性因素影响较大，如大情字井、大安、新民、新立等油田都处于向斜或斜坡构造带上，不具备完整的构造圈闭条件。一方面，由于岩性油藏平面连通性较差，边底水能量较弱，依靠地层弹性能和溶解气能驱动，压力下降较快，油井产能快速降低；另一方面，较差的孔喉结构降低了能量传导，较高的黏土矿物含量增加了储层的敏感性，造成能量补充难度极大，进入“十一五”以来，投入开发的低、特低渗透油田开发初期递减率已经达到了 30% 以上，油田稳产难度越来越大。

二、当前低油价对低品位资源开发带来的不利影响

自 2014 年下半年至 2015 年底，国际油价由 130$/bbl 迅速跌到 30$/bbl 以下，而后经过缓慢回升，至 2016 年 7 月徘徊在 50$/bbl 左右。如果欧佩克始终不采取减产措施应对油价下跌，预计还将继续走低，低油价期将会持续 2～3 年或者更长，其间可能有小幅震荡回升，短期内难以大幅反弹；即使走出低油价期，国际油价也难以长期反弹至 100$/bbl 以上，油价处于 60～80 美元之间的合理区间将是常态。

1. 对低品位资源开发的不利影响

以沙特阿拉伯为代表的石油输出国为了保持它们已有的市场份额，改变了以往油价下跌减产保价的策略，使国际油价低迷，国际石油市场供需的基准面已由供不应求转化为供大于求，市场的主动权由卖方转向买方，这对油气缺口不断增长的中国经济发展十分有利，但对石油企业冲击较大。在低油价下，以上游石油开采为龙头的油企受到了较大的冲击，尤其是对以低品位资源占主体的石油开发企业影响尤为巨大，往往由于钻采成本居高不下，资源品质差、单井产量低，单位吨油生产成本较常规油气资源高很多，开采效益差，各国石油企业的利润均大幅度下降。以美国为代表的非常规油气生产商受到了较大冲击，大部分生产商

通过减产、减员、降薪、转让、减少投资等方式应对低油价。如此形势下，面对相对高成本、低产出的低品位油气资源的开采则面临着更大的挑战。

（1）开发成本高。

值得注意的是不同油气矿种和资源品质对抗低油价的能力不同，不同的管理和技术水平也影响企业对低油价的适应能力。低油价对美国非常规油气生产带来较大冲击，其平均盈亏平衡点为 65\$/bbl；加拿大地区使用 SAGD 技术开发油砂的新建项目盈亏平衡油价约为 80\$/bbl；中国陆上石油平均生产成本在 50～60\$/bbl 之间，由于低品位资源占比很大，开发成本高，以吉林油田为例，其盈亏平衡点在 75\$/bbl 左右，这也造成了中国的石油企业上游业务利润大幅度下滑，企业亏损。在低油价下，各国油企大幅缩减低品位非常规油田新增开发投资额度，美国等多个产油国钻井平台开钻数量大幅度减少；根据美国 COWEN 公司的调查结果显示，2015 年全球陆上钻井数从上一年度的 10.06×10^4 口减少到 7.05×10^4 口，降幅达到了 30%；2015 年陆上钻井进尺从 2014 年的 2.54×10^8m 减少到 1.86×10^8m，降幅达到了 27%；部分油企关停和限产一些低产无效益的油井，努力压缩开发成本。

同时，老油田稳产和低品位储量有效开发难度越来越大。预计到 2020 年，在每年探明的石油地质储量中，低渗透—特低渗透、稠油、特殊岩性、致密油等低品位储量所占比例将达到 85% 以上。东部以松辽盆地低渗透、渤海湾盆地复杂小断块、稠油、潜山为主；西部以鄂尔多斯超低渗透与致密油、准噶尔盆地低渗透及稠油、塔里木盆地复杂碳酸盐岩为主，开发呈现出典型的“低、深、难”特点。所有这些复杂情况将导致开发成本的提高。

（2）效益下滑。

10 多年来，在高油价下，国内石油企业经营范围在纵向上不断向下游延伸，横向上不断向其他领域拓展，投资规模居高不下，规模得到了空前发展。2014 年，中国石油和中国石化双双进入世界前五强企业，同时也产生了大量的不良资产。以中国石油为例，由于低品位资源量占比近 2/3，虽然企业资产由 2005 年的 1 万多亿元增长到 2014 年的 3.9 万亿元，由于单位生产成本大幅度高于同期基准油价，2014 年利润大幅度下降，2015 年以来，经营形势更加严峻，下属多数上游石油开采企业亏损，整体利润在不断下滑。

同时，中国陆上油田开发已经进入全新阶段，一个显著特征是原油开采已处于“双高”和“双低”（新储量品位低、单井产量低）并存的状态，导致每年产能建设工作量持续增加。为弥补老油田递减、实现产量增长所需的原油生产能力建设规模逐年增加，同时，由于油田老化、单井产量下降，追求稳产所需钻井工作量大幅度增加，加之井深加大、水平井数增多，钻井成本总体全面上升。因此，油气开发成本近两年明显增长。随着操作成本增加，折旧折耗加大，原油完全成本也大幅上升。在完全成本快速增长情况下，产能建设投资效益持续下降。由于完全成本上升和新建产能内部收益率的下降，使上游投资回报率较大幅度下降。

（3）产量下降。

利润下降的同时，原油产量也在下降，据国家统计局公布的数据，2016 年 5 月份国内原油产量同比下降 7.3%，为 1687×10^4t；为自 2001 年 2 月以来 15 年来最大降幅，而石油输出国组织（OPEC）向国内市场大量供应石油，驱逐以低品位非常规油气资源开发的高成本生产商。

2. 低油价下低品位资源石油企业的发展策略

油价低迷倒逼企业加快改革步伐，这为中国以低品位资源为主体的油企大力开展技术创新、加快管理体制改革、走市场化道路创造了条件。

（1）加大勘探开发的技术创新力度，落实优质资源，提高储量动用率。

“十二五”期间，中国石油不断加大国内油气勘探投入，实现了国内探明石油地质储量的快速规模增长，平均每年增长（6～7）$\times 10^8$t，但每年新增储量对中国石油产量的贡献率不及总产量的1/10，反映了储量规模虽然逐年增大，但低品位资源量占主体地位，开发动用难度加大。故在低油价下，石油企业要以效益为中心，继续加强勘探开发技术的投入，从油藏工程、钻采工艺、地面集输等多方面开展技术攻关，大力推行集约化、工厂化施工作业、数字化油田物联网等技术措施，在降低开发成本的同时，寻找和落实优质资源，提高储量的动用和开发效益。

首先，要做到技术创新，石油企业要以效益为中心，做好资料的科学规划录取，继续加强勘探开发技术的投入，从油藏工程、钻采工艺、地面集输等多方面开展技术攻关，不断提高油田信息化水平以及高素质人才的培养。

其次，在低油价下，要秉持减本增效策略，适当收缩产业链、经营规模和转让不良资产，优化企业资产，卸掉企业沉重的包袱，集中精力发展有效益的业务领域。大力推行集约化、工厂化施工作业、数字化油田物联网等技术措施，在降低开发成本的同时，寻找和落实优质资源，提高储量的动用和开发效益。

（2）推进企业机制体制改革，实现降本增效。

改制以后的石油企业实行总部集权的计划投资管理体制，这种管理体制很难适应庞大复杂的企业和多变的市场环境，难以调动各类生产企业的积极性和创造性，这是造成企业效益下降的根本原因。需要大力推进企业投资等管理体制改革，增强企业内部技术创新活力，努力实现降本增效。

胜利油田东胜精攻公司为中国企业机制体制改革提供了一个思路，是中国陆上油田开发“低品位”储量成功的典范，其发展模式被业内称为“东胜模式”。东胜模式的基本内涵是按照股份制的资产组织形式和油公司的管理体制，其中51%的股份属于胜利石油管理局，保证了国家绝对控股地位，引入了有效市场经营机制，以专业化的油公司体制，依靠科技进步和精细管理，高效开发难动用储量。目前，该公司拥有石油探明储量1.53×10^8t，可采储量2154×10^4t。其中，低渗、特低渗储量占54.7%，稠油占21.2%，高凝油占8.5%，高含水储量占15.6%，全部属于“低品位”石油资源。东胜精攻公司通过艰苦创业，并充分发挥小油公司体制和机制的优势，以2003年为例，共生产原油51.26×10^4t，累计生产原油400×10^4t。自1993年成立10年以来，共创造产值43.4亿元，上交税费6.61亿元，利润9.35亿元，取得了引人注目的成绩。

（3）推进油气市场化进程，降低成本，盘活资产。

近些年来石油企业主要推行关联交易选择服务队伍，没有形成成熟的市场竞争环境，这也是近年来勘探开发成本迅速上升和技术创新不足的主要原因之一，难动用的低品位储量规模不断扩大，大量勘探投资沉淀。通过逐步推进油气市场化进程，发展混合所有制经济，不断完善油气市场价格体系，推进油气市场化进程。

三、低品位资源开发面临的挑战

目前，低品位资源已经成为长庆油田、吉林油田、大庆油田等中国陆上石油未来勘探开发的主体，资源多以致密油、致密气等岩性油气藏为主，油气分布复杂，隐蔽性强，面临着单井产能低、投资高，常规开发理念、开发技术难以实现效益动用的难题。应对非常规资源特点，必须加强油藏地质和工程技术攻关，开展大平台集约化建井、复杂结构井群钻井施工、大规模蓄能式储层改造、工厂化施工作业、油藏能量补充技术试验，同时创新管理模式，加强组织实施，达到降低成本、提高油井产量，实现低品位资源的效益动用的目的。

1. 关键技术挑战

（1）油藏工程优化技术方面。

① 攻关有效储层预测与定量评价技术，落实油气富集区。一是，深化物探技术应用与研究，攻关河道砂体、薄层、薄互层有效预测地震技术，指导储层精细刻画；二是，加强渗透性砂体定量刻画、储层综合评价与地质建模等技术研究与应用，优选可供效益开发的富集区。

② 攻关致密油资源有效开发方式，实现规模效益开发。一是，深入研究致密油储层微观孔隙结构与渗流特征；二是，致密油储层含油性评价及优质储层识别；三是，深化现有工艺技术条件下的产能评价，深入认识致密油产能及递减规律；四是，结合工程技术进展，转变传统开发理念，通过系统开发试验，明确致密油有效动用方式。

③ 优化油藏工程方案研究。一是，结合低渗透储层改造方式，优化油藏工程参数设计，建立科学合理的井网体系，形成有效驱替；二是，明确有效的能量补充方式，形成保持稳产和提高的采收率的配套技术。

（2）钻井工程技术方面。

低品位油气资源储层低孔、低渗，开发难度大，如何有效降低钻井投资和通过钻井技术手段提高油气井产量是低油价形势下实现低品位油气资源效益开发急需攻关和解决的问题。

① 低品位资源开发对钻井工程进一步降本技术的需求。

一是低品位资源开发对优快钻井技术的需求。提高钻井速度、缩短施工周期是降低钻井投资的有效技术手段，分析低品位资源地层特点，优选高效个性化钻头、螺杆，优化钻具组合、钻井参数以及井身剖面，以及应用高效提速工具，均可实现钻井速度的有效提升。例如，美国一家油公司开发鹰滩页岩气，利用常规导向螺杆钻具、MWD 和瓦雷尔国际公司的定制 PDC 钻头，实现若干口水平井 3 个井段（造斜段 + 稳斜段 + 水平段）一趟钻。头 10 只钻头平均进尺 3697m，平均机械钻速 30.6m/h。比邻井平均每口井少用 1～2 只钻头，少起下钻 1～2 次。

二是低品位资源开发对井身结构优化简化及配套支撑技术的需求。依据低品位资源地层特性、压力分布规律，依托钻井提速技术、防塌防漏技术等配套支持，开展井身结构持续优化简化，是降低钻井材料成本、缩短钻井工期的有效技术手段。

三是低品位资源开发对降低钻井投资作业模式的需求。集约化大平台建井、工厂化施工作业模式，可实现钻井专业化、标准化、批量化、流水线作业，减少设备等停时间，实现各环节之间的无缝衔接，可大大缩短施工周期，实现钻井投资有效降低。EOG资源公司在美国致密油开发中应用工厂化作业系列技术，水平段长度不断增加、平均钻井周期逐年减少、平均钻完井成本逐年下降。至2015年，水平段长度增加到2500多m，平均井深达到4500m左右，平均钻井周期减至8.2d，平均钻完井成本降至780万美元。

② 低品位资源开发对能够进一步提高单井产能的钻井技术的需求。

一是低品位资源开发对长水平段水平井钻井技术的需求。低品位油气资源采用常规直井、定向井开发，产量低、效益差，长水平段水平井技术是提高低品位资源开发效益的一项有效技术手段。但随着水平段延长，摩阻增大，钻进困难，且随着时间延长，井壁稳定性变差，施工风险提高。开展能够实现长水平段优快钻进的钻井技术攻关以及先进工具和设备的引进应用，将有助于提高低品位资源开发效果。

二是低品位资源开发对储层保护技术的需求。低品位油气资源多为低渗、致密油气藏，易发生不同程度的敏感伤害和水锁伤害，影响油气井产量，攻关过平衡储层保护技术和欠平衡钻井技术，实现对储层的有效保护，是提高实现低品位资源开发效益的有效技术手段。

（3）压裂工程技术方面。

国内陆相沉积与北美致密油储层相比，在岩石脆性、压力系数、储层连续性、非均质性等方面存在很大差异，储层改造是国外致密油有效开发的核心技术，进一步提高单井产量，在技术和做法上，需要结合国内油藏地质特点，在设计理念、工艺手段、裂缝控制及井网匹配等方面，攻关研究适合中国低品位资源特征的压裂技术。

① 与油藏匹配的体积压裂技术，国内低渗难采储量与国外相比，受泥质含量高、敏感性强、孔喉结构复杂、弹性能量小等因素影响，储层改造难度更大。

② 降低压裂伤害技术，在持续提升改造技术水平的同时，需要研究减少储层伤害瓶颈技术。水平井体积压裂单井用液量已近万立方米，是直井的10倍以上，储层伤害程度远高于常规压裂方式，攻关全部（或部分）CO_2/N_2无水蓄能式压裂技术取代水基压裂液，在显著降低储层伤害的同时，适度增加储层弹性能量，为进一步提高单井产量和采收率创造条件。

③ 低成本高效压裂施工技术，低品位资源储层体积改造工作量和压裂规模比传统压裂方式大幅增加，需要突破工厂化作业施工关键技术，进一步提高施工作业效率、保障施工质量，降低作业成本。

④ 因地制宜提高压裂效果的技术，清水压裂是目前应用最广的压裂技术（重复压裂和同步压裂也多以清水基液为主），但存在清水用量巨大，持续效果不明显、需重复压裂施工等问题，在清水压裂的基础的进行技术升级是当前主要研究方向。例如，混合压裂，通过注入滑溜水和凝胶能够获得比普通清水压裂更长的有效裂缝，具有更好的携砂能力和较低的滤失；纤维压裂，通过在压裂液中加入纤维（或光纤）类物质，能有效解决水力裂缝宽度不

够，支撑剂嵌入困难，压裂液携砂能力不足等清水压裂带来的不足。除清水压裂外，通道压裂、二氧化碳压裂、液化石油气压裂也是提高压裂效果的有效途径，但需因地制宜，根据储层及施工条件选择最优方案。

（4）采油工程技术方面。

目前油田机采举升工艺仍以传统抽油机举升方式为主，而传统的游梁式抽油机举升存在着安全环保、能耗、日常管理等诸多问题，特别是对于低品位区块的开发，问题尤为突出。注水工艺仍以井下偏心分层注水技术为主，与其相配套的井下投捞测试工艺存在着测试占井时间长、测试资料有效期短等问题，特别是对于复杂井筒地区、细分注水地区的开发，问题尤为突出。

① 传统抽油机举升能耗高、效率低。

“十二五”期间，油田能源消耗总量呈现了逐年上升的趋势，但随着节能技术研究的不断推进和节能技改措施的不断优化实施，原油生产单耗和产液生产单耗呈现逐年下降趋势。抽油机举升作为主要的举升方式，多种因素制约着抽油机举升效率的提高：抽油机启动扭矩远大于正常运行时扭矩，为保证抽油机正常启动，装机功率较大，这使得电机的功率利用率不高，存在“大马拉小车”的情况；抽油机结构庞大、笨重，地面结构复杂，传动效率不高；由于抽油机不平衡，容易造成反发电现象，电机功率因数低；由于地层供液不足，抽油泵长期处于充不满状态，泵效不高。这些因素影响整体系统效率的提高。总而言之，传统节能技术在低渗透油田机采井应用提高效率的作用有限，抽油机井节能潜力提升受限。

② 抽油机生产地面安全隐患点多。

抽油机井地面运动部件多，且需要经常进行调平衡、换皮带、维护井口等操作，防护不当就会有人员伤亡事件，造成生命财产损失。一旦抽油机井口防护栏安装不到位或损坏，人畜靠近现场，容易造成伤亡。存在安全隐患，抽油机地面设备多，长期暴露野外，容易造成线路、设备老化、裸露，存在安全隐患。随着国家对安全生产的日益重视，抽油机的安全隐患已成为影响油田生产发展的一个短板。

③ 杆管偏磨问题突出，免修期短。

近年来，大斜度井、水平井等复杂井型井逐渐增多，由此造成井下杆管偏磨问题增多。据不完全统计，杆管偏磨已成为油田日常修井作业最大因素。每年油田都要投入大量的人力物力。

④ 传统方式不能适应环境敏感区和行洪区连续生产需求。

随着社会发展，人的活动范围不断扩大，已经有许多油田靠近湖泊、河流、村落。特别是一部分井，由于河流改道等因素的影响，井场成为河道行洪区，每到雨季、汛期，正常生产受限。随着社会对环境保护问题的日益重视，这部分地区无论日常维护、作业都受到很大的制约。

⑤ 水平井及大平台地区井筒结构复杂，井下测试风险大。

油田资源品质变差，产建投资与运行成本高、“低油价”条件下，集约化建完井模式下井筒结构复杂，常规分层注水技术难以满足开发需求，投捞测试遇阻现象频繁发生，水井作业概率高，影响了地层能量的有效补充。

⑥ 细分注水测试效率低、作业风险大。

2011 年油田推行精细注水政策以来，注水井分注层段数逐年增多，加上周期注水的实施，注水方案的频繁调整，使得测试工作量逐年增加，测试效率难以大幅度提高。同时，中深井地区因水质差，井下工具腐蚀结垢现象严重，加大了井下测试风险，易导致水井大修作业，使生产成本居高不下。

⑦ 深井地区井下测试力量不足，影响地层能量补充。

随着油田的不断开发，注水井数及分注层段日益增多，而测试力量有限，加上注水井段深，测试时仪器易掉井，导致测试效率极低，难以实现有效注水。

⑧ 以压裂投产的低品位资源缺乏有效的能量补充技术。

目前国内外对低品位资源能量补充还处于探索阶段，国内矿场试验基本以注水为主，缺乏规模化成功的案例。如何解决注水注不进、注气易气窜、最大程度的实现基质内原油置换是下步需解决的关键问题。

（5）地面工程技术方面。

地面系统形成了站外单井集油、站场密闭集输和处理，联合站脱水、集中建注水站分区注水等常规成熟技术，基本满足地面系统常规开发生产需求，但低品位资源具有区块分散、多数位于已建地面系统边缘地带等特点，采用常规技术手段工程建设投资高、运行费用高、设计和建设周期长，需要开展新设备新技术新工艺研究，满足低品位油气资源地面系统生产需求，实现投资少、运行费用低的目标。

① 开展站外单井集油、站外注水、供配电、站场原油集输和处理、污水处理等新工艺新技术新材料研究，通过优化设备参数，在满足生产需求的前提下尽可能减少设备尺寸，实现地面工艺优化简化。

② 开展多功能合一设备科研攻关和现场试验，通过多功能设备模块灵活组橇、实现定型图设计，满足规模化采购和工厂化预制，实现橇块化设备整体快速搬运和现场快速连接，替代常规地面工艺处理单元，缩短设计和施工建设周期，减少征地面积，降低工程投资。

2. 效益开发挑战

吉林油区油气资源具有埋藏较深、构造复杂、储层致密的特点，开发上呈单井产量低、递减快的特征，地层能量不足且补充难度大，需要强化储层改造，创新能量补充手段，以提高开发水平和开发效果。而这些措施的应用，常常以更高的投入为代价，这就增加了低品位资源效益开发的难度。

（1）投资管控难度加大。

主要因素有两点：一是资源劣质化程度不断加大，造成油井生产能力和稳产水平下滑严重。吉林油田开发对象已由“十五”前的中高渗透、整装低渗透油藏逐步过渡到特低渗透、超低渗透岩性油藏以及致密油气藏，油井万米井深建产能由 10 年前的 0.48×10^4t 下降到 2015 年的 0.22×10^4t，新井初期递减基本在 30% 水平；二是建设投资的增加。体现在以下四个方面：① 油藏埋深增加造成的钻井费用增加。吉林油田开发油气层主要是松南深部扶余油层、伊通盆地的双阳油层和深部断陷，油气藏深度均在2100～2300m及以上。2006年以来钻井成本不断上升，由2006年的1726元/m上升到2013年的3656元/m（水平井影响），2015年为2152元/m。② 压裂改造规模改变造成采油费用增加。普通直井采用常规压裂方式平均单井压裂费用仅为30万元，而采用大规模体积压裂方式的水平井平均单井压裂费用为900万元，是常规直井的30倍。③ 水平井等新开发方式的推广应用造成整体投资规模增加。水平井的整体投资比直井要高出3倍以上。④原材料价格上涨、安全环保、土地及人工费上涨等因素影响。单井地面工程投资由2006年68万元上升到2013年120万元，年均增长11%，2015年为96万元。单井永久征地费由2006年的5.5万元增加到2015年的26.1万元，每平方米永久征地费用由34元增加到2015年170元。

这两方面因素影响，导致百万吨产能投资由2006年的37亿元上升到2015年的93亿元（图1-10）。基于国际油价长期低迷的形势，中国石油从规模速度发展向质量效益发展转型的力度进一步加大，投资规模大幅压缩，吉林油田多年来主要依靠规模速度发展，资产规模庞大、质量效益与规模速度存在剪刀差、投资回报持续下降、主营业务盈利能力逐步减弱等矛盾和问题非常突出，百万吨产能投资指标不断升高。

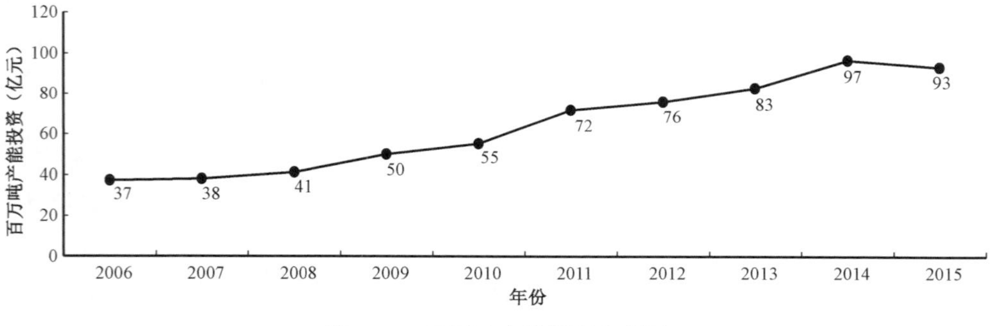

图1-10　百万吨产能投资变化图

（2）操作成本居高不下。

"十二五"以来，吉林油田发现和动用的资源赋存于低渗透—特低渗透和致密油藏之中，普遍存在单井产量降低、递减快的生产特征，尽管在开发方式和开采工艺技术上不断创新和完善，起到了提高开发效果的作用，但提高程度不能从根本上转变盈亏状态；同时材料、人工等成本压缩难度大，总成本费用持续上升，2014—2016年吉林油田实行自主经营后，通过分要素制订成本控制对策，运行成本整体压缩12%，其中可控管理费用压缩20%，2015年总体操作成本从2014年的59.5亿元下降到57.8亿元，单位操作成本呈现快速爬升态势，由2006年的539元/t上升至2015年的1388元/t（图1-11），在低油价形势下如果再考虑折旧和期间费用，企业很难盈利。

（3）管理模式亟须创新。

改革是发展的动力，企业要想生存发展，就要打破一些不合时宜的陈旧模式，寻找适应

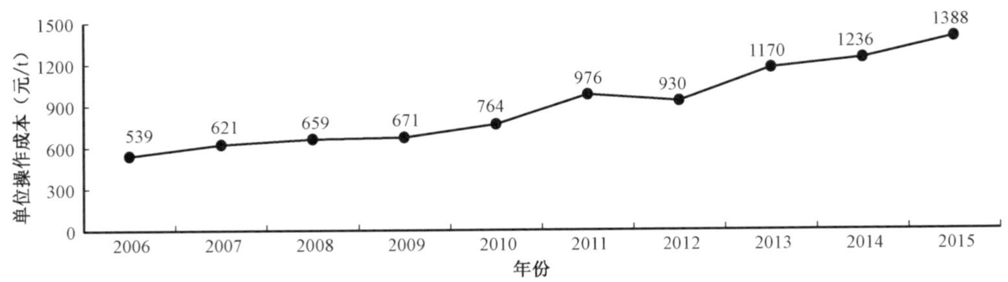

图 1–11　单位操作成本变化图

新形势的出路。

① 原有的项目管理运行流程效率过低。

国企原有的项目管理流程是各部门相对独立运作、缺乏有效沟通，项目审批流程按部就班、层层审批，进度缓慢。2014 年以来，吉林油田公司管理层通过深化体制改革，扁平化管理、一体化实施，下放管理权限，简化管理流程，提高项目运行效率。例如为确保致密油开发工作快速顺畅推进，成立致密油开发项目部，精简组织机构，明确工作职责，缩短项目流程，实施井位部署一体化、信息建设一体化、地质导向一体化、现场监督一体化、运行组织一体化等措施，项目管理运行效率明显提升，仅从以下两个方面就能看出显著效果：合同审批制度由报批制改为报备制，简化审批流程，同比半年内多签订合同 120 个；土地征用方面超前下达投资，集中优势兵力，工作效率提高 2 倍。

② 关联交易模式造成投资过高。

国有体制特有的关联交易规则在当前低油价形势下问题较为突出。通过积极推进市场化运作，探索降投资有效途径，实现双方共赢。

以乾 246 致密油区块为例，在目前技术条件和单井产量下，要想实现效益开发，单井投资必须控制在 1634 万元以下（表 1–4），而在关联交易规则下，反复深度优化钻井和采油投资参数，均不能将投资压缩在边界线以下，但是通过市场化运作，经过 5 轮招标后，目前单井投资仅为 1600 万元。

表 1–4　乾 246 区块市场化逐轮招标后单井投资变化表　（万元）

招标轮次	钻井投资	测 / 录井投资	投产投资	压裂投资	地面投资	设计、环评等投资	总投资
关联交易	850	105	174.1	979	108.3	26.6	2243
第一轮招标	675	105	174.1	979	108.3	26.6	2068
第二轮招标	575	90	152.7	917.4	108.3	26.6	1870
第三轮招标	550	90	152.7	767	108.3	26.6	1695
总承包	—	—	—	—	—	—	1619
目前	570	110	166	621	123	10	1600

③ 建井、投产周期过长导致投资增加、效益差。

当前形势下，时间就是效益，早一天见油就早一天有收益。建井周期包括钻井周期、投产周期等，钻井周期长直接引起钻井投资大幅增加，投产周期漫长会导致已开发油井当年贡献小，见油慢，影响经济效益。急需制定有效激励手段提高钻井效率，缩短钻井周期，同时加强组织协调运行，尽快合理安排投产时间，快速排液见油。

另外，国际油价长期低迷。当前和今后一个时期，油田公司改革发展将面临更加错综复杂的内外部形势。从外部大形势看，一是世界经济复苏缓慢，石油供应总体宽松，根据中国石油经济技术研究院的预测结果，短期内原油价格处于中低位震荡的局面不会发生实质性改变，除非出现重大的地缘政治事件，否则 2020 年之前国际油价将长期处于相对低位，预计总体上在 40～80 美元之间。二是新常态下国内经济下行压力较大，油气需求增速放缓；油气行业更加开放，根据国家发展与改革委员会有关负责人对“十三五”规划的解读意见，成品油价格或在 2020 年完全实现市场化，市场竞争将更加激烈；与此同时，国家监管、安全生产和环境约束更趋严格，涉及的法律问题越来越多，面临的矛盾和挑战也将越来越大。

综上所述，形势的需要迫使加快一体化管理、市场化运作的探索和创新，实现低品位资源的效益开发。

第三节　采油工程持续融合技术创新管理模式的建立

一、持续融合技术创新管理实施背景

经过多年持续开发，中国老油田已全面进入开发中后期，产量下滑严重，稳产形势严峻，不断出现新的问题，油田含水不断上升，新增石油储量以低渗透为主，天然气持续探索成效不大，中国石油可持续发展面临困境。采油工程是油气勘探开发的重要环节，每一次技术突破都推动油气生产跨越式发展，采油工程技术创新是破解油田开发困境的最有效途径。

采油工程是油田开采过程中根据开发目标通过生产井和注入井对油气藏采取的各项工程技术措施的总称，是连接地面和地下的纽带，是油气田能否有效开发的关键环节，涵盖分层注水、增产改造、人工举升、油田化学、井下作业等方面，是一个复杂的、多学科的系统工程。

采油工程技术研发对象复杂多变，工艺繁杂多样，技术面宽类多、监管点多面广，油田生产对技术创新的紧迫需求和采油工程高投入、高风险的特点，决定了采油工程技术的研发与应用不能容忍，也经受不起大的失误，这就要求采油工程技术的发展必须自觉运用工程哲学的思想，解决生产难题，创新核心技术；必须以矛盾论、实践论为指导，抓住主要矛盾和矛盾的主要方面，来分析问题和解决问题；必须正确运用系统工程的理论和方法，高效组织好技术的攻关与应用。

面对石油工业的历史挑战，以采油工程技术为突破点，以大庆油田开发实践为基础，围绕中国石油采油工程面临的科学问题，认真分析油田规模建产、战略调整、长期稳产等不同

开发阶段采油工程在勘探开发中面临的主要矛盾，用"矛盾论"和"实践论"的科学方法论，理清了采油工程中影响勘探开发的主要矛盾与次要矛盾的转换关系及时机，重新定位了新时期采油工程的地位和瓶颈技术。建立并发展了采油工程持续融合技术创新管理模式，有效指导了采油工程科技创新与管理，紧密结合油田生产实际需求，研发形成一批采油工程新技术、新方法、新工艺、新装备，加快了新技术开发步伐和工业化应用进程。

在国际油价持续低迷的背景下，持续融合技术创新管理模式对于中国低品位油气资源开发具有最实用的现实意义，充分利用传统优势技术，结合创新技术联合应用，将有效降低油气开发成本，推动油田可持续发展。

二、持续融合技术创新管理内涵和主要做法

1. 持续融合技术创新管理内涵

采油工程贯穿油气田开发全生命周期，是复杂的、多学科系统工程，传统技术管理模式下，新技术从研发到应用周期长，难以适应油田快速发展的节奏。

持续融合技术创新管理即在原有技术基础上，以生产中不断更新变化的地质需求为引领，打破传统专业壁垒，将采油工程全系统的人才、技术、资本、信息等创新要素有机整合，形成一套整体优化的资源配置，并在这个相对多维的技术管理空间里形成开放、交互的创新体系，凝结成协同有序发展的持续动力（图 1–12）。

图 1–12　持续融合技术创新管理模式内涵

该技术创新管理模式强调研发的目标性、管理的系统性和成果的应用性，其内涵是：采油、油藏、钻完井和地面工程一体化融合，公司、厂、矿、队四级技术体系一体化管理，生产、科研、试验、推广一体化组织，新技术、新产品、新工艺、新标准一体化升级，保障采油工程技术创新长效、整体和协同发展（图 1–13）。

（1）采油、油藏、钻完井和地面工程一体化融合。

技术研发多专业一体化整体设计，既考虑生产需求，又兼顾生产应用，增强了攻关的针

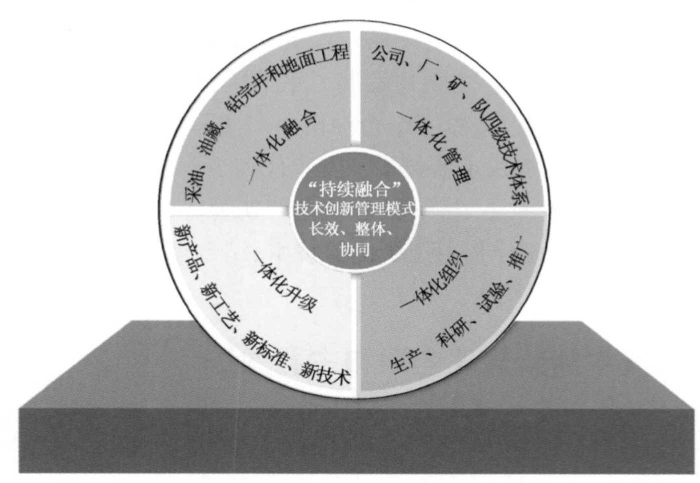

图 1–13 持续融合技术创新管理模式四个一体化内涵

对性和实用性。通过多专业融合,找到专业间技术的融合点,确保研发过程中各专业有序衔接,不走弯路,提高了研发效率。

生产方案采油工程提前介入,向前延伸到地质和钻井工程,向后延伸到油藏和地面工程,共同参与方案设计,共同开展重大试验,资料录取一体化,相互借鉴共享,避免干扰和浪费,提高了方案的符合率(图 1–14)。

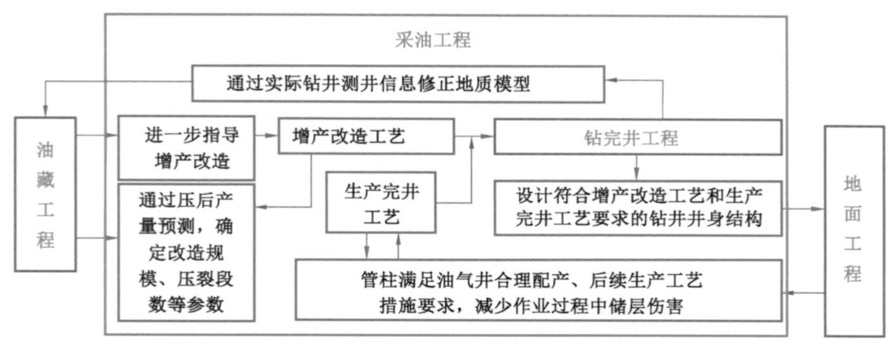

图 1–14 "逆向设计、正向施工"的一体化设计流程

(2)公司、厂、矿、队四级技术体系一体化管理。

采油工程技术研发应用是一项涉及多因素的系统工程,人是其中最关键的要素。必须最大限度调动各层次人员的积极性和创造性,确保高水平、高效率完成工作。必须分清层次,明确职责,各司其职,协调配合,确保高效运行(图 1–15)。

(3)生产、科研、试验、推广一体化组织。

以需求为导向,以应用为目标,研发应用过程中,坚持试验先行,以认识论为指导,试验暴露问题,不断完善提高。成熟一项,推广一项,研究、试验和推广同步进行,有序衔接,加快

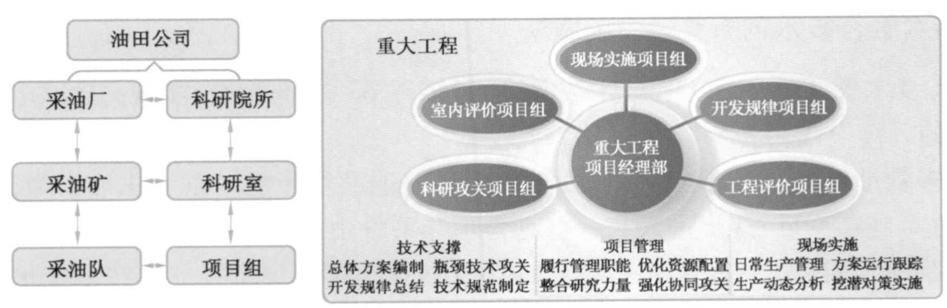

(a) 四级技术体系　　(b) 重大工程项目管理体系

图 1–15　四级技术体系和重大工程项目一体化管理流程

了研究和成果转化的步伐，成果快速实现工业化规模应用(图 1–16)和(图 1–17)。

图 1–16　一体化组织协同创新机制

(4)新产品、新工艺、新标准、新技术一体化升级。

创新形成的核心关键技术、新的生产工具、适应生产需求的新工艺，尽快形成标准、规范和流程，实现技术整体有形化，适应新的生产需求。加快技术配套和技术国产化步伐，促进技术规模化应用步伐，形成技术逐步升级换代的良性循环(图 1–18)。

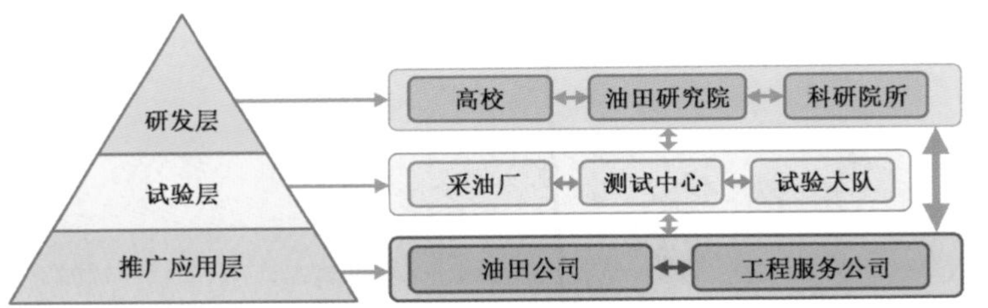

图 1–17　采油工程主体技术从研发到推广的流程

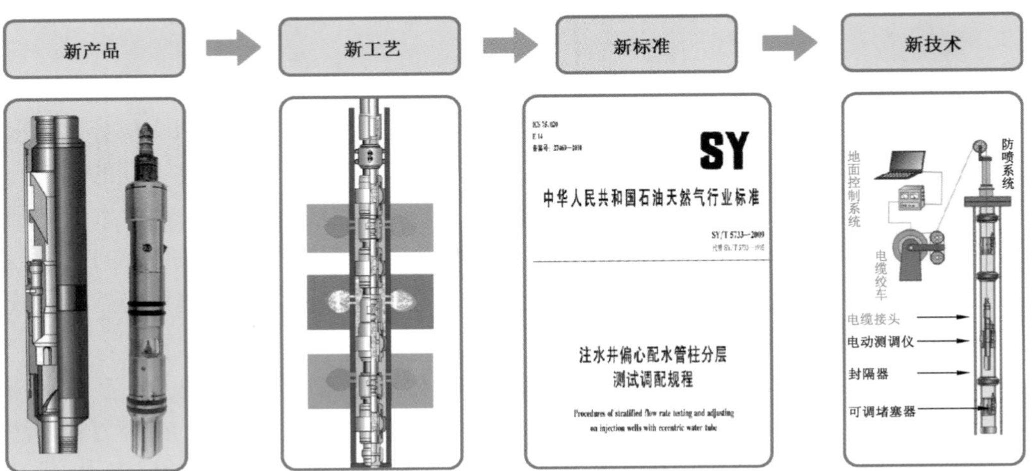

图 1–18　新产品、新工艺、新标准、新技术一体化升级流程

2. 持续融合技术创新管理主要做法

（1）持续水聚两驱开发工程技术攻关，通过多环节一体化融合，实现高含水老油田采油工程技术的升级换代。

中国多数油田经过数十年开发后，出现多种普遍共性矛盾。以大庆油田为例，其经过27年5000万吨稳产后，逐步进入高—特高含水开采阶段，综合含水接近90%，控水稳油、延缓递减面临三大难题。一是80%剩余油集中在中低渗透层，原有分注技术配水器间距在8m以上，难以实现细分注水，中低渗透层吸水很差甚至不吸水；二是高渗层剩余油高度分散，笼统注聚难以满足有效驱替需要，制约聚合物驱工业化应用；三是长期高强度注水开发导致大量油水井套管损坏，甚至报废，造成井网不完善，丢失可采储量。为此，建立了以精细分层注水、聚驱分注和套损井修防为核心的高含水老油田采油工程技术系列（图1–19）。

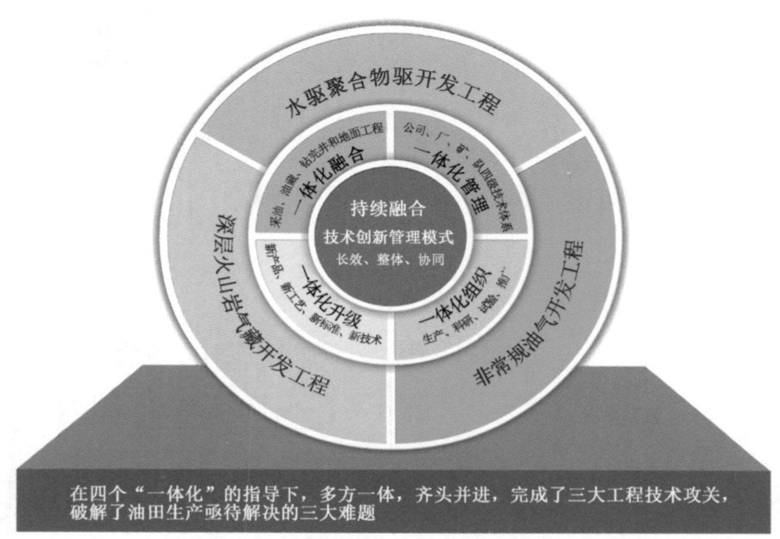

图1–19　持续融合技术创新管理模式破解了三大难题示意图

① 精细分层注水技术系列。

中国石油注水开发储量占已开发总储量的82%，水驱产量占总产量的80%，分层注水在经济有效开发、持续高产稳产、提高水驱采收率等方面取得了显著成效。在不同的油田开发阶段，分层注水面临不同的矛盾和生产需求，对于非均质多油层砂岩油藏，高含水后期层间矛盾更加突出，各类油层在层间、平面和层内有很大的差异性。通过划分不同的开发层系，每口井有几个或十几个小层进行开采，各层之间以及单层在平面上的渗透率仍然存在较大差异，精细分层注水是开发这类油田的有效手段。

在持续融合技术创新管理模式的指导下，认真分析油田注水开发历史及配套注水技术发展历程，确定了分层注水技术的发展方向：小卡距、高精度、减少测调量，在努力实现注采平衡、保持油层驱油能量的同时，通过缩小分层卡距以挖掘低渗透和薄差油层潜力，通过提高分层测试精度和减少调配工作量，以提高测试效率和降低成本；同时，理清了注水技术的创新和管理思路，即长效、整体和协同，集中公司内部科研、生产，以及高校、科研院所优势资源协同攻关，油藏、开发整体考虑，实现老技术常用常新，使中国分层注水技术始终处于国际领先地位（图 1–20）。

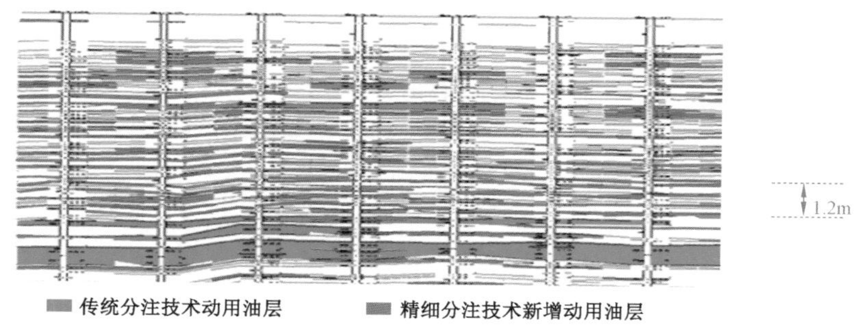

图 1–20　传统分注技术与精细分注技术新增动用油层对比

a. 桥式偏心分层注水技术。

油层压力的监测和控制在实施有效的油藏管理过程中始终占有重要的地位，全井压力无法反映不同性质油层的压力及其开采动态变化特点，新型测压工艺满足了高含水后期的注水需求。桥式偏心注水及测试技术通过桥式偏心主体与测试密封段的发明和创新设计，实现了多层、单层卡封分层流量测试，调配简单、效率高、功能强，实现了井下瞬间关、测、调、堵功能。采用双卡测单层技术和小量程流量计，减少了递减法测试误差和仪器误差，提高了测试准确度，对多层、单层注入量低的注水井具有明显优势，实现了高效、准确的分层压力测试，满足磁性定位、验封、测压、分层流量、同位素吸水剖面等多项测试要求，可获取 25 项分层动静态资料，在油田应用中见到了好的效果。

采用桥式偏心分层注水工艺可有效提高多层且单层注入量小的水井注水合格率，监测套损区压力预防套损、判断并控制超破裂压力注水，进行注水井方案调整，加强对储层认识，提高数值模拟精度。

b. “两小一防”细分注水技术。

油田进入高含水后期开采阶段，油藏非均质性的矛盾更加突出，高渗透层过早出现水窜，而低渗透油层吸水量很低甚至不吸水，调整挖潜的对象由高渗透层转向低渗透薄差层。原有的分层注水管柱和测试工艺只适用层段划分在 8m 以上的分层井，对 8m 以内的众多小层不能划分。为了将薄差层从原来划分的层段中解放出来，提高其吸水能力和储量动用程度，必须解决原有的投捞测试工艺对两个偏心配水器之间距离在 8m 以上的限制。为此，研制了“两小一防”细分注水管柱。“两小一防”指的是小夹层、小卡距，防止在锎压时封隔器下部高压层向上部低压层产生压力传递，主要在细分注水管柱和相应的测试技术两方面进行了技术攻关，使两级偏心配水器的间距由 8m 缩短到 2m，满足了油田细分注水的需要。

“两小一防”细分注水管柱主要由超短式可洗井封隔器、配水器、筛管和挡球等组成。

攻克桥式偏心（同心）分层注水配套技术，测试精度由 80% 提高到 95% 以上，解决了多级分注测试精度低的问题。

发明“桥式偏心 + 电缆直读测调联动”分注技术，单井测调周期平均由 4 天缩短至 1 天，解决了精细分注后测调工作量急剧增加的难题。

c. 桥式偏心 + 钢管电缆直读测调联动分层注水技术。

传统钢丝投捞测调工艺中，钢丝是测调时地面与井下关联的唯一纽带，分层注水量只能通过井下存储式流量计随钢丝下井至各分注层进行测试，测试结果必须随钢丝至地面取出井下存储式流量计回放获得，且每次需要获取分层注水量就得起下一次井下存储式流量计；投捞试凑调节水量，即根据经验不同分层注水层更换不同规格通径的水嘴，则先将需要更换水嘴层位的堵塞器用钢丝随投捞器下井捞出至地面，在地面更换需要规格通径的水嘴，再用钢丝随投捞器下井投入，每更换一层堵塞器，就得重复上述投捞过程一次，投入更换水嘴堵塞器后还需重新进行测试验证，即又需起下一次井下存储式流量计。由于投捞试凑调节水量的过程凭借经验完成，其测调结果不是一次就能够成功完成，需要以上测试 / 投捞反反复复才能完成，可以看到钢丝投捞测调工艺完成一口分注水井测调，不但作业人员劳动强度大，工作时间长（一般平均约 5 个工时），而且固定不连续分级差模式水嘴通径级差 0.2mm，分层注水量不可能达到精确控制。

桥式偏心高效测调工艺必须降低作业人员劳动强度，缩短测调作业时间，解决反反复复起下井下存储式流量计回放获得测试结果和起下投捞堵塞器的问题，才能实现，而精确控制分层注水量必须将固定不连续分级差模式水嘴改变为连续无级差可调阀。

以“两小一防、高效测调”等为核心的第三代精细分层注水技术，实现了由单一功能向多功能、机械化向自动化的转变；同时引领第四代智能分层注水技术发展，推动分层注水向智能化迈进，实现注水技术质的飞跃（图 1–21）。

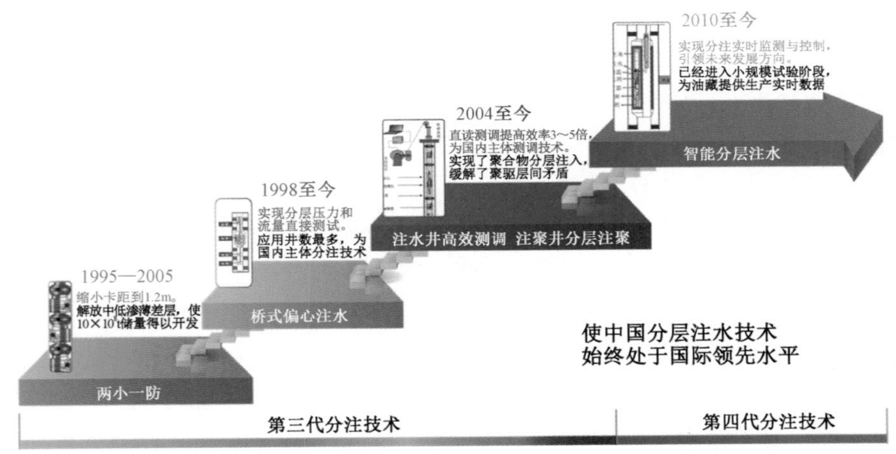

图 1–21 第三代精细分层注水技术到第四代智能分层注水技术发展历程

② 聚合物分层注入技术。

聚合物注入过程中，初期采用笼统注入工艺，但随着开发生产规模的不断扩大，暴露出注入层段内渗透率级差过大，注入不均衡，15% 左右注聚井注入困难、聚驱效果变差、抽油机井杆管偏磨和层系调整封堵难等问题，不能满足剖面调整的需要，影响了采收率提高，严重制约了聚驱规模应用。

基于持续融合技术创新管理模式中的“整体”思想，将分层注水理念和技术拓展到聚合物驱油领域，研发聚合物分层注入技术，从而进一步改善聚合物驱油效果，保证正常注入，提高差油层的动用程度，减少无效循环注入量。

通过“水驱聚驱技术融合”，将分层注水技术拓展到聚合物驱油领域，创新研发了聚合物驱分层注入技术，解决了非牛顿流体高速剪切降黏难题。在大庆油田工业化应用 6657 口井，为聚合物驱年产千万吨提供了技术保障。

该项技术与驱油剂研制、油藏优化设计构成聚合物驱核心技术，使中国三次采油处于国际领先地位（图 1–22）。

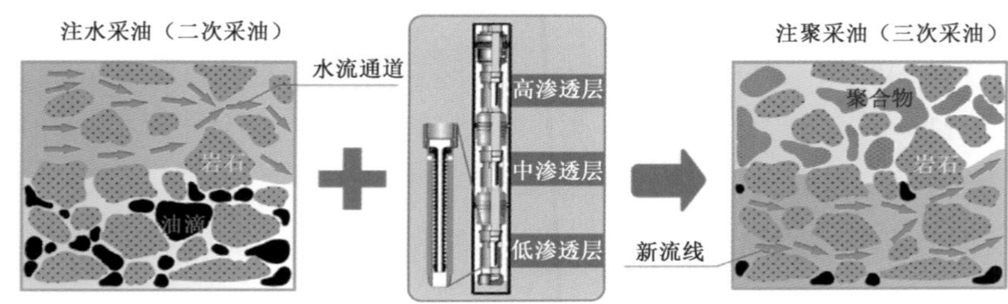

图 1–22　水驱聚驱技术融合发展

③ 套损井修防技术。

在套损机理研究的基础上，针对不同时期的套损特点，发展研究了解卡打捞、小通径打通道、密封加固、深部取换套、侧斜、工程报废等修井配套工艺技术，由初期的维护型发展为综合治理型修井技术。

a. 小通径套损井打通道扩径技术。

针对套管损坏井通径不断变小的实际，把机械整形和磨铣扩径技术有机结合起来。通过偏心胀管器、探针式铣锥、活动式导引磨鞋、复式磨铣筒、滚珠整形器、顿击器、钻压控制器、滚动扶正器和活动轴节等工具的组合使用，形成配套的组合钻具，对小通径套管损坏井段进行分步处理，使其恢复原有通径。

b. 套损井密封加固技术。

套损井打开通道后，采取密封加固可延长套损井修复后的使用寿命，早期研究了通径为 100mm 的密封加固技术，目前发展应用了大通径密封加固技术。通过对加固管的选择、密封锚处理工艺及结构的优化设计、锥体的研制，锚体与管体选材及两者连接方式的研究，密封加固内通径达到 106mm，完井配套工具外径达到 100mm，加固长度最大达到 54.7m，密封承压 15MPa，满足了套损井分采、分注的需要。

c. 深部取换套工艺技术。

取换套工艺技术是修复套管损坏的一种有效手段，从最初的浅层取换套逐步发展到目前的过油层部位取换套工艺技术，研究应用了高强度套铣钻具、新型套铣头、套具防卡、套铣部位引入、新旧套管对接密封等技术，适用于 1000m 以内、通径在 60mm 以上，带有管外封隔器、扶正器的套损井修复。

d. 套损研究技术流程与方法。

以多臂井径等测试资料为手段，首先开展套损形态研究，确定各种套损形态的比例；在套损形态研究的基础上，开展套损名义寿命、套损程度、套损空间分布等统计研究，确定套损分布规律；以统计成果为基础，形成套损综合对比分析图，开展地质因素对套损的控制研究，分析断层、地质层位、岩性等控制套损的地质因素，建立套损地质模型，确定影响套管损坏的内因；以开发动态资料为基础，分析注水压力、含水、开发方式等开发因素对套损的影响，筛选影响套损的开发因素，确定套管损坏的外因；分析"钻井狗腿"、套管钢级和壁厚、固井质量等影响套损的工程因素，确定影响套损的工程缺陷；在研究地质、开发、工程等套损因素的基础上，建立套管损坏力学模型，分析套损发生的力学条件；最后，提出套损预防和修复措施，并在油田实施。集成创新形成了套损形态检测、套损特征统计分析、套损地质模型建立、开发控制因素分析、工程控制因素分析、地应力控制套损分布模拟、套损力学模型建立、套损综合预防等8项套损研究技术与方法。

（2）突破低品位油气资源开发工程技术，通过多层次一体化融合，引领非常规资源采油工程技术的发展。

近十余年国内新发现油气储量的品质明显变差，仅松辽盆地就有数亿吨低品位储量，水平井开发是实现非常规油气资源规模效益开发的有效途径。水平井分段压裂存在以下技术难点：一是水平井井眼轨迹复杂，曲率大，压裂管柱起下困难，砂卡概率大，施工风险高，遇卡后难以处理；二是水平段长、层段多，非均质性较严重，裂缝启裂、延伸复杂，压裂设计及现场控制难度大。鉴于以上问题，在国内外分段压裂技术调研基础上，结合已有工艺技术，确定了应用双封隔器单卡目的层，层层上提实施水平井分段压裂的技术路线，研制了压裂工具地面模拟装置，发明了双封单卡分段压裂及配套技术，具有管柱结构简单、安全性高、施工针对性强、压裂层段不受限制等特点，目前已成为国内水平井增产改造的主体技术之一。此外，采用双封隔器封隔目的层，通过上提管柱可选压任意层段。根据压裂目的层的特点，确定适当的施工规模。同时，在压裂施工过程中可根据套管出液情况判断封隔器是否密封和层间是否窜槽，保证压裂的有效性和针对性。

研制了薄油层精细定位工艺，攻克了非常规油藏细分控制压裂技术，压裂隔层厚度由1.8m降至0.4m，小层压开率由44.2%提高到96.3%（图1–23）。

主持研发了水平井压裂工具地面模拟系统，通过大量实验，发明了双封单卡分段压裂技术，一趟管柱可压裂10段以上（图1–24）。

水平井双封单卡分段压裂等新技术累计应用400口井，提高单井产量3.5倍以上，使松辽盆地近2×10^{8}t长期未动用储量得以效益开发，建成年产能260×10^{4}t，盘活了储量资产，已成为中国低品位油气资源提产增效的主体技术。

（3）创新火山岩气田开发工程技术，通过多专业一体化融合，填补了国内外火山岩气藏

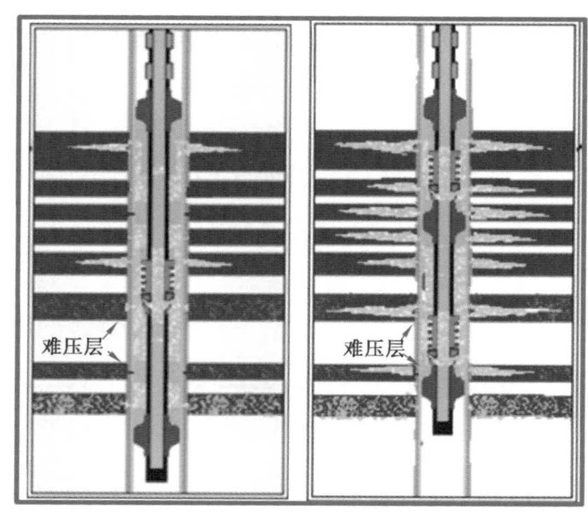

图 1-23　细分压裂控制技术

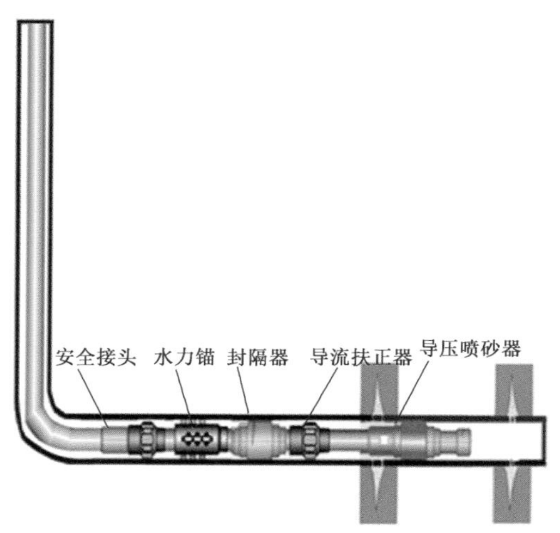

图 1-24　水平井双封单卡增产改造技术

采油工程技术的空白。

松辽盆地深层孕育着超过万亿立方米的天然气资源，天然气储层以火山岩为主，储层埋藏深，温度高，岩性复杂，岩石坚硬，基质致密，存在大量微裂缝和孔洞，自然产能低，必须通过有效的增产改造技术才能使其具有工业开采价值。

深层火山岩压裂改造为世界共性难题，国内外皆为空白。2002 年中国石油集团曾向哈里伯顿、斯伦贝谢等国际著名石油技术服务公司招标，因技术难度大、施工风险高，相继退标。

为破解这一世界级难题，强化理论突破、工具研制、技术试验、推广应用等“一体化组织”，将油田、院校、服务公司等相关单位“一体化管理”，各领域相互渗透，多学科有机融合，发挥了集聚效应，实现了关键技术突破。

根据储层裂缝分布规律及压裂中压力变化特征，采用多因子随时间变化的数学处理方法，研究了大庆油田深层火山岩复杂岩性储气层压裂改造的物理和数学建模方法，建立了“千层饼”和“仙人掌”两种模型，攻关了压裂施工风险预测、测试压裂快速解释和压裂主裂缝延伸控制等深部复杂岩性储气层压裂改造核心技术，研制了超高温抗剪切压裂液和压裂管柱，形成了大庆油田独有的深部复杂岩性储气层压裂改造配套技术，增产效果较好。

① 深层特殊岩性储层分布及特征。

大庆深层天然气有利勘探面积为 91740km^2，在深层的不同层位存在致密砂岩、砂砾岩、火山岩、花岗岩及变质岩风化壳等储层，其中火山岩和砂砾岩储层是徐家围子地区的主要储层。

火山岩储集空间按成因可划分为原生孔隙、次生孔隙和裂缝三大类。储集空间的组合类型主要有原生气孔与裂缝组合、纯裂缝储层、基质溶孔与裂缝组合、斑晶溶孔与裂缝组合等。流纹岩及流纹质碎屑岩是火山岩、火山碎屑岩中最好的储层。一般认为，火山岩形成时岩石内存在着大量的气孔，但是互不连通，由于岩浆冷凝收缩形成的裂缝和后期构造运动使岩体产生了裂缝，这些裂缝将气孔互相连通，构成了火山岩的储集空间。火山岩孔隙度一般为 6.3%～10.8%，渗透率为 0.55～122.0mD，并且高角度裂缝和炸裂缝非常发育。

② 物理模型与数学模型的建立。

常规砂岩裂缝形成过程中压裂液的滤失速度基本不变，但在火山岩压裂施工中的压裂液的滤失速度变化较大。火山岩压裂施工曲线拟合结果表明，滤失速度随时间呈指数上升或梯度上升，采用常规水力压裂基础理论指导火山岩压裂是不适应的。

国外有关火山岩断裂韧性的研究成果和大庆油田实际岩心测试结果显示，火山岩的断裂因子较一般砂岩略高，并未因为微裂缝的存在波动大，现场施工参数也证明了这一点。为建立数学模型，日本专家建立了"等效物理模型"，把垂直井筒轴线发育的不同长度的裂缝等效成同样长度的多个裂缝，然后通过简化数学模型开展"等效研究"。首先要确定多个因子，对由于"等效"可能造成与实际物理现象发生较大误差的问题进行数学描述，然后对等效因子进行"描述正确性"风险评价，淘汰风险大的因子，即确定哪些方面必须真实描述，不能等效。因子的作用只能起到修正作用，不能起主导作用，即基本理论不变，因子只能研究变化量对基本形态的影响，变化量多为时间。

将"等效"模型用于研究实际多裂缝启裂和延伸，选择的关键"等效点"包括受裂缝的形态变化、实际与地层接触的滤失面积以及多裂缝同时延伸时对其他裂缝宽度的影响程度，同时考虑裂缝数量。因此，选择确定多裂缝延伸的数量（体积因子）、滤失裂缝的数量（滤失因子）、竞争缝宽的重叠裂缝数量（开度因子）研究火山岩的破裂和延伸状况。

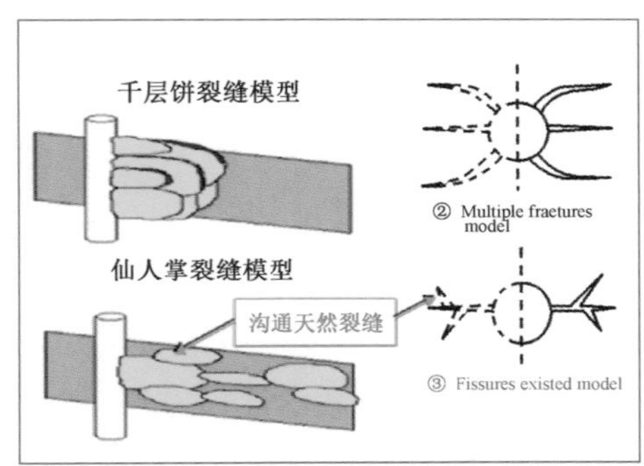

图 1-25 "千层饼"裂缝模型与"仙人掌"裂缝模型示意图

以"千层饼"与"仙人掌"压裂物理模型（图 1-25）为基础建立的数学模型计算结果合理，水力压裂中裂缝口的实际压力和井下实测压力的变化趋势和关键特征符合较好，表明该模型能较准确地描述大庆油田深层火山岩压裂的扩展和延伸。

③ 深层火山岩储层压裂核心技术。

a. 火山岩储层压裂风险预测技术。

风险预测的基本思路：在建立火山岩破裂与延伸预测模型的基础上，分析确定将导致风险的因素，针对风险因素，优化可调施工参数，采取主动措施，避免产生风险。压裂施工的风险因素主要有施工规模、施工排量、输砂程序方式、最高砂比等，通过采用压裂风险预测技术，可以在施工前给出施工规模、施工排量的范围、输砂程序方式、最高砂比和裂缝剖面的变化情况等，降低施工风险。

b. 火山岩裂缝性储层测试压裂现场快速解释技术。

测试压裂指在主压裂施工前向地层中注入一定量的压裂液，使地层产生小规模裂缝，同时记录压力、排量、时间等数据，通过对压力、排量数据分析解释可以提供地层实际的闭合压力、滤失系数、微裂缝数量等关键参数，为完善主压裂设计提供依据。

现有的常规测试压裂模拟与解释技术都是以常规砂岩压裂破裂与延伸模型为基础，对火山岩只能解释出恒定滤失系数，而该滤失系数无法表述火山岩裂缝性储层滤失裂缝数量随时间的变化。同时，由于多裂缝竞争的影响，现有模型也无法表述缝宽随时间的变化，更难确定由于以上因素的协同作用造成流体滤失与时间的变化关系。为此，在火山岩压裂模型的基础上，根据已往施工井层的井底压力曲线，按各种岩性进行测试压裂模型的"个性化"完善，并针对火山岩裂缝型储层测试压裂曲线变化复杂、解释工作量大、时间长、不能满足目前测试压裂后当天进行主压裂的实际，根据深层的地质和火山岩压裂时裂缝启裂与延伸模型的特点，将火山岩裂缝型储层测试压裂曲线按特征细分为 9 级，并按照 9 个级别建立快速解释图版，可保证在 3h 内完成现场解释，满足压裂施工的需要。

c. 火山岩储层水力压裂裂缝延伸控制技术。

为了保证加砂压裂施工的顺利完成，必须形成一条有足够宽度与长度的主裂缝，才能大幅度提高产能。但是，在火山岩中存在着大量的微裂缝，如不加以控制，必然会造成多条裂缝同时开启，无法形成一条主裂缝，必须控制裂缝的延伸才能形成主裂缝。针对"千层饼"型的地层，必须采取措施保证只开启 3 条以内的主裂缝，并使其正常延伸；针对"仙人掌"型的地层，在尽量减少"小掌"数量的同时，控制压裂液的滤失是关键，防止由于"小掌"过液不过砂导致裂缝内局部砂浓度过高，造成砂桥而使施工失败。

该项技术有力支撑了中国首个火山岩气田——大庆徐深气田的勘探发现与开发，并推广应用到吉林长岭等气田；加快了松辽盆地 $3400 \times 10^8 m^3$ 天然气开发，2014 年产气 $35 \times 10^8 m^3$（图 1–26），为中国东北地区"油气并举"战略提供了技术保障。

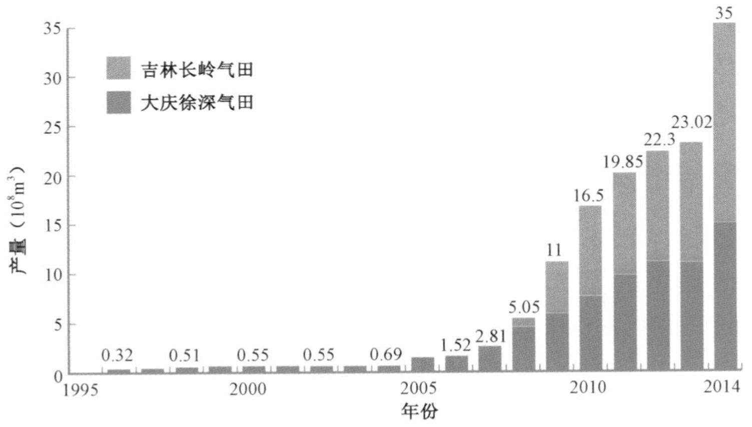

图 1–26　松辽盆地火山岩气田产量图

第一章　中国低品位资源现状及面临的挑战

（4）优化战略规划布局，储备未来油气开采技术。

在持续融合技术创新管理模式的指导下，组织制订了大庆油田采油工程中长期科技发展战略和公司"十一五"和"十二五"科技规划、国家"十三五"油气发展战略，中国石油勘探开发研究院五年规划和十年远景。建立了采油工程科技发展路线图，指导科技攻关整体、有序、高效运行，加速了采油工程核心技术升级换代；发展和完善了由分层注水、压裂改造等 10 大类 55 套新技术构成的技术树（图 1–27），推进技术有形化和应用规模化，化解了油气田不同开发阶段生产需求和技术更新脱节的矛盾。

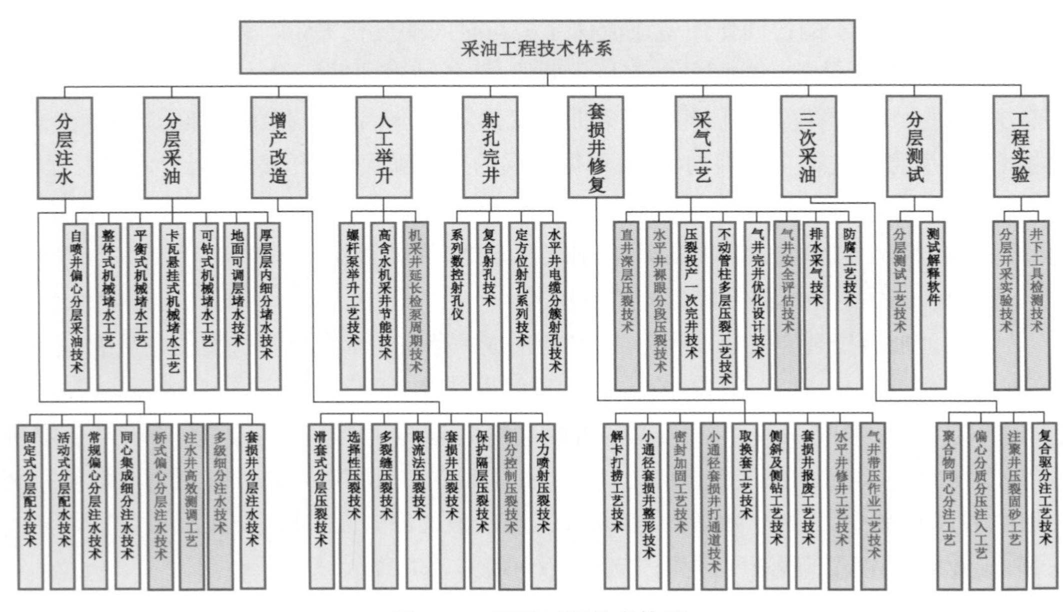

图 1–27　采油工程技术体系

将持续融合技术创新管理模式用于新一代高新技术布局和研发，在国家 863"采油井筒控制工程关键技术与装备"项目中，强化组织管理和创新方法实践，研制的智能分层注水技术首次实现了实时监测和自动测调，已现场试验成功，引领分层注水技术向自动化、智能化、一体化方向发展。开展了 CO_2 无水蓄能压裂攻关，实现节水、CO_2 埋存和提高采收率多重目标，这套技术将成为非常规油气绿色开发核心技术。

三、持续融合技术创新管理实施效果

采油工程持续融合技术创新管理模式，强调研发的目标性、管理的系统性和成果的应用性，在该管理思想指导下，建立了科技发展路线图（图 1–28），指导科技攻关整体、有序、高效运行，加速了采油工程核心技术升级换代。以需求为导向，以成果快速转化为现实生产力为目标，抓准试验关键环节，研发取得初步成果，先行试验检验，针对问题整改，反复完善，不断提高，成熟一项，推广一项，保证了研究、试验、推广同步进行，有序衔接，加快了成果转化的步伐，水驱主体工程技术研发推广周期比国际同类技术缩短 3～5 年，成果转化率都在 80%

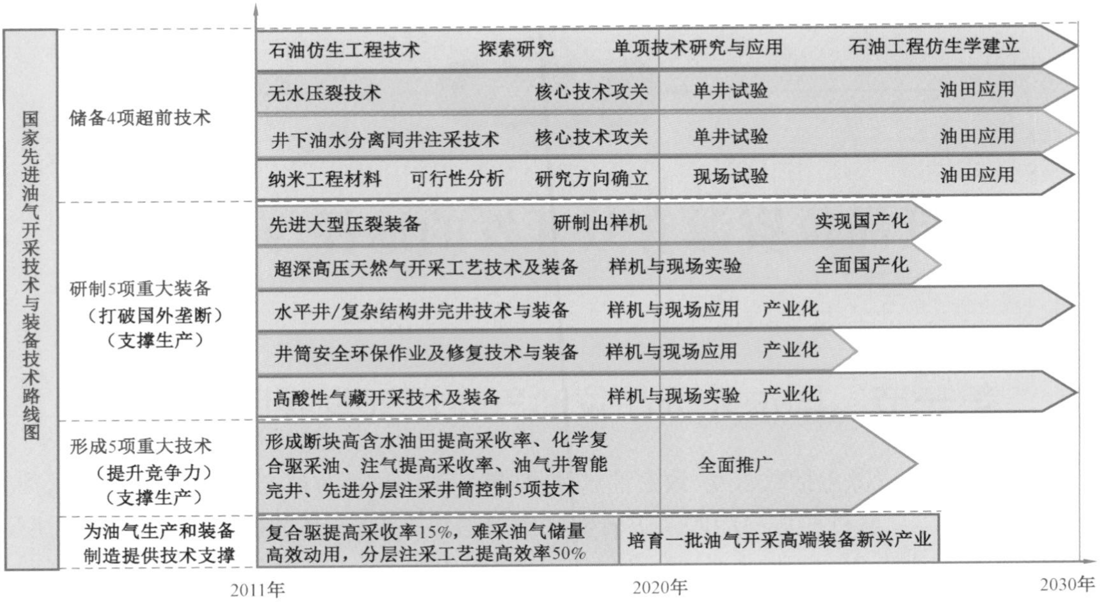

国家先进油气开采技术与装备技术路线图

储备4项超前技术
石油仿生工程技术　探索研究　单项技术研究与应用　石油工程仿生学建立
无水压裂技术　核心技术攻关　单井试验　油田应用
井下油水分离同井注采技术　核心技术攻关　单井试验　油田应用
纳米工程材料　可行性分析　研究方向确立　现场试验　油田应用

研制5项重大装备（打破国外垄断）（支撑生产）
先进大型压裂装备　研制出样机　实现国产化
超深高压天然气开采工艺技术及装备　样机与现场实验　全面国产化
水平井/复杂结构井完井技术与装备　样机与现场应用　产业化
井筒安全环保作业及修复技术与装备　样机与现场应用　产业化
高酸性气藏开采技术及装备　样机与现场实验　产业化

形成5项重大技术（提升竞争力）（支撑生产）
形成断块高含水油田提高采收率、化学复合驱采油、注气提高采收率、油气井智能完井、先进分层注采井筒控制5项技术　全面推广

为油气生产和装备制造提供技术支撑
复合驱提高采收率15%，难采油气储量高效动用，分层注采工艺提高效率50%　培育一批油气开采高端装备新兴产业

2011年　2020年　2030年

图 1–28　采油工程技术发展战略

以上，比国内外提高 30%。对通过创新形成的核心关键技术、新工具、新工艺，尽快形成新的标准、规范和流程，实现技术快速一体化升级和整体集成配套，促进技术规模化应用。完善了采油技术三项关键技术创新、五个核心工艺统一、七项配套技术完善、五项行业标准制定，从立项研发到规模应用快速实现了第三代细分注水测调联动技术的快速升级换代。

持续融合技术创新管理模式以先进技术的工业化应用作为创新的评价标准，构建了从顶层设计、基础研究、技术研发、中试扩大、工业化应用完整的创新链，形成了采油工程技术发展的路线图和技术树，实现了技术管理模式上的长效、整体和协同，快速推进工程技术有形化和应用规模化，取得巨大经济效益和社会效益。

持续融合技术创新管理模式有效指导了以精细分层注水、非常规油气增产改造、深层火山岩压裂等为代表的大庆油田采油工程主体技术的建立，这些主体技术已应用到吉林、长庆、大港等油田。同时，还在哈萨克斯坦、蒙古、苏丹等 6 个国家、12 个油气合作项目推广，为中国石油集团海外业务提供了工程技术支持。在此基础上，研制智能分层注水、井下油水分离同井注采等技术，引领分层注水向第四代发展。开展 CO_2 无水蓄能压裂技术攻关，实现节水、CO_2 埋存和提高采收率多重目标，已在吉林油田进行现场试验，有望带来一场低品位油气资源绿色开采的技术革命。

第二章

低品位资源有效开发的途径与技术

第一节 国内外低品位油气资源开发实践与认识

低品位油气资源包括致密气、致密油、煤层气等各种无法用常规方法和技术手段进行勘探、开发的资源。就目前世界能源及页岩油气发展趋势来看，未来的能源需求60%依赖石油和天然气。进入21世纪，北美油气产量快速增长，主要得益于致密油气资源的有效开发。根据美国的增长趋势分析认为，未来的能源增长点仍是非常规油气，且流体矿藏的“尾矿”总量巨大，目前一般占探明地质储量的70%以上。因此，低品位油气资源将成为未来能源的主体。

北美非常规油气资源开发经历了“实践先行、监测验证、工具配套、理论完善、工厂化应用”的发展过程，突破了传统理念，得益于“精细地层认识的物探技术、水平井钻井技术和体积压裂技术”三大工程技术，定型了水平井+多段大规模压裂技术开发模式，实现了工业化开发。国外通过非常规油气资源开发有以下启示：(1)突破传统理念束缚，在实践中不断谋求新的突破，造就了北美致密油气开发的“革命热潮”；(2)基础理论和专项工具研究是支撑美国石油工业不断发展的重要基石，高度重视实验对基础研究的支撑作用，深入开展理论研究和工具研发以指导技术发展；(3)“专注、专业、专家”的敬业精神使研究人员锁定领域，长期持续研究攻关，不断推动现场应用前进，成为北美非常规油气资源能够蓬勃发展必不可少的基石。近年来，我国大力发展非常规油气勘探开发技术，技术不断进步，在物探工程、钻井工程、压裂工程及采油工程方面取得突破性进展，与国外差距逐渐缩小，部分关键技术已达到国际领先水平。

一、物探工程技术实践与认识

北美页岩气取得开发成功的地质基础是通过地球物理技术、地质资源一体化评价技术等综合应用寻找核心区(甜点)，北美页岩气开发广泛使用盆地分析、地震勘探、测井、钻井、储层参数等建立页岩气储层地质模型，为水平井井眼轨迹设计、储产量预测、优化井网等提供基础，提高钻井成功率，优化开发方案，提高页岩气开发效益。另外，将微地震裂缝监测与压裂裂缝模拟结合，提高压裂设计的科学性和针对性。

我国陆相致密油开发地震勘探技术新进展，形成致密油甜点评价与描述技术，优选甜点并指导井位部署和压裂设计，一方面将脆性、流体组分等纳入评价体系，发展油藏和单井规模评价技术，建立高精度三维模型，指导井位部署、轨迹优化和压裂设计；另一方面，发展适合不同类型致密油的甜点评价与描述核心技术，针对四川低孔型致密油形成了多尺度储集空间及含油性表征技术，针对松辽低充注型致密油形成了薄层砂岩地震勘探资料精细目标处理与预测技术，针对新疆低流度型致密油形成厘米级薄互层多参数综合识别技术。

1. 国内外地震勘探技术进展

纵观全球石油工程技术研发与应用服务领域，自 20 世纪 90 年代中期以来，全面进入了高新技术取胜的时代。当今全球石油企业普遍以技术创新作为可持续发展和提高经济效益的最主要手段，科技进步已成为石油工业发展最根本的持久动力。以地震勘探技术为主体的油气地球物理勘探技术，其进步对石油工业的发展具有关键作用。历史上物探技术的每次进步都会带来油气储量的快速增长，高精度地震勘探技术必将带来国内油气储量的又一次增长。如此说明，推进地震勘探技术进步是实现石油工业可持续发展最有效的战略措施。

1）地震勘探技术的发展方向

随着计算机技术的发展进步，世界物探技术发展可归结为三大趋势：陆地装备已具备 15 万道带道能力，海上装备已具备 26 缆的能力，未来装备向百万道发展；采集技术向宽方位、高密度、宽带可控震源、双检电缆等技术发展；处理技术向叠前深度、逆时偏移、全波形反演等技术发展。当前全球地震勘探技术的发展趋势，大体上有以下几个途径：从单纯的纵波勘探向多波勘探发展；从简单地表和浅水区向复杂地表和深水区发展；从常规地震采集向全数字精细地震采集发展；从窄方位角勘探向宽方位角勘探发展；从三维勘探向四维勘探发展；从探查构造圈闭向寻找隐蔽圈闭发展；从叠后成像向叠前成像处理发展；从时间域向深度域发展；从各向同性向各向异性发展；从叠后地震反演向叠前弹性反演发展；从油气勘探向油藏开发延伸。

地震勘探理论研究随着油气勘探的对象越来越复杂，常规的水平层状均匀介质理论、各向同性理论、线性算法等地震勘探基础理论存在明显的不适应性，新的地震勘探理论向传统的均匀层状介质理论发起了冲击，更加逼近真实地质—地球物理条件的裂缝介质、多相介质、离散介质、黏弹性介质、各向异性及非线性算法等新理论，逐渐发展并走向应用。

地震勘探采集技术发展遵循采集、处理、解释一体化的发展思路，借助于先进仪器装备和各种采集新技术的不断推出，地震勘探采集技术正向着适应更恶劣地表条件、更复杂地下构造和更隐蔽含油气圈闭勘探需求的精细采集方向发展。采用 24 位超万道地震仪、数字检波器加网络技术支撑，精细表层调查和模型驱动的采集设计，进行单点接收、大动态范围、无线化传输、超多道记录、小面元网格、高覆盖次数、高品质震源、多分量接收、全方位信息、环保型作业的高密度三维地震全波场采集，不断提高地震勘探资料的纵、横向分辨率和有效信息的精确度。

地震勘探资料处理的全过程中更加注重地质、地球物理意义；波动方程静校正、多次波及噪声消除新技术（如三维SRME[1]和IME[2]等）、真振幅处理新技术、面向目标的高精度处理流程、叠前时间偏移处理、大范围三维地震连片处理等新技术、新手段得到广泛应用；多分量、宽方位和各向异性处理技术得到深入研究和着力推行；偏移成像新技术成为研究和应用的热点，全波动方程的叠前深度偏移技术已经成熟，且速度建模功能不断完善，运算效率大大提高，叠前深度偏移正在成为常规处理作业，盐下及陡倾构造成像和各向异性叠前深度偏移也已进入应用阶段。未来的地震勘探资料处理技术将向着基于全方位、真三维、全波场数据体的波场智能辨识、自动去噪和多尺度数据一体化成像等方面发展。

在地震勘探解释技术方面，则充分挖掘与利用各种新技术处理后的地震数据体所包含的一切信息，向以叠前解释为主、与高精度叠加属性分析相结合的全信息解释发展，更准确地刻画构造、更精细地预测储层和更逼真地表征油藏。这样对于低品位油气资源中隐蔽油气藏的勘探将会大有裨益。自动化解释技术推动了全三维解释技术的进步；物理和数学模型正演为准确查明复杂构造提供了支撑；高分辨率层序地层学和地震沉积学解释成为岩性油气藏解释的新手段；叠前地震反演、多尺度资料联合属性分析，使储层预测向更精细的方向发展；多分量资料的应用和多波各向异性分析技术，使得储层裂缝检测和流体识别成为可能；结合油藏工程资料实现对油气藏注 / 采的实时监测；基于岩石物理模型的多学科综合解释实现了油气藏的动态表征；企业级地震解释系统代表了解释技术的发展方向；一体化协同工作平台实现了多学科融合和互动，并使解释和建模有机地结合在一起；盆地级的可视化与解释提高了综合研究水平。

2）国外地震勘探技术现状

（1）地震勘探装备技术。

陆地地震勘探装备已具备 15 万道带道能力，海上地震勘探装备已具备 26 缆的能力，未来装备向百万道发展。

SERCEL 公司陆地装备具备 15 万道以上带道能力，未来装备向百万道发展。该公司主要有三项新产品或技术：一是在 428LX 系统上发展的 G 系统，其特点是每个交叉站和 LCI 箱体可以管理 10 万个地震道，光缆的传输率达 1Gb/s，系统已经具备 100 万道的采集能力，能满足实时 5 万道的记录速度；二是新研制的水上节点系统，其工作速度达 6km；三是新式封装的单分量数字检波器（DSUI），更便于野外耦合。PGS 公司以海上采集为主，其装备代表了地震勘探船和操控拖缆能力的先进水平。PGS 公司认为高效率地获取最好分辨率的关键是地震勘探船要采集到更多的道数，尽可能多带拖缆。PGS 公司现在正在建造最新的 Ramform W-class 地震勘探船，拥有约 26 根 ×12000m 的拖缆能力。INOVA 公司开发的谐波畸变压制技术和低频信号激发技术，其节点系统为单点 3 道，提高了可控震源的激发信号质量。OYO GEOSPACE 公司采用了水深达 150m 的 OBC 采集系统。该系统的特别之处是数字包（采集站）与主缆活动连接，便于数字包的更换和维修，以及 OBC 电缆的收放，比较适合浅海地区作业。

[1] SRME（Surface Related Multiple Elimination）表示自由界面多次波表减。

[2] IME（Internal Multiple Elimination）表示多次波表减。

（2）采集技术。

宽方位、宽频带、高密度、高带道、小面元将是陆上、海上采集的发展趋势。

陆上采集技术向单检、宽频带、宽（全）方位、高密度、高带道、小面元和提高可控震源的宽频带激发能力（尤其是提高可控震源的低频拓展能力）等方向发展。西方地球物理公司（WestGeco）的 UniQ 陆地采集技术，具有宽频带可控震源激发、单点检波器接收、15 万道采集能力和全方位采集的优点。在利比亚 Lehib 区块，常规陆地地震勘探技术采集的资料频宽为 8～48Hz，而应用 UniQ 陆地地震勘探技术采集的资料频宽为 5～65 Hz，频带拓宽近 20Hz（图 2-1）。

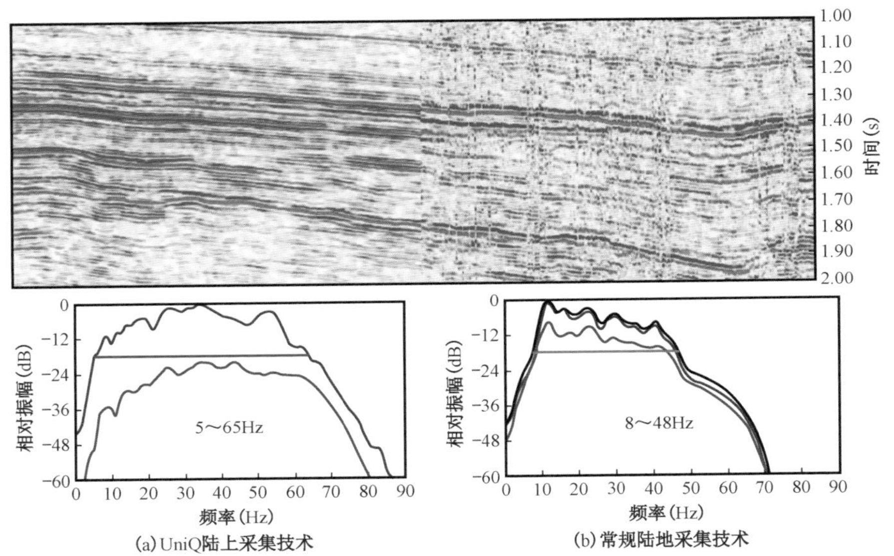

图 2-1　UniQ 陆上采集技术和常规陆地采集技术成像效果、频谱对比（WestGeco 公司）

CGGV 公司的陆上宽频可控震源采集技术（EmphaSeis），可以增加低频的倍频程。在 Khaldae 试验区块，与常规的可控震源采集（扫描频率 6～72Hz）相比，EmphaSeis 可控震源扫描频率改进为 4～72 Hz，低频几乎提高 1 个倍频程。图 2-2（a）为可控震源采用线性扫描与 EmphaSeis 扫描的 8Hz 的低通滤波叠加时间偏移剖面对比，图 2-2（b）为频谱分析。

海上采集技术主要有双缆技术、变深度拖缆技术、双检技术、全方位双螺旋采集技术、精确点位控制技术和更深水域勘探技术。双缆宽频采集技术 WestGeco 公司的 Q-Marine 海上采集技术和 UP/DOWN 双拖缆技术（同时采用浅、深层双层电缆），可以压制鬼波、提高频宽。浅层电缆采样较密，可提高精度，深层电缆采用稀疏采样，可提高效率。全方位双螺旋采集技术（FAZ Dual Coil Shooting Acquisition），采用四条船沿着环形路径进行超长偏移距海上地震勘探采集，两条震源船和两条拖缆船，可带道 15 万道、14km 的偏移距，提供了更好的目标照明。在墨西哥湾，全方位双螺旋采集技术提高了盐丘的照明度，取得了良好的勘探效果（图 2-3）。

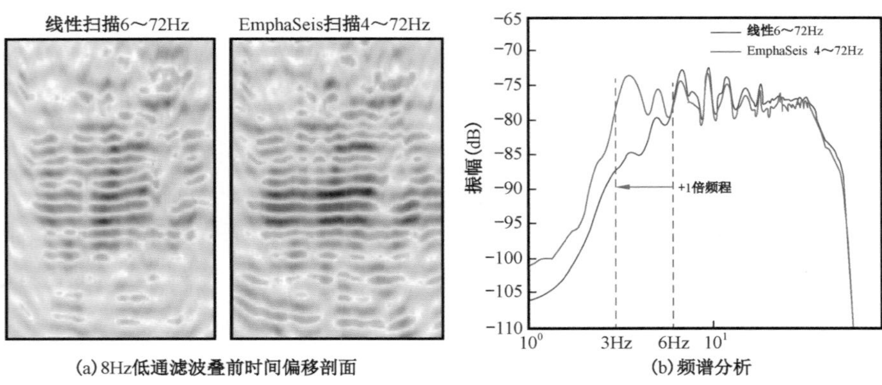

图 2-2　EmphaSeis 陆地宽频可控震源采集技术应用实例（CGGV 公司）

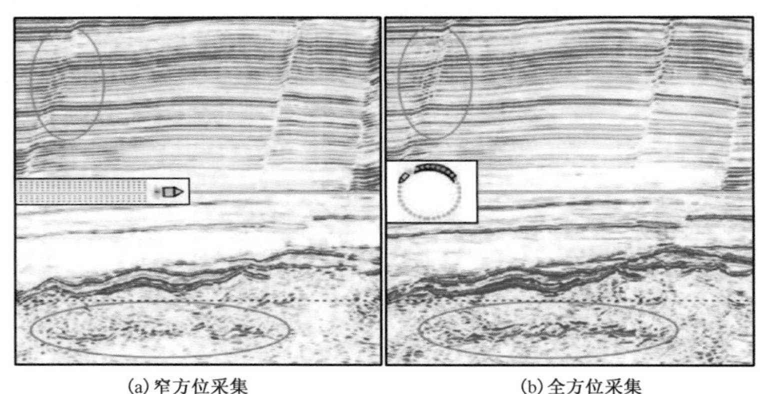

图 2-3　窄方位采集和 WestGeco 全方位采集成像效果对比（WestGeco 公司）

（3）地震勘探处理技术。

WestGeco，CGGV，PGS，Paradigm 等公司的叠前深度偏移成像和逆时偏移技术成为油公司应用和发展的主流技术，全波形反演技术具有良好的应用前景。

近两年，WestGeco 公司的深度偏移已占一半处理工作量。水平层状介质经深度偏移后的成像效果明显好于时间偏移（图 2-4）。另外，深度偏移方法向高斯 BEAM（射线束）、波动方程叠前深度偏移、逆时偏移发展；由各向同性向各向异性、VTI（Vertical Transverse Isotropy，垂直各向异性）深度偏移向 TTI（Tilted Transeverse Isotropy，倾斜各向异性）深度偏移发展。WestGeco，CGGV 公司和 PGS 公司的逆时偏移技术应用到实际地震勘探资料中，取得了良好的成像效果（图 2-5）。CGGV 和 PGS 等公司攻克了倾斜各向异性（TTI）逆时偏移、全方位逆时偏移速度建模等瓶颈技术，实现了 TTI 各向异性逆时偏移和全方位角逆时偏移，提高了复杂构造的成像精度和复杂岩性的反演精度（图 2-6）。

CGGV 公司基于角度域道集和三维深度域层析成像，实现了全方位角速度建模。该公司的宽频带地震信号处理技术，通过压缩子波，提高了地质界面地震响应的空间分辨率。Paradigm 公司推出了 EarthStudy 360° 全方位角叠前成像处理系统。该系统利用全方位采集数据进行全方位角的叠前深度偏移、射线照明属性分析、各向异性层析成像和叠前道集属性分析与地震勘探解释。该系统目前仍处于试应用阶段。

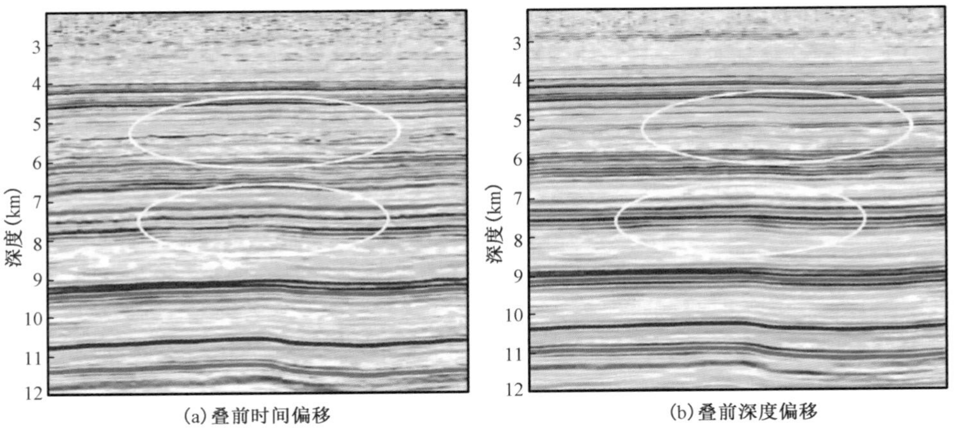

图 2-4 叠前时间偏移(转换到深度域)和叠前深度偏移效果对比(WestGeco 公司)

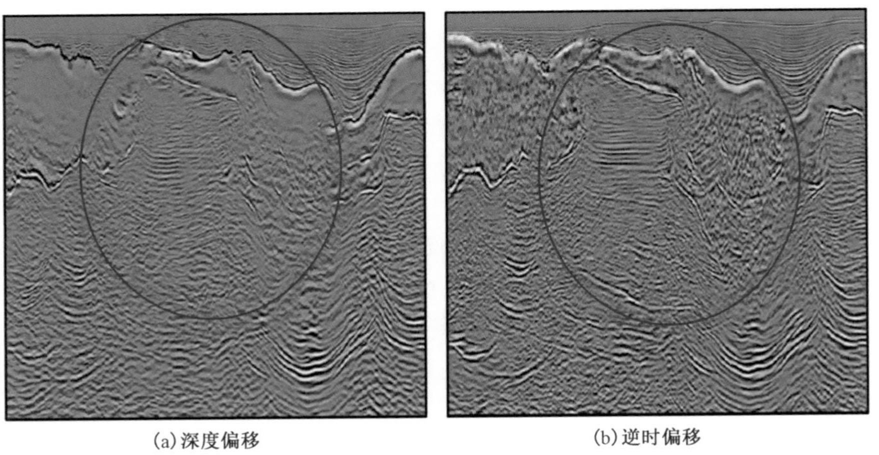

图 2-5 波场外推深度偏移和逆时偏移效果对比(WestGeco 公司)

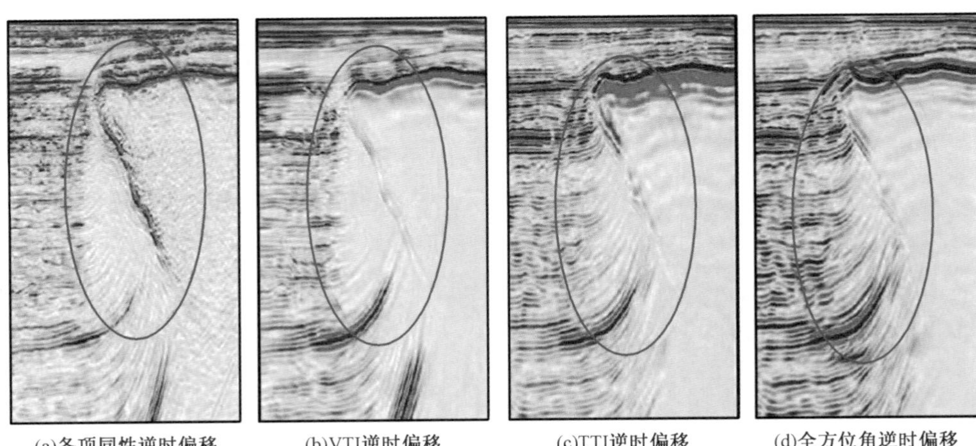

图 2-6 不同偏移方法效果对比(CGGV 公司)

（4）地震勘探解释技术。

引领地震勘探解释技术进步的一个特点是：油公司提出技术需求，服务公司研发新技术，做好技术支撑和技术保障，推动地震勘探解释技术进步。地震勘探解释技术主要涉及地震油藏描述、四维地震、AVO/AVA 反演、全方位或宽方位地震资料解释、多波处理解释。

油藏描述的重点是碳酸盐岩的储层预测和裂缝预测。普遍的思路是：应用蚂蚁追踪技术进行小断层解释，确定断层及主要裂缝发育方向；利用曲率等几何属性预测裂缝发育方向和发育程度；利用宽方位地震资料计算各向异性属性，定量预测裂缝发育程度。同时，应用四维地震进行油藏监测。注重地震资料的各种属性与不同开发阶段油藏性质之间的匹配，从而利用地震资料更好地监测油藏。AVO/AVA 反演注重岩石物理等基础模型研究。全方位或宽方位地震资料越来越广泛地应用在油气勘探生产中，对研究非均质储层如裂缝型储层的预测将发挥越来越重要的作用。多波处理解释技术越来越广泛地应用在油气勘探生产中的气藏检测、油气藏流体预测。

3）国内地震勘探技术发展现状

“十二五”期间，中国石油持续加强物探技术攻关和应用研究，核心装备与软件、适用配套技术呈跨越式发展，中国石油物探技术水平整体跨入国际先进行列，形成了业务链完整的物探技术产学研和应用能力，为复杂前陆构造、非均质碳酸盐岩、复杂岩性、火山岩等领域勘探及老油区深化挖潜提供了技术支撑，为柴西南英雄岭、川中龙王庙、新疆环玛湖、塔北等一批优质规模储量的落实奠定了基础，为“储量增长高峰期工程”和中国石油国际化战略做出了突出贡献。“十三五”期间，国际油气行业发展环境急剧变化，在低油价背景下和勘探转型期，物探业务面临结构调整、优化发展的机遇与挑战，为了支撑中国石油稳健发展和“十三五”业务发展，物探技术发展将从创新驱动向创新驱动与价值驱动并重转移，“十三五”期间将持续开展装备、软件和新技术、新方法攻关，集成配套经济适用技术，为保障中国石油勘探效益、寻找优质规模储量提供技术支撑。

中国石油在地球物理配套技术方面不断优化完善，在油气勘探开发中尤其是在隐蔽油气藏或者高难度油气甜点寻找过程中发挥了关键技术支撑作用。

（1）复杂山地地震勘探配套技术。

通过增加三维接收排列片宽度，实现宽方位或全方位观测，从而获得各方位的地震信息。形成了以高覆盖高密度较宽方位观测、震检联合组合压制山地噪声、高精度的表层结构调查为核心的采集技术，以基于标志层识别的微测井约束层析静校正、相干噪声压制、叠前深度偏移为核心的处理技术，以盐构造理论和断层相关褶皱等为核心的构造解释技术，具备了在相对高差 2000 m 的山地进行地震勘探的能力（图 2-7、图 2-8），复杂山地地震勘探技术水平世界领先。复杂山地地震勘探配套技术的应用，为塔里木盆地库车和柴达木盆地英雄岭的勘探突破发挥了重要作用，使库车山地探井

图 2-7　英雄岭地区典型工区地表地形图

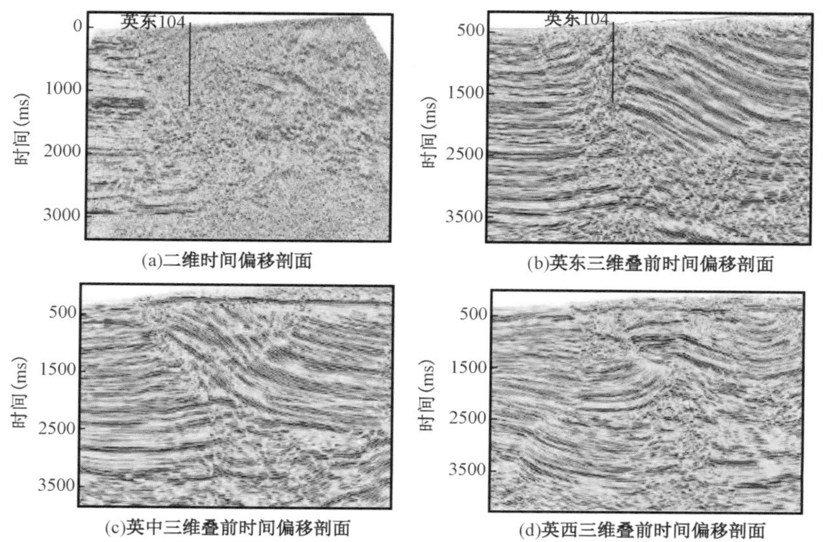

图 2-8　英雄岭地区二维地震剖面与英东、英中、英西三维地震剖面对比

成功率由 2004 年以前的 60% 上升到目前的 80% 以上，目的层深度预测误差由 6.4% 降低到 2.0% 以内；使得英雄岭油气勘探摆脱了"六上五下"的局面，探井成功率超过 70%，为英雄岭地区探明亿吨级大油田奠定了坚实的基础。

（2）碳酸盐岩地震勘探配套技术。

加大高密度、多波等采集技术、叠前深度域处理和碳酸盐岩储层定量预测技术攻关，形成了以井控 Q 补偿为代表的处理技术、OVT 域各向异性叠前深度偏移技术、碳酸盐岩储层地震特征识别技术、分方位角资料检测裂缝技术、缝洞体系空间雕刻技术、叠前多参数含油气预测技术等为代表的储层定量雕刻技术，大幅提高了缝洞储层刻画精度，有力支撑了碳酸盐岩油气勘探不断取得突破。在塔里木哈拉哈塘地区，实现了缝洞储集体的准确聚焦与归位（图 2-9）。

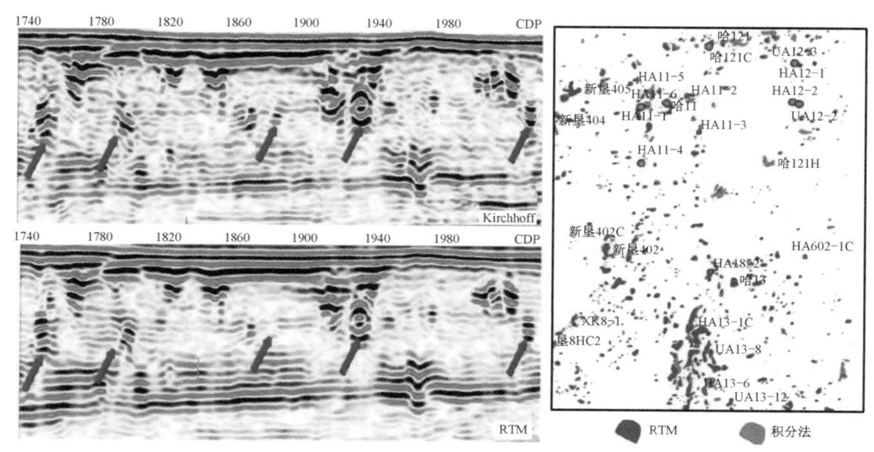

图 2-9　哈 11 井区积分法偏移剖面与 RTM 偏移剖面对比以及依据这两种资料雕刻出的缝洞体平面分布

碳酸盐岩缝洞型储层预测配套技术为井位部署、高效开发奠定了基础，使碳酸盐岩缝洞储层预测深度误差由4%缩小到1%以内，钻井成功率由平均66%提高到80%，落实了塔北10×10^8t级油气田。

（3）致密油气地震勘探配套技术。

形成了以宽方位、高密度等为代表的采集技术，以井控处理、分炮检距处理、各向异性处理、OVT域处理、叠前时间及深度偏移等为代表的处理技术。针对致密油气地质特点，形成了以时频分析为主的致密储层厚度预测技术，以叠前高亮体、泊松比反演为主的致密储层含油性预测技术，以神经网络密度反演为主的烃源岩品质评价及岩石力学参数储层脆性指数地震预测技术；在岩石物理分析基础上，形成了叠前横波阻抗砂体识别技术，叠前角度域吸收衰减气层识别技术，应用多波联合反演及叠前地质统计学分析等技术进行薄气层预测及气水识别，为提交致密油储量和井位部署发挥了重要的支撑作用。在辽河雷家工区，以高密度三维地震为基础，应用叠前反演和脆性预测等技术，开展各层段岩性、白云石含量、物性、脆性、裂缝及地应力预测，划分优势岩性，预测有利储层甜点（图2-10），为探明致密油储量奠定了坚实基础。

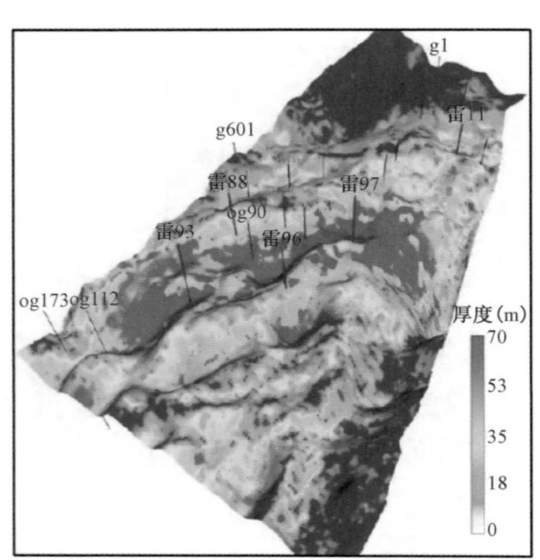

图2-10　辽河雷家工区杜三油层甜点分布图

（4）复杂油藏地球物理配套技术。

形成了综合地球物理（地面、井地、时移等）技术系列、井震联合的油藏静态描述技术系列、油藏动态描述与油藏模拟技术系列、油藏监测及综合剩余油预测技术系列，以油藏地球物理（GeoEast-RE）软件系统为平台，形成了从地球物理一体化解决方案设计、地球物理技术实施、油藏动静态描述、油藏模拟、剩余油气预测、开发方案调整、开发井位设计一体化的技术服务能力。在珠江口某油田开发区，充分利用新采集的地震数据开展数据重构处理，完成油藏再认识与精细描述，基于两期地震数据的4D（时移）地震一致性处理，探索预测油水置换区域，综合两方面研究，预测剩余油气分布，提供开发方案，部署开发调整井10口，储层钻探符合率100%，取得良好开发成效。

（5）非常规油气地震勘探技术。

在经济型三维地震勘探资料基础上，通过分方位处理、叠前各向异性处理，寻找优质烃源岩发育、构造及埋藏适宜、裂缝发育、易压裂、压裂后能形成可观裂缝型储集体，为非常规油气田高产稳产奠定基础。结合岩石物理、测井、微地震监测技术，开展岩性、物性、含气性及裂缝、TOC/脆性、压力等研究，初步形成甜点预测技术。该技术包括多矿物扰动分析技术（TOC、石英含量），通过改变TOC含量，分析密度、纵横波速度、纵波阻抗、泊松比的变化，确定敏感弹性参数；非常规储层 TOC 预测技术，通过叠前三维地震数据反演储层 TOC，预测有利储层的 TOC 厚度分布；非常规储层脆性预测技术，通过叠前三维地震数据反演储层脆性，预测储层脆性分布；基于叠前三维共偏移距矢量片（OVT）域处理及裂缝预测技术；三维地震预测储层应力技术；三维地震预测储层压力系数技术等。

（6）时移地震勘探技术。

提出了 3.5 维地震勘探的方法，应用油田开发中晚期的高精度三维地震数据，结合油田开发动态信息进行综合研究，解决油田开发中问题，寻找剩余油气分布。该方法作为一种简化的时移地震勘探技术，在西部油田的开发实际应用表明，可以较有效地解决油田开发中的问题和发现剩余油气的分布，提高油田开发的经济效益。在辽河油田曙一区，开展了两轮四维地震采集和 12 口井时移 VSP 资料的采集，形成了四维地震和井地联合地震勘探资料处理解释技术流程，通过地震属性差异分析和可视化技术，描述油藏内部物性参数的变化和追踪流体前缘分布，刻画了蒸汽驱前沿和蒸汽腔的空间展布，为曙光油田寻找 5000×10^4t 的剩余油提供了技术支撑。

（7）多波地震勘探技术。

形成了以数字三分量为代表的多波地震勘探采集技术，首创了垂直各向异性（VTI）介质中高精度、高效的转换波相对振幅保持的叠前时间 / 深度偏移成像技术，可满足大规模转换波地震数据叠前偏移处理的需要。研发和集成了各向异性参数估算等 40 项交互分析功能，形成了功能完备的转换波多参数分析技术系列，转换波多参数分析技术成为 GeoEast-MCV2.0 处于国际领先水平的关键技术之一。

多波地震勘探技术已经在委内瑞拉 SUR-10M-3D3C 项目、塔里木盆地哈 7 井区、沙特阿拉伯 Zuluf 3D/4COBC、委内瑞拉 JUNIN4 3D3C 项目、加拿大 MACKAY、塔里木轮古 17 井区、四川蓬莱坝南、四川磨溪—龙女寺、鄂尔多斯苏里格等多个项目应用中取得良好效果。在四川磨溪—龙女寺，转换波（反映岩石骨架）剖面横向上的变化揭示了龙王庙组物性的变化，即指示了储层的分布，龙王庙组厚度稳定，岩性稳定。预测储层厚度误差小于 5 m，储层厚度预测符合率达 100%，已测试井含气性综合预测符合率达 90% 以上，预测效果明显好于纵波（图 2-11），磨溪 42 井多波预测结果与实钻吻合，而与纵波结果不符。

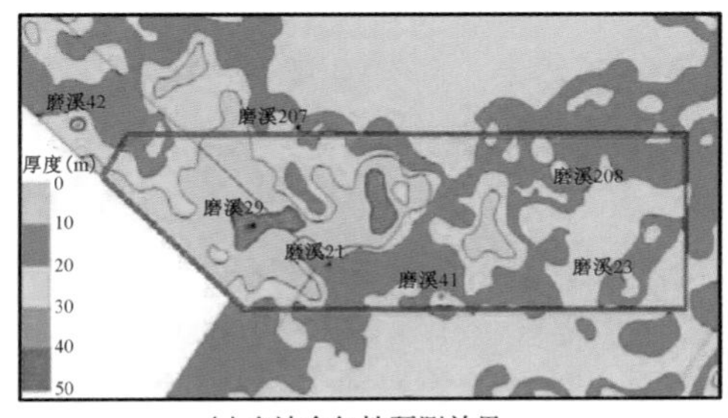

(a) 多波含气性预测效果

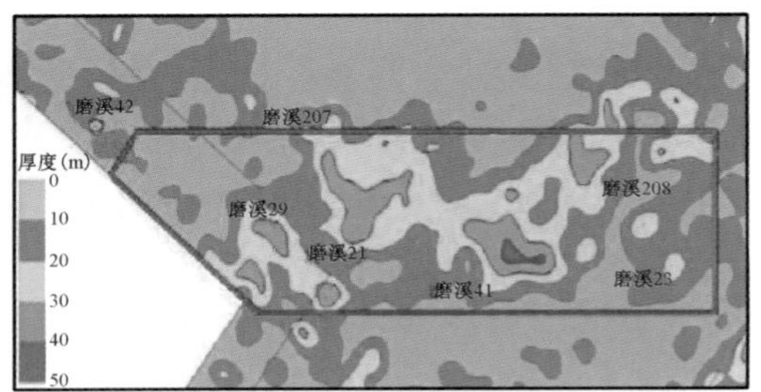

(b) 纵波含气性预测效果

图 2-11　多波含气性预测效果与纵波含气性预测效果对比

（8）微震压裂监测技术。

形成了微地震资料采集技术、井中实时定位技术、地面微地震监测配套技术、井中＋浅井＋地面微地震联合监测技术、多井同时微地震监测技术，研发了相应的微地震监测软件，该技术整体达到国际先进水平。图 2-12 所示为国外某公司与中国石油集团东方地球物理勘探有限责任公司（以下简称东方地球物理公司）在四川页岩气监测结果对比，后者的效果更符合实际情况。

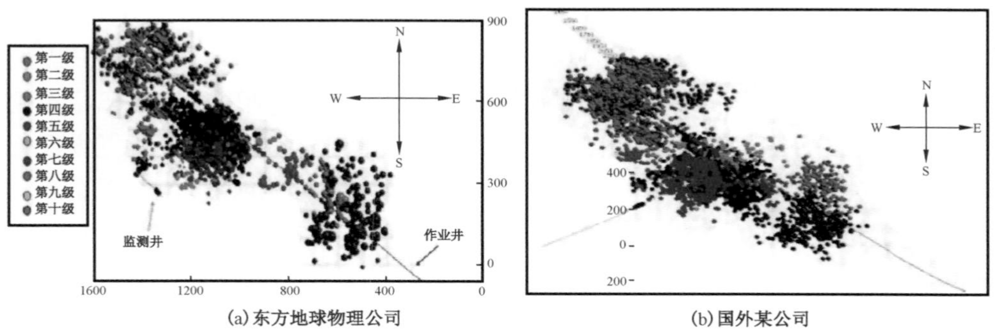

图 2-12　东方地球物理公司与国外某公司在四川页岩气压裂监测效果对比（单位：m）

2. 国内外非地震勘探技术进展

近 10 年来，随着非地震勘探仪器设备观测精度的提高和数据处理解释技术的进步，非地震勘探在中国石油的 13 个油田逐步得到推广应用，取得了较好的经济效益和社会效益。在综合 10 年来国内外非地震勘探技术研究动态和应用现状的基础上，预测了非地震勘探技术发展的四大趋势：高精度三维非地震勘探；非地震油气预测；非地震储层描述与监测；联合勘探与综合处理解释。

1）非地震仪器设备的发展

20 世纪 80 年代后期，国内开始引进西方非地震仪器，重力仪、磁力仪体积大大缩小，而且采用连续自动记录存储方式，特别是观测精度大幅度提高，与国外基本接近。从美国引进的 Lacoste D 型重力仪精度可达 5～10μGal，比 20 世纪 50 年代、60 年代提高了数百倍；HC90K 型氦光泵磁力仪精度可达 0.0025nT 以上，提高了近 1000 倍。

电法仪器的进步主要得益于大量移植地震仪成熟的技术。特别是现代化电磁仪的动态范围、采样率与地震仪的主要性能指标相当，如 24 位模数转换、无线电或 GPS 同步方式等技术与地震仪相同，但是电法仪器的道数相对较少。

同时，不同类型的遥感图像数据开始进行广泛应用，有多光谱遥感数据、微波遥感数据和高光谱数据。遥感数据的地面分辨率不断提高，遥感商业化数据的分辨率已达到米级（SPOT10m、2.5m，IKONOS4m），也出现了亚米级的高分辨率遥感数据。目前可以获得任一研究区多种分辨率的遥感图像数据，为优化地震勘探部署和露头区综合地质研究提供了快速有效的分析手段。

化探土样采集、分析设备也有很大进步。20世纪由60年代、70年代的手工采集发展到80年代、90年代的机械辅助采集，目前已开发了多种车载、井中自动采样装备，提高了化探工作的时效性和分析样品的可靠性。目前化探技术与国外的差距主要是分析仪器的自动化程度以及分析指标的数量和精度。

2）数据处理解释系统的进步

非地震数据处理技术也得到了较快的发展。通过引进、吸收，掌握了国外先进的非地震数据处理解释软件系统，如LCT重磁地震综合处理解释系统、Geotools MT资料处理解释系统、ZS-PC建场测深处理解释系统、EPIS高分辨率瞬变电磁处理解释系统和Geosoft重磁电化综合处理解释系统。在此基础上，国内开发了具有中国特色的、有独立知识产权的非地震数据处理解释的软件系统，如中国石油勘探开发研究院的遥感物化探综合解释系统（RSGG）、东方地球物理公司的重磁电数据处理解释软件（GME）、中国地质大学的重磁数据处理软件（GMDPS）、中国石油大学的电磁综合处理解释等软件系统。特别是三维可视化软件的开发利用，使处理效率提高，解释周期缩短，解释成果更加可靠。

3）特色方法技术的发展与完善

伴随着仪器设备和数据处理技术的进步，非地震勘探技术中的特色技术应运而生。在油气构造形态刻画方面，有优化滤波和视深度滤波，提取构造细节特征、高阶水平导数线性体，拟地震电磁处理、远参考全张量连续电磁剖面勘探、大功率多分量变频建场测深等。在含油气预测评价方面，有重力归一化总梯度、磁亮点（MBS）提取、叠加自然电位、复电阻率、建场激电测深、微量元素油气预测、微生物油气评价、多参数游离烃油气检测等。在油藏描述和监测方面，有井地建场激电储层预测、井地电位调剖评价、井间电磁剩余油成像等。

随着仪器设备观测精度的提高和处理解释技术的进步，非地震勘探技术逐步扩大和加深了在勘探开发中不同阶段的应用。在盆地早期勘探评价阶段，重力可识别盆地边界、断裂展布、隆坳结构、基底埋深；磁法可识别盆地边界、断裂展布、隆坳结构、结晶基底埋深，火成岩分布；电法可识别盆地边界、断裂展布、隆坳结构、基底埋深，火成岩分布；遥感可识别区域构造、隐伏构造、露头区岩性，可用于地质填图；通过化探，可认识盆地的生烃前景和烃源岩分布。在区带及目标勘探阶段，应用重力、磁法、电法和遥感资料均可认识二级构造带和局部构造，应用化探资料，可进行含油气性和油气属性评价。在油气检测领域，重力、电法可识别油气充注区，磁法、遥感、化探可识别油气渗漏范围。在储层描述与监测领域，重力可用于认识储层分布、注水前沿展布；磁法可用于认识储层分布；电法可用于识别储层，认识剩余油分布；遥感可用于研究油田开发诱发的地面沉降；化探可用于储层评价和剩余油分布预测。目前，非地震技术的应用已从区域勘探转向区带和目标勘探（重点在高陡构造区、火山岩覆盖区和深层潜山带）；从构造形态研究延伸到油气预测评价（包括油气远景评价、储层分布和含油气类型预测）；从油气勘探扩大到油田开发监测（应用于注水波及范围识别、调剖效果评价和剩余油气分布预测等）。

4）非地震勘探技术的应用实例

（1）松辽盆地深层火山岩预测。

2002年，徐家围子地区深层火山岩天然气勘探突破后，加快了松辽盆地深层油气勘探。松辽盆地火山岩勘探特点是：发育3套火山岩储层，埋藏深度大，深层资料品质差，火山岩储层识别难。地层物性对比分析结果表明，3套火山岩储层的磁性均较强；控制火山岩分布的侏罗纪断陷与围岩的密度差异大；火山岩储层的电阻率较高。这是利用非地震技术勘探深层火山岩分布的有利前提条件。根据相关资料情况，非地震勘探技术的对策是利用航磁异常的垂向导数刻画火山岩分布特征，然后利用重力正演剥层揭示侏罗纪断陷火山岩分布的环境，通过与地震和钻井资料的综合分析，预测火山岩发育的有利区带。

利用航磁和重力资料对整个松辽盆地的火山岩分布进行初步研究发现，主要的火山岩异常带沿盆地内主控断裂带周边分布。垂向一阶导数异常初步圈定了火山岩的分布范围，而垂向二阶导数异常精确刻画了火山岩的形态特征。与实际钻井资料对比研究，得出如下认识：航磁垂向二阶导数异常的低值区带无商业气流井；条带状磁异常两侧气井产能很高，异常中部产能较低；条带状磁异常两侧断裂发育，有利于火山岩储层物性改造，是高效火山岩储层发育区带。初步钻探结果证实了航磁预测火山岩分布的有效性。

（2）辽河油田大民屯潜山构造识别。

辽河油田大民屯潜山勘探特点是：潜山深度大，火山岩屏蔽，深层地震资料信噪比低。地层物性对比分析结果表明，大民屯潜山勘探存在较好的非地震应用前提：潜山高差较大，与周围地层有明显密度差；变质岩基底有中等磁性，而房身泡组火山岩磁性更强；变质岩基底与上覆地层有明显的电阻率差异，因此可以利用地震约束的剥层逼近基底重力和优化滤波，进行潜山重力成像，然后利用插值切割剔除火山岩磁场，优化滤波的潜山磁力成像，综合重磁异常特征，识别潜山分布特征。

在大民屯凹陷深部隐伏构造非地震识别方法技术研究中，研究和开发了潜山构造识别的3项非地震配套技术系列：① 分离基底构造重力异常的正演剥层技术；② 分离基底构造磁力异常的插值切割技术；③ 提取潜山构造异常的优化滤波技术。通过对大民屯凹陷高精度重磁资料的正演剥层、插值切割和优化滤波，获得了前古近系基底重磁异常特征，通过平面成像，获得了基底潜山的平面分布特征。与已知的8个潜山分布特征对比，6个潜山具有明显的重磁异常，形态特征基本一致。根据重磁局部异常与潜山分布的对应关系，推断在大民屯凹陷东南存在一个隐伏的低位潜山。2002年底，4口探井的钻探证实了潜山的存在，沈233井和沈235井钻获商业油流。

吉林探区针对各个地区目的层不同的地震地质条件，按照“勘探开发一体化、地震地质一体化、处理解释一体化”的研究理念，以油层为研究目标，以精细目标处理为基础，地震、地质有机结合为手段，探索形成了精细目标处理、精准构造成图、精确储层识别的“低品位油藏甜点”地震识别评价配套技术，较好地指导了新立Ⅲ区块、让29区块集约化建井，同时较好地指导了乾246区块扶余油层致密油水平井的部署及钻探，其具体做法：在地质研究方面，评价优选甜点油层厚度要求大于6m，确保井控储量大于15×10^4t；在地震研究方面，首先以油层厚度大于 6m 为标准,通过精细目标处理、解释及河道刻画,预测评价出 6m 储层分布,由此保证了水平井储层钻探符合率大于 85%;在水平地质导向研究方面,地质工程充分结合,探索形成地质导向的工作流程及方法,致使油层钻遇率 80% 以上,应用上述技术预测成果指导钻探水平井 38 口,均达到设计指标,初步证实该套"低品位油藏甜点"地震识别评价配套技术具有较好的实用性。

二、水平井钻井工程技术实践与认识

水平井钻井技术是在 20 世纪 20 年代提出,在 80 年代迅猛发展并逐渐完善的一项综合配套技术,包括水平井油藏工程和优化设计技术、水平井井眼轨道控制技术、水平井钻井液与油层保护技术、水平井测井技术和水平井完井技术等一系列重要技术,多数水平井能带来巨大的开发经济效益,有极高的投入产出比,因此是现代油气开发领域的一个重大突破。水平井技术在 1928 年提出后,20 世纪 40—70 年代,美国、苏联等国钻了一批水平试验井,因当时受技术所限,各项技术不配套,虽然能钻成水平井,但难以用于生产,同时,钻井费用高,因此限制了其发展。20 世纪 70 年代后期,原油价格的上涨,驱使世界上许多石油公司再度关注水平井技术。在石油资源日益匮乏和勘探开发难度不断增大的条件下,一些石油公司希望通过水平井来开发低压、低渗透、薄油藏及用常规技术难以取得经济效益的油田,以提高采收率和提高原油产量。于是在 20 世纪 80 年代,水平井钻井技术发展进入了一个新的历史时期。美国、加拿大、法国等国开展了用水平井开发油气藏的研究,在水平井油藏工程、钻井、完井、测井、射孔增产措施、井下工具以及井下作业等方面均有重大突破。1978 年,加拿大 ESSO 资源公司在冷湖油田完钻第一口水平井时,它才获得目前的增长势头和应用。进入 20 世纪 80 年代,水平井开采技术已逐步配套,随着被称为国际钻井三大新技术的 MWD(随钻测量仪)、PDC 钻头(聚晶金刚石复合片钻头)和高效导向螺杆钻具的应用,大大促进了水平井钻井技术的进步,使每年新钻成的水平井的数量成倍增加。进入 20 世纪 90 年代,世界水平井钻井技术以更快的速度推广和普及,成为提高油田勘探开发综合效益的重要途径。1990 年国外钻成水平井 1290 口,是 1989 年的 5.2 倍;1995 年钻成水平井 2590 口,又比 1990 年增加 1 倍以上。大多数水平井在生产中见到了明显的效益,特别是一些垂直裂缝井、陡峭的储层和稠油储层更是如此。目前,全世界钻水平井已成为一件常事,且钻更深和更长的水平井已成为可能。

北海 Oseberg 油田第一口水平井钻于 1992 年,到 1995 年共钻 40 口生产井,其中 17 口井为水平井。1995 年 1 月,北海 Oseberg C 平台上钻 C-26A 水平井,目的是开采 Alpha Main 构造中 Oseberg 层的原油,设计水平段长为 1500m,距离油水界面约 6m,该井水平段的最终位置根据在先导试验井中所观察到的构造深度以及油水界面确定,最终该井斜深 9327m,水平位移 7853m。图 2-13 为该井的井身结构图。

1991 年,北海挪威海域 Gullfaks 油田以西 4km 的 34/10-34 探井发现了 Gullfaks 西部油田。1993 年 9 月,Gullfaks B-29 井开钻,主要油层为中侏罗统 Brent 层顶部的 Tarbet 地层。该井要求把 2630m 长的名义水平井眼钻到 7500m 深度,该井总垂深 6710m,水平位移

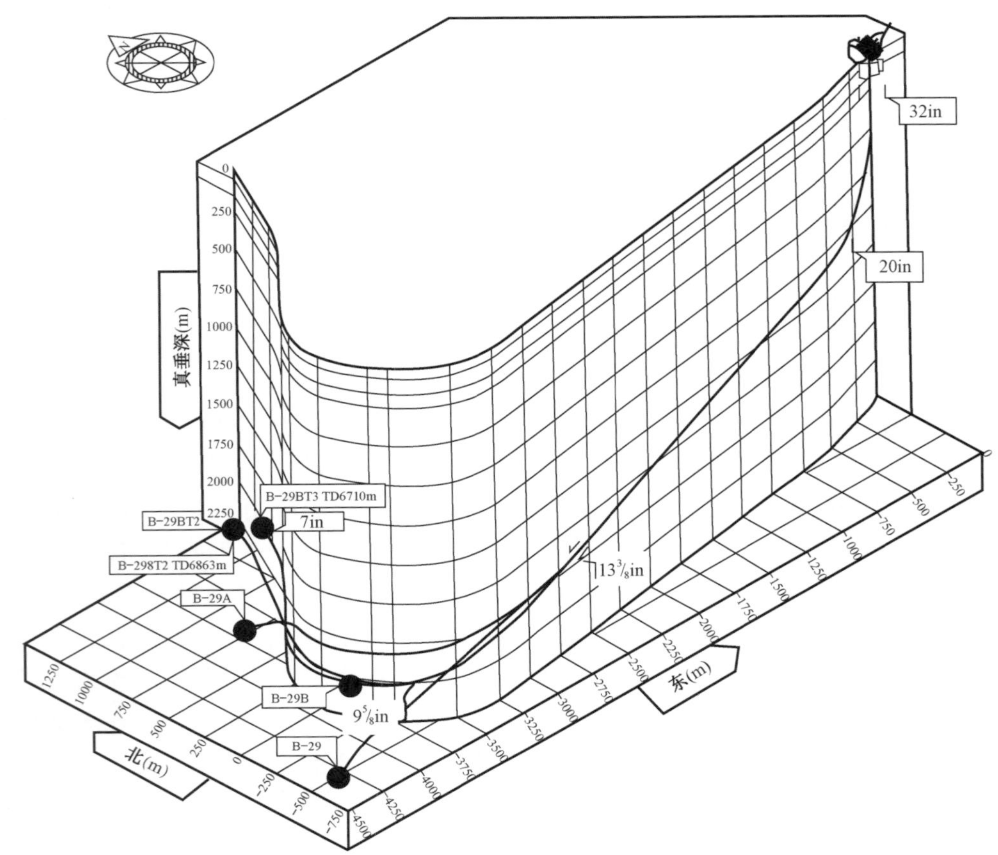

图 2-13　北海 Oseberg C 平台上 C-26A 水平井的井身结构图

达 8714m，在水平段内钻进一段距离后，继续增斜至 130° 的最大井斜角，这意味着该水平井要在水平面上大转弯，共探明 5 个目标层，具有很高的技术水平。

随着钻井新技术的不断发展，加拿大目前正在研究挠性管钻井工艺，挠性管水平井钻井工艺相对常规钻井作业的主要优点在于挠性管实现了钻井革命性发展，即负压钻井。在市场经济的现代社会，其他优点也非常突出：简便性，加速钻井过程的自动化并减少所需的人力；运移性，井场设备紧缩，缩短了相应时间，并缩减了动员费用；经济性，由于去除了手动管线连接而加快了钻进时间；由于租用的井场场地小，减少了井场建设和清洁的费用；安全性，由于能够在钻井作业中实现全压控制，提高了安全系数；灵活性，用挠性管能完成短半径水平井钻井（挠性大于 30° /100ft）。

中国是继美国和苏联之后，第 3 个钻水平井的国家，于 1965 年在四川钻了两口水平井，即巴 -24 井和磨 -3 井。以磨 -3 井为例，其目的层是四川磨溪构造大安寨微裂缝性石灰岩油层（垂深约 1300m），油层中有页岩夹层。磨 -3 井水平井完钻总测深 1685m，垂深 1368m，水平位移 444m，油层内井段长 288m，水平井段长 160m。

与国外水平井的发展情况类似，此后水平井钻井在我国一直处于停顿状态，直到 20 世纪 80 年代后期。但在此期间，我国石油科技工作者一直在密切关注着国外水平井技术的发展动向。国家“十五”计划开始以后，随着石油钻井技术的不断进步、成本的逐渐降低以及国际国内原油价格上涨，水平井的发展重焕生机。为了提高我国油气勘探开发的综合效益，提高油气采收率和产量，在严密的科学技术论证的基础上，“石油水平井钻井成套技术”于 1990 年被列入国家“八五”重大科技攻关项目。在国家计划委员会和中国石油天然气总公司的组织下，在 6 个油田和 5 所院校参与合作下，经历 4 年全面完成攻关任务，并在我国 10 个油田推广应用 50 余口，在水平井优化设计技术、水平井井眼轨道控制技术、水平井钻井液与完井液技术、水平井完井与固井射孔技术、水平井电测技术和水平井取心技术 6 个方面取得了重大成果，实现了水平钻井装备和仪器的全部国产化。目前在我国，不论是砂岩、碳酸盐岩、火成岩还是变质岩地层，也不管是油田还是气田，都已经有水平井了。而且，经过几十年的探索与实践，目前我国水平井可采用的完井方法与直井一样有很多种，常规油气藏的水平井完井几乎不存在很大的技术难题了。我国水平井完井的主要技术难点有：水平井如何均衡排液并提高开发效益；低渗透砂岩油气藏水平井如何进行多段压裂改造。

吉林油田水平井钻井技术起步较晚。为了提高特低渗透（渗透率低于 10mD）油田开发效果，于 1995 年和 1996 年，分别在大老爷府和新民两个油田完成了老平 1 和民平 1 两口水平井。实施目的是探索水平井提高特低渗透油田的开发效果，进而为吉林油田大面积低渗透、低丰度储量的开发寻求可能提高经济效益的有效手段。由于受水平井压裂技术的限制和钻井成本相对较高等多方面因素的影响，水平井开发低渗透油田经济效益不显著，从而中断了该项技术研究与应用。

老平 1 井采用中国石油天然气总公司勘探开发研究院的有线随钻和大港油田的带伽马的 MWD 进行轨迹控制，完钻后进行测井。该井目的层是高台子油层Ⅳ砂组 10+11 号小层，窗口处垂深 1298.41m。该井于 1995 年 10 月 15 日完钻，采用三层套管的井身结构，其中技术套管下至窗口，完钻井深 1764m，钻井周期 36 天，水平段长 348.42m，岩屑录井见油气显示良好井段 240m，油层井段占整个电测井段的 87.9%。水平段采用三段限流压裂投产，每段 0.6m；于 1995 年 11 月底压裂投产，直至 2000 年底均自喷生产，日产油 2t 左右；2001 年采取有杆泵抽油机举升生产，最高日产液 34.3t、最高日产油 5.0t，目前日产油 1.3t，累计产油 6353.6t，累计产气 $1810 \times 10^4 m^3$。该井产量与油层相近的直井相当，主要原因是受到气顶影响，限制了油层的产油能力。

民平 1 井采用辽河油田的有线随钻和大港油田的带伽马的 MWD 进行轨迹控制，完钻后进行测井。该井于 1996 年 7 月 2 日完钻，完钻井深 1762.65m，采用三层套管的井身结构，其中技术套管下至窗口。该井因钻遇断层提前完钻，水平段长 360.72m，电测长度 330m，电测解释油层 290m，占整个电测井段的 87.9%。该井射孔井段分为 3 段，分别为 0.7m，0.7m 和 0.5m，采用限流压裂方式试油。初期日产液 100t，日产油 1t，含水率非常高，分析受到水淹影响。

通过老平 1 井、民平 1 井的试验，吉林油田在水平井钻井、射孔、压裂方面取得了成功，初步掌握了水平井的工艺技术，但在开发效果上都没有取得预期的目标。

在吉林油田扶余地区打浅层水平井，主要是为了解决扶余地区采用常规钻井技术无法实现地面受限（地面为城镇、村庄、河道）浅油藏的开发问题，以完善扶余地区井网、提高采收率，进而提高扶余地区二次调整改造效果。

2006年，水平井钻井技术应用在吉林油田火山岩气藏的开发试验中，确保了长岭营城组火山岩裂缝性气藏的整体开发。2011年后，长水平段水平井与裸眼封隔器完井结合，水平段长度超过了1800m，完井裸眼封隔最大的达21段。2012年建立了红岗和黑168水平井示范区，水平井钻井提速和井身结构优化技术进一步发展，在降低钻井成本方面发挥了突出的作用。

1. 水平井钻井工具现状

目前国内外水平井随钻测量技术主要包括随钻测量（MWD，Measurement While Drilling）和随钻测井（LWD，Logging While Drilling）两大部分。随钻测井一般是指在钻井过程中测量地层岩石物理参数，并用数据遥测系统将测量结果实时送到地面进行处理。由于目前数据传输技术的限制，大量的数据存储在井下仪器的存储器中，起钻后回放。随钻测量一般是指钻井工程参数测量，如井斜、方位和工具面等的测量。经过最近20多年的发展，目前国外随钻测井技术已经比较成熟，几乎所有的裸眼井电缆测井项目都可用随钻的方式进行。随钻测量技术的发展促进了钻井、录井、测井、地质等多学科的交叉、融合，实现了在钻井的同时完成地层情况综合评价，能够实时检测到地层变化以便及时对钻井设计及施工方案进行调整，有效提高水平井采收率（图2-14）。同时，应用随钻测量技术简化了钻井作业程序，提高了钻井作业效率，有效地节省了钻井时间，降低了钻井成本。

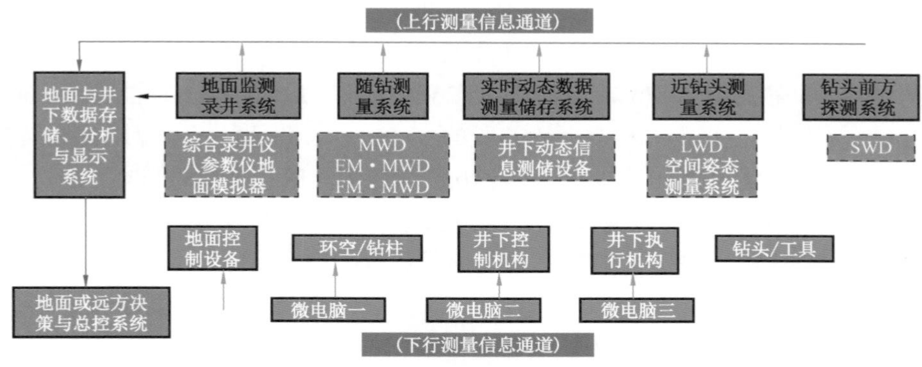

图2-14　随钻信息测量—控制—通信流程图

近年来，随着钻井技术的不断发展进步，随钻测量、随钻测井技术得到持续的发展完善，形成适用于各种井眼尺寸的MWD/LWD工具。同时，随钻测量仪器离钻头更近，近到只有1～2m，可靠性更高，稳定性更强，能够更好地完成地层油、气、水层评价，能够提供更精确的地质及工程决策信息，提高油田开发效果。

目前，国际上的MWD/LWD工具能够测量30多种参数，仪器外径为44.5～216.0mm，基本能够满足不同井况施工需要。在 MWD/LWD 实效性、高利润的驱使下，世界上大的石油技术服务公司近年来加强了随钻技术的研发力度，国外已有 8 家公司拥有该项技术，其中以斯伦贝谢公司、贝克休斯公司和哈里伯顿公司最为著名。斯伦贝谢公司为随钻技术的集大成者，服务领域从早期主要集中在海洋钻井平台逐步向陆地扩展。在北海、墨西哥湾、中东、西非以及中国南海、东海、渤海等区域，MWD/LWD 正越来越多地取代电缆测井而成为常规服务项目。据国外资料统计，在海上钻井作业中，使用 MWD/LWD 的比例高达 95% 以上，每年随钻服务产值已经占整个测井行业产值的 25% 以上。

目前，地质导向工具主要有斯伦贝谢公司的 PeriScope 15，哈里伯顿公司的 ADR 方位电阻率和贝克休斯公司的深读数传播电阻率（Deep-Read Propagation Resistivity for LWD），结合不同功能或不同组合的井下动力钻具系统，可形成功能强大的信息采集和解释评价随钻系统，能有效避免钻井风险。

世界上多家具有相当实力的钻井技术服务公司都在研究、开发旋转导向工具，如哈里伯顿公司、贝克休斯公司和斯伦贝谢公司等，已经获得商业性成功且应用较广泛的旋转导向工具有：斯伦贝谢公司的 PowerDrive Xtra 系列、PowerDrive Xceed 系列以及 PowerDrive V 系列；贝克休斯公司的 AutoTrak 旋转闭环导向工具；哈里伯顿公司的 EZ-Pilot、Geo-Pilot XL 等。这些旋转导向工具都具有综合地层评价与解释能力，可完成精确导向。另外，这三家公司的旋转导向测量工具还具有更多功能，可完成更为复杂的地层钻进和导向。例如，斯伦贝谢公司的 Power Vertical RSS 工具可实现随钻垂直钻井，极大缩短钻井开发周期；贝克休斯公司的 AutoTrak 可完成 RCLS 自动旋转闭环导向，实现井下自动闭环控制，精确制导。

内随钻测量技术的研发和应用起步较晚，虽然中国海洋石油总公司在随钻技术应用上最早，也比较广泛，基本上也是以国外技术为主，我国许多重点井的随钻技术多是由国外公司直接提供服务。随着陆地大位移井、水平井的大范围应用，随钻技术的应用也越来越普遍，中国石油和中国石化两大公司每年已有数百口井应用随钻技术服务，且呈快速递增趋势。

胜利油田定向井公司 1991 年从美国 Sperry-Sun 公司引进正脉冲定向 MWD 随钻测量仪器，1999 年又从该公司引进了随钻地质评价仪器 FEWD 成套设备，测量参数包括定向参数、自然伽马、电磁波电阻率、中子孔隙度、地层密度及井下钻具振动量。1996 年，胜利油田钻井研究院从英国 Geolink 公司引进 MWD 随钻测量仪器，2002 年又从该公司引进具有地质导向与地层评价功能的 LWD 随钻测量仪器。在 2000 年后，中国海油以及中国石油的大港、大庆、辽河、新疆、长庆等油田开始大规模引进地质导向成套设备。地质导向应用效果对比如图 2-15 所示。

中国在“六五”与“七五”期间，曾组织开展了“电缆式定向随钻测井系统”（航天部 33 所与中国石油勘探开发研究院合作）、“随钻井下记录系统”（中国石油勘探开发研究院）以及“随钻测量电磁波传输信道可行性研究”（机电部 22 所与中国石油勘探开发研究院合作）等项目研究。1992 年西安石油勘探仪器总厂引进哈里伯顿公司随钻技术，1998 年中国石油勘探开发研究院与西安石油仪器总厂合作开展了地质导向钻井系统的研究课题。尽管上述研发尚未形成商业成果，但也积累了极为有益的经验。目前，高端随钻装备仍以引进为主，

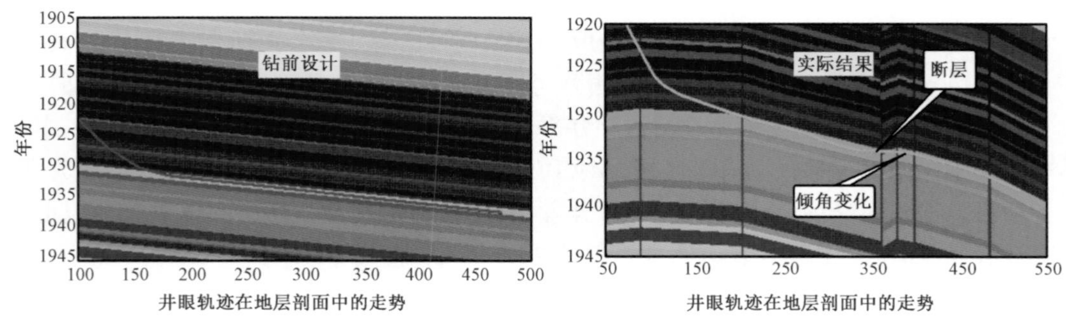

图 2-15 地质导向应用效果对比

国内产品处于起步阶段，例如，大港定向井公司 1989 年引进 Sperry-Sun 公司的钻井液脉冲随钻测量仪器之后开发了 HM-MWD 无线随钻测斜仪，北京海蓝公司研制了 YST MWD 系统，北京普利门公司研制了 PMWD 型无线随钻测斜仪，西安石油勘探仪器总厂研制了 BGD 型 MWD 系统等。这些国产的 MWD，目前处于现场实验、试用或小规模生产阶段，都还没有达到大规模生产和应用的地步。此外，上海神开石油科技有限公司推出了简易型随钻仪器，上海中油仪器制造有限公司、信息产业部 22 所等录井仪器生产商也在开发随钻项目，大多处在研发试验阶段。2007 年 11 月，国内首套具有自主知识产权的“CGDS-I 近钻头地质导向钻井系统”产品顺利通过中国石油天然气集团公司科技发展部组织的产品鉴定。该成果由中国石油天然气集团公司组织钻井工程技术研究院、北京石油机械厂和中国石油测井有限公司联合攻关，已取得 5 项发明专利和 3 项实用新型专利，使我国随钻测量技术及装备研发取得了突破。

2. 提速工艺技术现状

从目前国内油气勘探形势看，石油钻井已成为加快油气勘探开发的“瓶颈”，石油钻井技术发展的任务十分艰巨，而在石油钻井工程中，如何提高石油钻井速度显得尤为重要。在当下石油技术的发展中，钻井工程正处于产业转型的阶段，只有能够利用高新石油钻井技术，加快石油钻井速度才能够在市场上面占据先机。

钻井提速技术根据应用程度可分为直接提速技术和间接提速技术。直接提速技术包括井身结构优化、高效 PDC 钻头、PDC+ 井下动力钻具复合钻井、高压喷射、优选参数钻井、优质钻井液技术、欠平衡钻井、空气钻井、空气锤钻井技术、垂直钻井技术、清洁钻井液技术等。间接提速技术包括压力预测技术、新型钻具、套管钻井、连续管钻井技术、控压钻井技术等。

钻井提速技术根据从应用方式可分为提速工艺技术和提速工具技术。提速工艺技术包括井身结构优化、优选钻井参数钻井、优质钻井液技术、欠平衡钻井、空气钻井、清洁钻井液技术、控压钻井技术等。提速工具技术包括高效 PDC 钻头、PDC+ 井下动力钻具复合钻井、高压喷射、空气锤钻井技术、扭力冲击器（图 2-16）垂直钻井技术、高频冲击钻井工具（图 2-17）等。

钻井提速技术是一项综合性钻井技术，钻井过程中往往综合直接、间接提速技术，采用钻井提速工具及相应的工艺技术措施来达到提高钻井速度的目的。水平井钻井提速主要包

图 2-16　扭力冲击器

图 2-17　高频冲击钻井工具

括以下配套工艺技术措施：

（1）井身剖面优化设计。

井身剖面通常采用直—增—稳—增—稳剖面，优化造斜点、造斜率等轨迹参数，减少施工难度，降低下部调整风险，提高钻井速度，在满足螺杆钻具和 PDC 钻头的前提下，实现一趟钻完井。

（2）钻具组合优选。

根据剖面设计选择钻具组合，上部井段施工保证钻具组合造斜能力，下部水平段施工实现稳平钻进，提高机械钻速。

（3）钻头及钻井参数优选。

采用适合定向的 PDC 钻头，PDC 定向钻头优选钻头冠部抛物线较短、保径短、内锥浅的 PDC 钻头，内锥深冠部抛物线长、保径长的钻头稳方位井斜能力较强，不易定向。钻头选择要有利于提高机械钻速速度和轨迹控制。同时，优化水平井水力参数设计，尽可能提高排量，最大限度发挥单泵的使用效率。下部调整钻压，常规复合钻压为 9～10tf，可调整钻压到 10～12tf，泵压升高 2MPa 左右，增加滑动钻压到 6～8tf，泵压升高 1.5MPa 左右。

（4）螺杆优选与应用。

现场使用的流量应该控制在推荐的范围内，马达的输出扭矩与马达的压降成正比，输出转速与流入钻井液量成正比，随着负荷的增加，钻具转速有所降低，排量过大可导致转速过高，加快内部橡胶磨损，提前造成螺杆损坏。单弯螺杆应严格按照钻具的使用期限进行回收维修，避免造成井下事故，新螺杆使用期限为 120h，维修螺杆使用时间为 80h。螺杆钻具操作时要送钻平稳，瞬时动载过大，易造成螺杆螺纹部分出现裂纹，发现不及时会造成井下事故。下钻速度过快，使得螺杆钻具外腔压力大于内腔压力，岩屑倒灌，蹩断螺杆钻具。防止堵漏剂等杂物造成螺杆蹩断。

（5）井眼轨迹控制措施。

第二扶正器的外径选择应兼顾有合适的稳方位能力和确保深井滑动不阻卡，“四合一”钻具组合复合钻进，井斜大时方位较稳，井斜小时方位滑动调整很快，也可定向时取适当超前或滞后角抵消方位自然漂移，因此牺牲一定的稳方位能力换取更好的可调性是明智的选择，但是第二扶正器也不可过小。深井滑动调整时送钻必须缓慢、平稳，前后一致。合理送钻是提高调整效率的最关键因素，它可以保证反扭角稳定在一个较小的范围内。下部地层要进行滑动施工，必须调整好钻井液性能（要求有较高的黏度和良好的润滑性），充分循环，保证井底无沉砂，滑动无阻卡。加强全井轨迹控制，卡好地层。在测斜前重分活动钻具，滑动前摆好工具面，锁转盘充分活动，保证工具面到位，尤其是反扭角大时。根据地层特点选择合适的调整时机，以提高调整效率。

目前国内在钻井提速应用方面取得了一定的成绩，形成通过改善传统的破岩石方式从而有效提高能量利用率的脉动振动钻井技术，通过井下水力旋流装的钻井提速技术，以及利用特质的高压钻头来提高效率等钻井技术，钻井工具方面形成了包括井底脉冲振动钻井技术、井底旋流器、超高压钻头钻井技术等在内的石油钻井提速工具，如水力振荡器钻井工具（图 2–18），也取得了一定的成绩。但这些技术虽然在某些地方使用效果还可以，但是缺少普遍的代表性和可推广性，其主要原因是：第一，其使用的成本太高，带来的经济效益有限；第二，就是其使用寿命的限制以及使用环境的影响。相比于国外的石油钻井技术，我国的石油钻井提速技术还有着很明显的差距。

图 2–18　水力振荡器钻井工具

3. 水平井钻井液技术现状

1）油基钻井液

油基钻井液具有能抗高温、抗盐钙侵、有利于井壁稳定、润滑性好和对油气层伤害程度小等多种优点。传统的油基钻井液以原油或柴油为基础油，不能满足环保部门提出的毒性指标要求。其后，国外研制开发了低毒（或无毒）油基钻井液，使用的基础油是精炼油（或称白油），如 EXXOM 公司生产的 ESCAI01 10 号矿物油。精炼油与柴油之间最显著的差别是芳香烃含量。芳香烃含量越高，对生物的毒性越大。精炼油中芳香烃含量明显低于柴油中的含量。目前，许多钻井液公司已开发出低毒油基钻井液体系，如 Vertoil 体系和 OilFaze 体系等。

2）合成基钻井液

合成基钻井液是作为油基钻井液的替代体系在20世纪90年代发展起来的，现在仍旧应用于大位移井中并不断地发展。它以人工合成或改性的有机物作为连续相、盐水为分散相，加入乳化剂、降滤失剂、流型调节剂等组分以稳定体系和调节性能。

目前，合成基钻井液的基液主要有酯基、醚基、线型α-烯烃等。其中以酯、醚和聚α-烯烃为代表的称为第一代产品，而以线型α-烯烃（LAO）与异构烯烃（IO）等为代表的称为第二代产品。第二代合成基钻井液的综合性能优于第一代合成基钻井液，特别是LAO和IO基钻井液是目前较为理想的合成基体系。第一代和第二代合成基液性能见表2-1。

表2-1　合成基物理性能

基液名称	密度（g/cm^3）	黏度（40℃）（mm^2/s）	闪点（℃）	倾点（℃）	芳香族含量	降解温度（℃）
酯	0.85	5.0～6.0	>150	<-15	无	171
醚	0.83	6.0	>160	<-40	无	133
聚α-烯烃	0.80	5.0～6.0	>150	<-55	无	167
醛酸醇	0.84	3.5	>135	<-60	无	—
线型α-烯烃	0.77～0.79	2.1～2.7	113～135	-14～-12	无	—
内烯烃	0.77～0.79	3.1	137	-24	无	—
线型石蜡	0.77	2.5	>100	-10	微	—
线型烷基苯	0.86	4.0	>120	<-30	有	—

合成基钻井液的基本组成为：合成基液+$CaCl_2$+盐水+主辅乳化剂+有机土，根据性能要求添加降滤失剂等处理剂。它具有良好的流变性、热稳定性、润滑性、抗污染能力和生物降解性，而且不含荧光物质，不影响测井和试油资料的解释。在现场应用中它可大大提高机械钻速、减小扭矩并增加井壁的稳定性。近几年来，Statfjord油田使用合成基钻井液成功钻探了CIO井、C03井、C02井等，其中C02井打破了该地区的钻井纪录，水平位移达7290m，并且大部分井段是在70°～84°的井斜角度下钻成的。

从使用效果对比来看，合成基钻井液的性能比油基钻井液更好，具体表现在常温条件下屈服值和稠度系数更高，能更好地解决井眼清洁问题，滤饼摩擦系数更低，润滑性能良好。

3）可转化为水包油乳化钻井液的逆乳化钻井液

为了防止润湿性反转导致的油气层伤害，Patel等研制出一种可转化为水基钻井液的油基钻井液。这种新型油基钻井液除所使用的乳化剂不同之外，在组成和性能方面均与常规油基钻井液十分相似。该钻井液在碱性环境中（如加入石灰）形成稳定的油包水乳状液，而在酸性环境中则形成稳定的水包油乳化钻井液。通过控制体系的酸碱性，使用这种乳化剂（表面活性剂）的钻井液可以很方便地在油包水乳状液和水包油乳化钻井液之间进行互换（图2-19）。水包油乳化钻井液的连续相是水，属于水基钻井液范畴，因此这种新型油基钻

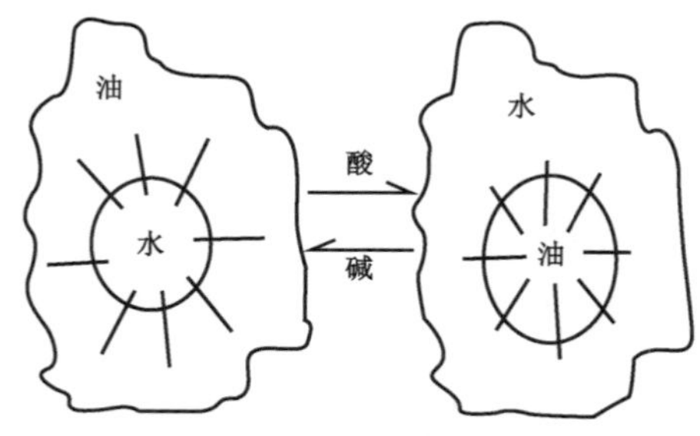

图 2-19　两种乳钻井液之间的相互转换

井液可以根据需要转化为水基钻井液。

该钻井液既保持了常规钻井液和合成基钻井液性能上的各种优点，又可在完钻后及时转化为水包油乳化钻井液，将油湿的岩石表面重新转变为水湿，避免油相渗透率降低，对储层起到有效的保护作用，还便于对滤饼的清洗与清除；在海上钻井中可简化对钻屑的处理程序，减少处理费用，有利于环境保护。

4）采用具有高效成膜效率的新型水基钻井液

当采用过平衡钻井钻进页岩、泥岩和黏土岩等类地层时，如在井壁上未形成有效的封隔层，钻井液就会渗入地层，即便渗入极少量的滤液也会导致近井地带孔隙压力增大，从而导致井壁不稳定。近年来，孔隙压力传输技术已成为测量页岩渗透状态的工具。为了提高页岩在与钻井液作用后渗透率和孔隙压力变化的测量精度，对孔隙压力传输技术进行了改进。M-I 钻井液公司对页岩的膜效率进行了研究，并取得了初步的成果。

CSIRO 和 Baroid 联合开发研制的具有高膜效率的新型水基钻井液缓解了页岩地层不稳定问题。这种新型水基钻井液在页岩等类地层井壁表面形成膜，阻止钻井液滤液进入地层，从而在稳定井壁方面发挥着类似油基钻井液的作用。

4. 国内外水平井固井发展现状

1）完井方式的选择

随着水平井钻井技术的发展，钻水平井的数量越来越多。它的发展极大地促进了完井技术的发展：1985 年开始在水平井中使用套管外封隔器隔离地层；1986 年使用割缝衬管和套管外封隔器实现了对地层的封隔，并对产层进行选择性生产。水平井完井工艺日益完善，从而形成了水平井完井的不同方法。

目前水平井完井传统方法可分为裸眼完井（图 2-20）、筛孔 / 割缝衬管完井（图 2-21）、筛孔 / 割缝衬管带管外封隔器完井（图 2-22）和衬管固井 / 射孔完井（图 2-23）4 种。

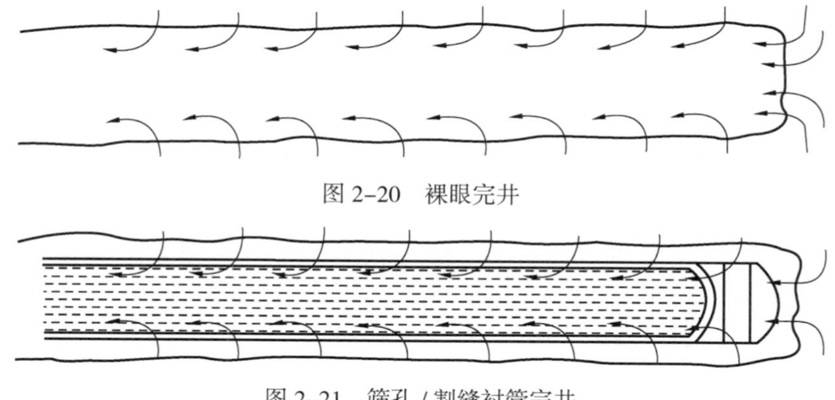
图 2-20　裸眼完井

图 2-21　筛孔 / 割缝衬管完井

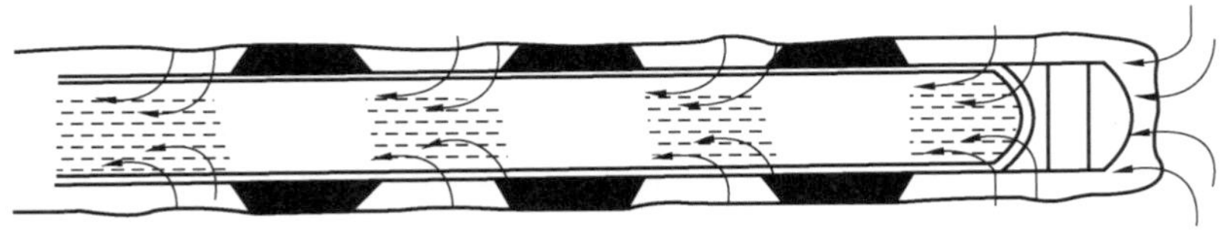

图 2-22　筛孔 / 割缝衬管带管外封隔器完井

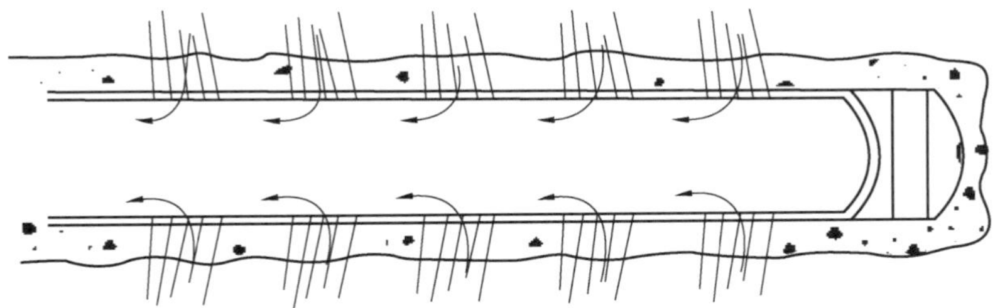

图 2-23　衬管固井 / 射孔完井

对于割缝衬管完井而言，割缝衬管起着保持油层与井眼间的流体通道的作用。由于选择适当尺寸的割缝可以控制部分出砂。但使用衬管完井方式有一定的缺点，它虽然短时间内可获得高产液量，但无法分层开采，当储层能量较低导致产油量下降时，无法实施后续增产措施，如射孔、压裂等。而注水泥作业可有效进行有目的的分层开采，对于调整井区块的固井可有效地实施后续增产措施。

2）固井作业信息化

（1）固井软件模拟计算。

固井软件模拟计算可为固井方案提供固井依据。比如：紊流顶替排量、水泥浆稠化时间与固井施工时间对比、水泥浆数量等，还可以实时模拟水泥泵车压力、环空上返速度、紊流接触时间、环空当量密度等与地层破裂压力梯度的关系，为固井施工采用安全、合理的参数进行固井施工提供理论依据。

国外许多固井公司和国内部分石油高校在固井软件的研究和开发工作上进行了大量的研究，软件模拟结果与现场施工结果基本一致。目前该技术已基本成熟，但需要在国内各油田扩大其应用。

（2）固井作业参数实时采集。

随着目前固井设备的发展和信息采集技术的发展，以及仪表的精度和可靠性的提高，未来固井作业过程中，人力成本比重减小，大量资金将会投入仪器设备中以取代人力资源降低劳动强度。结合计算机高科技技术，未来固井作业参数（如注水泥排量、数量、水泥浆密度、泵压参数等）将由计算机进行控制作业，必要时可进行人工干预，并可以把固井全过程参数随时间精确记录保存在电脑中，以便进行固井质量分析。

3）国内外顶替效率研究

注水泥顶替机理的研究，已有半个多世纪了。1940 年，P.H.Jones 和 D.Berdine 对注水泥顶替机理进行了开创性的研究。他们着重指出套管偏心是形成窜槽的原因，因此，扶正套管是减少窜槽的有力措施；1948 年，G.C.Howard 和 J.B.Clark 进行了注水泥顶替模拟实验，首先认识到钻井液性能的重要性，降低钻井液黏度有利于提高顶替效率；1964 年提出紊流注水泥技术；1973 年，C.R.Clark 得出活动套管有利于提高顶替效率的结论；1990 年，E.B.Nelson 出版了《Well Cementing》一书，对水泥浆性能、流变性、注水泥工艺等有了系统阐述。

虽然前人已经开展了很多有关顶替效率的研究，但大部分是基于垂直井牛顿液或宾汉液的轴向层流顶替，对其确切的顶替机理仍然缺乏细致的了解，目前对水平井固井的研究仍集中在水平环空的顶替效率方面。

哈里伯顿公司在 1992 年发明实验装置专利后，在试验基础上对水平井顶替效率进行了有限元数值分析，试图建立水平井顶替效率的三维多相流数学模型。通过计算机模拟分析，推断水平环空顶替存在一个重要现象：环空内钻井液的清除是从套管表面（非渗透介质表面）开始，随流量增加逐步向外扩展，如图 2-24 所示。

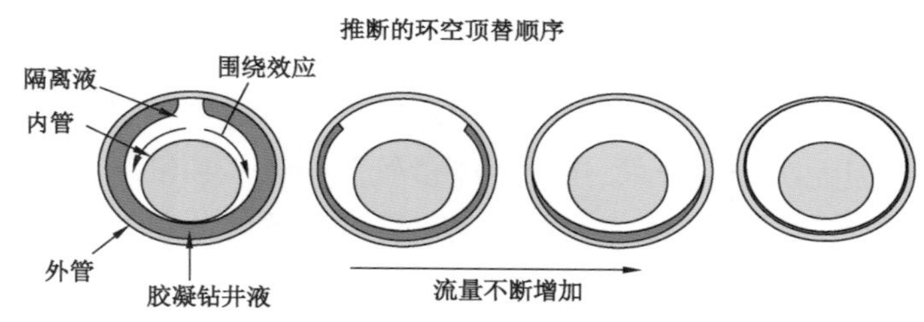

图 2-24　水平环空顶替环空内液体流动模拟图

三、压裂改造技术实践与认识

低品位资源虽然总量大，但其储层物性差，一般空气渗透率小于 0.1mD，孔隙度小于 10%，对开采技术要求高，储层特征决定了开发这类储层必须采用强化手段——储层压裂改造技术，改善油气流渗流条件，从而达到有效开采的目的。由于储层物性差，决定了这种资源均需要采取压裂改造技术提高其单井产量。国外低品位资源储层压裂改造技术的发展可归纳为提高改造体积、降低对储层伤害以及降低作业成本 3 个方面，但不同储层特点决定了其压裂改造主体技术也有较大差异。

1. 国内外致密油气压裂改造技术

1）国内外致密气压裂主体技术及应用

致密砂岩气以渗透率低为主要特征，总体表现为“四低、二高、一强”的特点，即孔隙度低、渗透率低、储量丰度低、单井自然产量低，含水饱和度高、开发成本高及储层非均质性强。因此，以储层改造技术为代表的工程技术手段成为致密砂岩气开发利用的关键技术。致密气储层改造技术的发展紧紧围绕增大渗流面积、降低储层伤害和降低改造成本三大核心问题开展研究和现场试验，基本经历了五大发展阶段：第一阶段（20 世纪 80 年代以前）小规模单层压裂为主；第二阶段（20 世纪 80 年代以后）单层大规模压裂技术；第三阶段（20 世纪 90 年代）多层压裂、分层排液技术；第四阶段（2000 年以后）多层压裂、合层排采技术；第五阶段（2006 至今）水平井分段压裂技术。国外应用的主要技术介绍如下：

（1）大规模压裂技术。

大型压裂技术背景为：自 20 世纪 80 年代以来，以美国 Wattenberg 气田压裂技术研究与应用为基础，提出大型压裂概念，通常支撑半缝长大于 300m，加砂规模达到 $100m^3$ 以上被认为是大型压裂。适应于大型压裂的储层特点为：气测渗透率小于 0.1mD，砂层厚度一般应在 20m 以上，且平面上分布稳定，人工裂缝方位与有利砂体展布方向一致。实施大型压裂的关键技术条件为：施工时间长，压裂液应具有良好的携砂流变性及低伤害性能；压裂液用量大，通常使用连续混配技术。

该技术在 Wattenberg 气田应用效果显著。该气田基本参数如下：地层深度为 2316～2560m，砂层厚度为 15～30m，渗透率为 0.005～0.05mD，压裂时加砂量为 $90～150m^3$，最大加砂量为 $255m^3$，压裂后缝长为 400～600m，压裂后稳定产量为（2.0～3.5）$\times 10^4m^3/d$，最大可达到 $5.2\times 10^4m^3/d$。

（2）直井分层压裂技术。

国外致密气储层纵向上一般小层层数多，且连续油管工具配套成熟，因此以美国为代表，致密气开发以提高小层动用程度的直井分层压裂为主，并以连续油管直井分层压裂应用最为广泛。以 Jonah 气田为例，小层数可达 100 层，层厚为 0.6～9m，孔隙度为 6%～12%，渗透率为 0.001～0.5mD，前期压裂处理 3～6 个层段，大约 35d 才能完成，成本高、耗时长，增产效果不理想；采取连续油管直井分层压裂技术后，一天压裂施工 6～10 层，最高单井连续压裂施工 19 层，36 h 内可完成 11 层水力压裂施工，施工时间缩短至不到 4d，产量增加 90% 以上。压裂结果表明，提高纵向压开程度有利于大幅提高单井产量。

对于纵向多薄层致密砂岩油气藏，目前的直井分层压裂技术主要包括连续油管分层压裂技术系列、套管阀套分层压裂技术和水力喷射压裂技术。

① 连续油管分层压裂技术系列。

连续油管分层压裂技术系列可分为“连续油管喷砂射孔 + 环空压裂”和“连续油管 + 跨隔封隔器”压裂两大类，其中环空压裂工艺又可以分为砂塞和底部封隔器两种，跨隔封隔器由于对连续油管损害较大，应用较少。适合的储层条件为多薄层的油气藏，适合井型主要为套管完井的直井。该技术的优点为分段级数不限，施工效率相对较高，且砂堵易处理；其局限性主要表现为，由于是套管压裂，套管及套管头等耐压要求高，压裂后有时需下入生产管柱，可能对储层造成二次伤害，并且需要多种配套工具（如连续油管井口保护器、大通径采油树等）。

② 套管阀套分层压裂技术。

该技术以斯伦贝谢公司的 TAP（Treat&Produce）为代表，也可以实现直井不限层数的改造。该技术的优点是：级数不限，且工序简单高效，标枪可钻且滑套可关；其局限性主要表现在目前适应的管柱尺寸单一，仅限 114.3mm 套管，且同样采用套管施工，对套管及套管头等耐压要求高，压裂后有时须下入生产管柱，可能对储层造成二次伤害。另外，由于该套工具及连接管线等在固井时与套管一起下入，因此对固井质量要求高，且要求固井管柱不能旋转。该技术近年在国内外见到应用报道，但尚未成为主流技术。

③ 水力喷射分段压裂技术。

水力喷射分段压裂技术是由 Surjeetamadja 于 1998 年首先提出的，其在国外得到了较为广泛的应用。其原理为油管内流体加压后经喷嘴喷射而出的高速射流在地层中射流成缝，并通过环空注液使得井底压力控制在裂缝延伸压力以下，而射流出口周围流体流速最高，压力最低，环空泵注的液体在压差下进入射流区，并与喷嘴喷射出的液体一起吸入地层，同时由于射流的影响，使得缝内压力大于裂缝延伸压力，驱使裂缝向前延伸，而环空压力低于裂缝的延伸压力，从而实现不用封隔器与桥塞等隔离工具自动封隔。其优点在于可以用一趟管柱在水平井中快速、准确地压开多条裂缝，起裂位置及方向可控，并能根据需要进行多层压裂，且不需要采用封隔器，同一井可采用完全不同的液体对不同的层段进行处理；水力喷射工具可以与常规油管相连接入井，也可以与大直径连续油管相结合，使施工更快捷，并取得较好的施工效果。其核心技术为水力喷射工具，最初的设计在连续油管或管柱拖动时需要不压井的起下作业装置或进行压井，由于井口的这一要求，在气井中的应用受到了一定的限制。

（3）混合压裂技术。

在 20 世纪 90 年代中后期，以 Mayerhofer 等为代表提出在致密气井中采用不用支撑剂的活性水 / 清水压裂也可以获得好的增产效果，但由于清水压裂砂浓度难以提高、导流能力低，特别是长期导流能力有限，虽然可获得较好的初产，但长期生产能力差于常规冻胶液压裂。因此，清水压裂后来发展成为混合压裂技术，即结合清水压裂和冻胶压裂的优点，前置液阶段采用滑溜水，携砂液阶段采用冻胶压裂液，既可保证降低对储层伤害、降低压裂液成本，又可起到提高砂浓度、提高裂缝导流能力的作用。在 Cotton Valley 的应用表明，复合压裂井的产气量是瓜尔胶液压裂井的 2 倍，同时由于低黏液体对控制缝高的作用，水气比降低了 60%。

（4）水平井分段压裂技术。

近年来，随着水平井在致密气开发中的应用，水平井分段改造工艺也得到快速发展和应用，纵观国外水平井分段压裂技术，主要技术系列分为多级滑套封隔器水平井分段压裂技术、速钻式桥塞分段压裂技术、水力喷射分段压裂技术及水平井双封单卡分段压裂技术四大技术系列。

① 多级滑套封隔器水平井分段压裂。

技术特点是首先通过坐封裸眼 / 套管封隔器实现段间封隔，然后通过井口投入不同尺寸球，打开相应各级滑套，逐段进行压裂，其施工快捷，作业效率高，能够有效节约完井费用；国外各大服务公司均拥有该项技术，例如斯伦贝谢公司的 stageFRAC，哈里伯顿公司的 PinPoint 及贝克休斯公司的 Fract Point 与 DirectStim 等，分压级数受球径尺寸约束有一定限制，目前在 12.7cm 套管内国外可实现 15 级以上分段压裂。但由于其为一次完井管柱且不是通径，为后续作业处理带来极大困难。目前该技术已发展为滑套可开关的智能完井，以满足后续生产管理的需要。

② 速钻式桥塞分段压裂。

此技术的特点是通过桥塞封隔，进行逐段射孔逐段压裂、逐段坐封，并在压裂后用连续油管带磨鞋一次钻除桥塞并排液，可实现分段级数不受限；其关键技术为桥塞的材质及结构、桥塞下入定位及坐封技术（连续油管下入、电缆下入或水力泵入）、连续油管钻磨桥塞技术，其中速钻式桥塞有多种型号满足不同的排液需求。

③ 水力喷射分段压裂技术。

该技术是基于哈里伯顿公司的 surgifrac 技术，不需封隔器和桥塞等隔离工具，自动封堵。国外该技术主要通过拖动管柱，用水力喷射工具实施分段压裂。由于该技术受专利保护且封隔效果有待进一步证实，在国外应用相对较少。

④ 水平井双封单卡分段压裂技术。

水平井双封单卡分段压裂技术的工艺原理主要包括：使用小直径可以重复坐封、胶筒残余形变小的扩张式双封隔器来单卡目的层进行压裂，通过拖动压裂管柱、反洗等，逐层上提单卡目的层，来实现水平井一趟管柱进行多段压裂的目的。效率高，改造目的性强，但容易出现封隔器砂卡不能解封的情况，造成井下事故，还有压裂多段时封隔器反复坐封，胶筒易破裂，需重新起下管柱，有待进一步攻关。

（5）储层改造配套技术。

由于国外机械制造及材料科学方面技术先进，储层改造工具、装备等均较为配套，包括连续油管作业车、连续混配车、大功率压裂车组、储砂及输砂装置等，能够满足大型压裂注入、连续油管作业等复杂施工，大幅提高了作业效率。

国内致密油气储层改造技术基本发展历程与国外一致，总体可分为酸化 / 小规模笼统压裂、大规模压裂探索、单层适度规模压裂、直井多层分压合采压裂和水平井多段 / 直井多层压裂 5 个发展阶段。储层改造材料体系方面，经历了瓜尔胶压裂液（HPG）、泡沫压裂液、低浓度 HPG、酸化压裂液、VES 体系及羧甲基压裂液体系等多个阶段，且多种液体、支撑剂并存，但追求低伤害、高导流的方向和目标与国外是一致的。

中国已发现的致密气藏基本可分为透镜多层叠置型、层状型和近块状型 3 种类型。透镜多层叠置型以苏里格上古生界砂岩气藏为代表，为辫状河透镜状砂体，井间连通性差，砂岩厚 30～50m，主力气层 10m。层状型以四川盆地须家河组、松辽盆地登娄库组为代表，为辫状河三角洲相厚层砂岩，砂岩累积厚度达 300m，分布稳定。近块状型以塔里木山前侏罗系气藏为代表，以辫状河三角洲平原（砂地比大于 0.55）和辫状河三角洲前缘（砂地比大于 0.35）为主，储层厚度为 200～300m，横向上分布稳定，平均孔隙度为 5.2%～9.6%。针对以上储层类型，国内致密油开发也初步形成了相应的技术，但有待于进一步攻关完善配套，总体上处于技术攻关和初步形成阶段。

① 直井分层压裂技术。

目前形成直井封隔器 + 滑套分层压裂技术，并成为四川和长庆致密气压裂的主体技术，年施工井超过千口。从苏里格和须家河直井分层压裂效果来看，该直井分层主体技术在该地区具有较好的适用性。但由于该套工具易砂卡且分段层数受限（目前最多可实现一次6层施工），因此有必要进一步研究直井分层工具，并配套改造工艺。针对封隔器+滑套工具组合的局限性，国内通过引进消化吸收和科研攻关方式对国外的新技术开展了现场先导试验，主要包括连续油管喷砂射孔+环空压裂技术及TAP压裂技术等，取得了一定的增产效果。但由于连续油管砂塞分段改造工艺效率低且对储层伤害大等原因，在国内适用性较差。

② 大规模压裂技术。

20世纪90年代，根据国外成功经验，在长庆苏里格气田开展大型压裂技术现场试验，但由于苏里格气田以透镜体储层为主，砂体在平面上不连续，且裂缝延伸方向与砂体展布不一致，大规模压裂易突破砂体，且储层薄易形成无效支撑，因此未取得预期增产效果，大规模压裂在苏里格气田适用性较差。大规模压裂应用成功的实例主要为四川须家河组及吉林登娄库组致密气储层。以四川须家河组为例，施工效果与加砂规模呈正相关关系，因此加砂规模由初期的$50m^3$左右提高至$70 \sim 100m^3$，进而达到目前的$120 \sim 150m^3$。压裂后生产情况表明，单井加砂规模大，则稳产时间长，单井最终采出气产量也越多。因此，大型水力压裂对国内厚砂层状及块状储层适应性较好。

③ 混合压裂技术。

由于操作较为复杂、储层差异等原因，混合压裂技术在国内致密气储层中应用较少。但在长庆致密油储层、吐哈致密气储层等开展了少量现场试验，试验结果表明，该技术可节省成本及降低对储层伤害。因此，该技术在中国致密气储层开发中进一步得到应用。

④ 水平井分段压裂技术。

近年来，随着国内水平井的大力推广，并且通过近年来水平井分段改造技术的攻关研究，水平井分段压裂技术在国内致密砂岩气储层中得到了较为广泛的应用，并取得了显著的增产效果，证明了水平井分段压裂技术在国内致密气储层改造中的适用性。

对于苏里格气田，随着水平井的应用及分段压裂技术的进步，平均试气无阻流量逐年提升。实践及分析表明，在厚层块状孤立型和具物性夹层垂向叠置型地质类型中采用水平井分段压裂更为适用。

对于层状储层，以吉林登娄库组致密气储层为代表，采用水平井分段压裂技术实现高效开发，即通过长水平段提高井控储量，通过多级数压裂增加与储层接触面积，从而大幅提高产能，从前期适当规模压裂稳产$0.5 \times 10^4m^3$，提高至目前的水平井分段改造后稳产$1.2 \times 10^4m^3$。

国内水平井分段压裂改造技术现状与国外技术对比见表2-2。从表2-2中可以看出，国内已具备裸眼封隔器+多级滑套压裂及水力喷砂分段压裂技术，并均可实现10段以上的分段改造，特别是水力喷砂分段压裂技术，国内通过结合多级滑套、多级喷嘴的设计，使得水平井分段可实现无须封隔器的分段压裂，并可实现15段的分段，但其分段有效性及适用条件尚需进一步验证和完善。

表 2-2 水平井分段改造技术国内外对比

水平井分段压裂技术	国外	国内
可钻式桥塞分段压裂	无级数限制	现场试验阶段
裸眼封隔器 + 滑套	可实现 22 段分压	最多达到 13 段
水力喷砂分段压裂	无级数限制	6in 裸眼最多达 15 段，处于国际领先地位

2）国内外致密油压裂主体技术及应用

致密油与常规油藏相比在储层特征、产能特点和开发方式方面差别较大，但与页岩气有很多相似性。裂缝发育情况、基质孔隙的大小和异常压力是控制致密油气甜点的主要因素。储层低渗透致密，纳米级孔隙发育，储层比表面积比常规砂岩储层大很多，因此致密油开发必须依靠大规模储层改造进行开发。从储层岩性及矿物成分来看，致密油储层中碳酸盐、硅质及黏土矿物与常规油气储层不同，使得储层岩石脆性程度不一，造成压裂时储层改造模式及体积大小不同；假如储层天然裂缝不发育或者压裂时不能形成有效的多缝或者网格压裂，致密油气开发无从谈起；对于塑性较强的地层，压裂时难以实现大规模体积改造，而对于脆性或者天然裂缝发育的地层，压裂时则可以实现大规模体积改造。

致密油压裂技术在国外发展大致经历了 3 个阶段：第一个开发阶段（1953—1987 年）采用直井分层压裂技术；第二个开发阶段（1989—2000 年）采用水平井钻井开发技术；第三个开发阶段（2000 年至今）致密油开发采用水平井 + 多段压裂技术。随着技术的不断进步以及工厂化作业，单井成本逐渐降低，在致密油助推下，2008 年美国原油产量止跌回升，2013 年原油产量达到 3.73×10^8t，其中致密油产量达到 1.34×10^8t，约占美国石油总产量的 36%，并将逐渐成为美国能源的主体。

（1）直井分层压裂技术。

直井分层压裂技术：该技术以提高纵向上的小层动用率为目的，技术主要包括封隔器滑套分层压裂、连续油管喷砂射孔环空加砂压裂等。连续油管分层压裂技术尚处于实验应用阶段，该工艺是利用通过连续油管的高速、高压流体进行射孔使地层和井筒间的通道打开，环空加入携砂液，进而在地层中形成裂缝。该技术施工程序一般为：水力喷砂射孔，环空加砂压裂，再进行填砂作业封堵已压裂层位，提升连续油管到下一目的层，重复以上步骤到施工结束，最后再利用连续油管来进行冲砂、返排作业。该工艺成本低，作业周期短，不受压裂层数的限制，能实现对多层段的有效改造，使单井产量大幅度提高。自 1953 年至 1987 年，巴肯油田在北达科他州共有 145 口垂直井。整个巴肯层段的累计产量约为 $175 \times 10^4 m^3$，平均每口井的初期产量为 $4.45 m^3/d$。

（2）水平井分段压裂技术。

① 水平井多级可钻式桥塞封隔分段压裂技术。

该技术主要特点为多段分簇射孔、套管压裂，可形成可钻式桥塞。该技术作业时水平段被分为 8～15 段，平均每段长度 100～150m，射孔每段 4～6 簇，跨度 0.46～0.77m，簇间距

20～30m，通过下入桥塞由下而上移动射孔枪分段进行压裂，压裂施工结束后快速钻掉桥塞进行测试、生产。

② 水平井多级滑套封隔器分段压裂技术。

该技术主要适用于套管完井的水平井压裂，借助井口投球装置控制滑套，形成机械式封隔器进行分段封堵。现场运用的多级滑套水力喷射分段压裂技术，施工性能较为稳定，能够实现水平井多段有效分压，单趟钻具能够施工 5～6 段，可缩短施工周期、提高施工效率。该技术施工工艺较为复杂，必须借助工具坐封或者压力坐封，且分段施工时下井工具多，施工时任何一个环节出现问题都可能造成施工失败，造成大的事故。

③ 水平井膨胀式封隔器分段压裂技术。

受各种原因限制，一部分水平井采用裸眼完井，一般常规封隔器无法准确实现密封，对于后期压裂也会造成较大影响，为此对于裸眼水平井，开发了膨胀式封隔器，以实现裸眼井分段密封的需求，该封隔器工作原理是遇油（水）时橡胶快速膨胀，以致在井壁准确位置上膨胀形成密封。该技术作业成本低、风险小，可靠性高，压裂后可快速试油投产，且该技术已在国外 120 多口井上得到了大规模应用，改造层段超过 850 段。

④ 连续油管跨式封隔器分段压裂技术。

该压裂技术中射孔即可以采取电线传输、水力喷射或者连续油管传输进行，跨式封隔器施工过程中压裂流体通过连续油管注入，在每个单独射孔簇中实现压裂作业。该技术可实现在压裂设备安置好之前完成所有射孔程序，减少非生产时间消耗，且当作业时出现早期脱砂时，上部封隔器有能力实现返回。同时，该技术还可以与泡沫压裂液配伍作业，适用于低应力、中低温环境、薄层和裂缝间距较小或者射孔簇较多的塑性地层。

⑤ 水平井水力喷射分段压裂技术。

水平井水力喷射分段压裂技术是集封隔、射孔及压裂，运用水力喷射工具进行分段压裂的水平井压裂技术，采用喷射液的水力自密封原理对各层段进行隔离分段，因此不需用桥塞及封隔器等工具，实现自动封堵，且该技术适用范围广，对于裸眼完井、筛管完井及套管完井的井都可以进行施工作业。

⑥ 水平井水力喷射 + 井下混合分段压裂技术。

该技术首先进行水力射孔，接着由连续油管低速注入“液态支撑剂”，环空高速注入无支撑剂流体，这样可以大大降低连续油管磨破损害的可能性，同时还可以在孔眼处形成高速的混砂流体，实现支撑剂的深穿透，形成多支裂缝及支撑剂墩导流，通过不断调整环空速度，实现连续油管孔眼处所需的净压力，形成高浓度支撑剂充填层，重复操作不断改造完各射孔簇。

北美地区巴肯致密油藏采用裸眼水平井 / 多分支井多段压裂完井技术，成功动用了巴肯致密储层。使该地区产量由 2007 年的 110×10^4t 快速上升到 2010 年的 1200×10^4t。

（3）水平井同步 / 拉链交叉压裂技术。

水平井同步 / 拉链交叉压裂技术。该技术发展初期为对相邻两口水平井采用两套甚至多套车组同时压裂施工（同步压裂），以期利用压裂影响地应力场，形成更为复杂的裂缝网络。此技术现已发展为采用一套车组进行两口井配合射孔等作业交叉施工、逐段作业（交叉压裂）。该项技术对致密油储层改造主要有两方面影响：

① 促使水力裂缝扩展过程中相互作用，产生更为复杂的裂缝网络，增加改造的储层体积（SRV），进而提高单井产量。统计结果表明，该技术可有效提高初始产量和最终采收率，平均产量比单独压裂的可类比井提高21%～55%。

② 可减少作业时间、设备动迁次数，降低施工作业成本。通过该项工厂化作业的模式可大幅度降低成本，为致密油经济开采提供有利条件。

（4）水平井分段得克萨斯州“两步跳”压裂技术。

该技术的主要原理是在多段压裂时，通过改变岩石应力场，实现裂缝主分支缝与诱导缝相互连通。该技术“两步跳”的主要步骤为：从水平井水平段最远端开始施工，首先进行压裂，接着向井跟移动，重复压裂，这样可以使两段裂缝形成一定干扰；随后移动变化方向进行第三次压裂，该次压裂段处于前两次压裂段中间，这样就可以充分利用岩石应力场形成应力松弛缝。

（5）水平井分段通道压裂技术。

该技术的主要原理是在水力压裂过程中高速交替注入不含支撑剂的冻胶液与含多级支撑剂的冻胶液，进而达到支撑剂的非均匀铺置；其次，冻胶液中加入可降解的纤维材料，以降低支撑剂在射孔处及地层裂缝中的耗散。该技术目前还可以通过岩石物理模型进行特定泵注程序及不同油藏性质下的通道压裂设计。

我国致密油储层特征与国外差异较大，国外致密油储层以海相沉积为主且储层分布广泛，天然裂缝发育；而我国以陆相沉积为主，非均质性较强，储层厚而窄，部分区块断层和局部微裂缝发育。自20纪80年代以来，国内一直加强低渗透油藏增产技术的研究，并快速跟随以水平井多级压裂为核心的现代增产技术。目前国内致密油比较成熟的压裂技术有直井连续油管分段压裂技术、直井分压合采技术、直井大型压裂技术及水平井分段压裂改造技术等。胜利油区以小井距或大型压裂直井开发为主，华北油区以水平井分段压裂开发技术为主。胜利油区实施分段压裂水平井的平均水平段长度为1174m，平均压裂段数为12.4段，单井初期产油量为15t/d，第1年递减率为50%，年产油量为4008t；第2年递减率为25%，年产油量为2455t。华北油区实施分段压裂水平井的平均水平段长度为943m，平均压裂段数为8.8段，单井初期产油量为8.9t/d，第1年递减率为65%，年产油量为2071t；第2年递减率为20%，年产油量为1087t。

中国石油目前的储层渗透率动用下限虽然不断降低，但从吉林新立油田油藏的成藏特征及渗透率（0.1～20mD）范畴看，不属于致密油藏范畴。借鉴国外致密油藏开发技术理念（体积压裂与水平井多级分段压裂+工厂化作业），围绕提产和降成本两条主线，采用最小作业面、最优压裂车组为基础的工厂化压裂改造模式，配套滑溜水蓄能体积压裂、CO_2蓄能体积压裂、水平井多段蓄能体积压裂、集团化整体压裂、微地震裂缝监测等多种技术，提高低品位资源动用程度。

2. 低品位资源压裂技术发展方向

1）工程与地质的紧密结合

针对不同储层特点，因地制宜的技术是有效改造的关键。例如，不同盆地由于页岩储层特征不同，储层改造主体工艺技术存在差异，针对储层特点的液体体系和技术模式是影响改造效果的关键，储层改造技术必须与储层地质特征紧密结合。储层改造技术的发展和突破，使得以往不可动用的储层得到动用，使得储层可动用下限重新标定；反之，对储层可动用下限的重新标定，可增加纵向可动用小层数，提高单井产量，增加可采储量。

2）工程与工程的紧密结合

压裂改造技术必须与钻井、完井及测试等技术紧密结合。对于给定特征的储层，如果采用水平井开发，水平段方位、长度的确定，压裂的段数、间距、分层、分段压裂的工具，对完井的要求等都应在钻完井前设计好，要求工程技术之间紧密结合。

3）工程与开发的紧密结合

为了经济有效地开发给定的储层，工程与开发应紧密结合，以确定需要的井网形式、井型、完井方式、改造管柱、开采管柱，以及重复改造、防 / 堵水等方案。工程方案与地质开发方案统筹兼顾，优化工序，提高效率，提高最终采收率。

4）室内研究与现场试验结合

对于致密油气储层，由于其致密、非均质性强，裂缝、层理等发育，在开展室内机理研究的同时，应充分重视能更好代表实际的现场试验。近 10 年来，致密油气储层改造的快速发展主要得益于裂缝测试技术的发展及对压裂裂缝认识水平的提高。微地震等裂缝测试技术的进步，使人们认识到在有些地层压裂，可形成裂缝网络，且改造的储层体积越大，改造效果越好，从而提出了体积改造的概念，促进了体积改造技术的发展。

5）储层改造与低碳及环保需求紧密结合

大规模改造技术的不断发展对压裂材料低成本、高性能、良好储层适应性及可回收利用提出了更高需求。环境保护者认为，采用压裂破裂法，将水、砂和化学物注入地层的增产技术使得低渗透储层油气流渗出。这种方法将会对饮用水产生污染，同时也会污染雨水。为此美国进行了大量研究，证明了其技术的可靠性和安全性，我国应进一步加强储层改造与环保需求等研究。

四、采油工程技术实践与认识

由于国内地质条件影响，自喷井工艺应用极少。一般直接采用人工举升方式。举升工艺最初为传统游梁式抽油机举升、改进型游梁抽油机举升，20 世纪 80 年代起开始引进各种其他的举升方式，如螺杆泵举升、电动潜油泵举升、水力泵举升等，并研发了塔式抽油机、链条式抽油机等工艺。21 世纪后在引进消化吸收外国先进技术理念的前提下，研发潜油往复泵举升、潜油直驱螺杆泵举升、液压抽油机等新型非常规举升工艺。注水工艺方面，从最初笼统注水、同心分层注水，到偏心分层注水、桥式偏心分层注水、偏心可调联动注水、桥式同心可调联动注水等研发了多种工艺，由于开发理念的不同，国内在分层注水方面一直进行了较多攻关，走在世界前列。目前注水工艺的测试、调配有逐渐一体化的趋势。

1. 新型无杆举升工艺

目前，世界各国的油田80%以上采用有杆抽油系统，且以游梁式居多，该举升方式是将发动机的电能转换为旋转部件的机械能，经减速后依靠四连杆机构把旋转运动转换为抽油杆的直线往复运动。该举升方式由于能量转换损失、冲程损失、运动转换损失相互叠加，系统效率低；而且在油井产出液含水率不断上升的条件下，杆管的偏磨不仅造成能量的损失，而且杆管损坏会造成抽油系统的瘫痪。总的问题可以归结为：系统效率低，中国石油抽油机系统效率仅为24%；能耗高，资料显示举升系统能耗约占油田总能耗的30%；存在杆管偏磨，容易造成断杆、管漏等，修井作业费用增加。

近年来，水平井、大斜度井及丛式井数量不断增加，斜井举升杆管磨损等问题更加严峻，造成修井作业增加、成本升高。解决该问题及解决抽油机弊端的有效途径就是无杆举升，即将动力驱动置于井下，去掉抽油杆，彻底消除杆管偏磨，同时消除抽油杆传动损失，提高效率，无杆举升技术将是未来人工举升的一个重要发展方向。

无杆举升技术也是机械采油的一种，区别于有杆采油主要在于传动方式的不同。有杆泵是利用下入井内的抽油杆作为传递地面动力的手段，带动井下抽油泵，将原油抽至地面；而无杆泵采油是用电缆或者高压流体将地面能量传输到井下，带动井下机组把原油抽至地面，如电动潜油离心泵、水力活塞泵和水力射流泵等方式。

无杆潜油往复泵举升工艺和无杆潜油直驱螺杆泵举升工艺，是近几年得到发展的新型无杆举升工艺。主要原理都是将电动机下入井下，上面接往复泵或螺杆泵，通过电缆从地面供电，井下电动机动子做直线往复运动旋转，继而带动泵动子运动，达到举升的目的。其主要特点是采用了无杆举升方式，杜绝了井下杆管偏磨的影响；井下动力直接加载，泵效高，能耗低；地面没有机械传动装置，井口简单，密封性好，安全环保。其中，潜油往复泵适用于日产液0.8～20m^{3}的低产液井，潜油直驱螺杆泵适用于日产液2～50m^{3}的中低产液井。这两项工艺均在现场得到应用，取得了较好的应用效果。这两项工艺既发扬了无杆举升的优势，又弥补了传统无杆电动潜油泵工艺只适用于高产液井的不足，填补了传统工艺的空白。无杆举升工艺适用范围见表2–3。

表2–3　无杆举升工艺适用范围

参数	潜油往复泵	潜油直驱螺杆泵	电动潜油泵
正常排量（m^3/d）	0.8～20	7～50	50～700
最大排量（m^3/d）	20	—	1400
正常泵挂（m）	1500	2000	2000
最大泵挂（m）	2000	—	3084
设备结构	井下复杂	井下复杂	井下复杂
井下条件	井下温度不宜太高	井下温度不宜太高	不适合出砂、腐蚀、结垢井

1）无杆潜油往复泵举升工艺

无杆潜油往复泵作为近年来发展起来的新型无杆举升技术，井下采用永磁直线电动机，定子在交流电作用下产生交变磁场力，动子在电磁力作用下在定子内做往复直线运动，带动柱塞泵实现举升，该技术主要是针对泵挂不大于 1500 m的低产油井，在油井供液不足时可以实现间抽，降低举升能耗。解决了低产井的高能耗、杆管偏磨难题，是无杆举升技术的关键组成部分。目前在大庆油田应用 100 多口井，平均检泵周期在 500 d 以上，相比抽油机节电率达到 49.7%，地面设备简单，安全环保性能好，效果显著。其工作原理是利用直线电动机作为电力拖动装置，直接驱动柱塞泵进行采油的新一代采油机械。其系统由直线电动机、柱塞泵和地面控制柜三部分组成。直线电动机动子通过推杆直接与柱塞相连，由直线电动机驱动抽油泵柱塞做周期往复运动，将油液举升至地面。地面智能控制装置通过程序设定冲程、冲次，采用变频技术进行调速，可根据地层供液情况动态调整油井产出液量（图 2–25）。

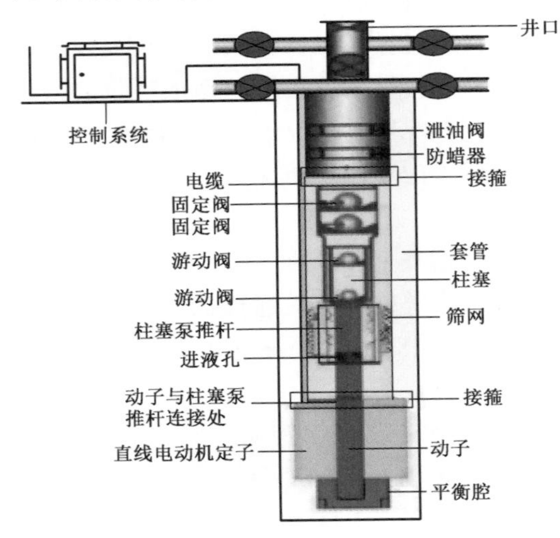

图 2–25　无杆潜油往复泵工作原理示意图

潜油柱塞泵特点及适用范围：该举升系统是一种无杆采油系统，适用于大斜度井、偏磨井、深抽井和常规稠油井；潜油直线电动机直接连接驱动柱塞抽油泵，泵效高，系统效率高；潜油柱塞泵举升系统冲次可无级调节，排量调节方便，适用于不同供液能力油井；与电动潜油泵相比，井下机组简单，施工简便，机械故障少。

2）无杆潜油直驱螺杆泵举升工艺

电动潜油螺杆泵的设计理念是将驱动装置放到井下，该技术结合了螺杆泵的高效性和电动潜油泵的无杆举升优势，适用于产量 2～50m^3 的中低产液井、泵挂 2000m 以内的油井，对于含气、含砂、稠油等更能发挥螺杆泵的举升优势。该技术的最新发展方向是井下低速电动机直接驱动螺杆泵，去掉了减速环节，提高了系统的可靠性和寿命。技术关键是井下低速电动机能在 50～500r/min 之间无级调速，与螺杆泵低转速、大扭矩的运行特性相匹配，并要适应 $5^1/_2$in（139.7mm）套管的下入要求。近两年，国外公司研制的井下永磁同步低速电动机基本满足了技术需求，部分油井先期现场试验运行达到了 700 d 以上，证明了技术的可行性。其工作原理主要为永磁同步低速电动机在控制系统的控制下变频启动，做低速旋转运动，直接驱动螺杆泵，将井筒流体举升至地面（图 2–26）。

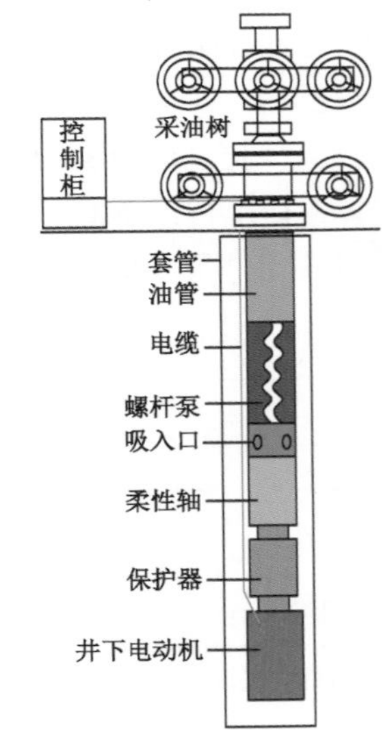

图 2–26　无杆潜油直驱螺杆泵举升工艺示意图

无杆潜油直驱螺杆泵适用范围及特点：无抽油杆，消除了杆管偏磨；可用于定向井和大斜度井举升；对含气、含砂、稠油井适应性强；能耗低，系统效率高；抽汲连续平稳，不对油层产生扰动；占地面积小，无噪声、管理简单。

2. 液压抽油机举升工艺

液压抽油机是针对低渗透油田中深井单井产量低，传统游梁式举升泵效低、成本高的问题而研发的。以液压传动技术为特征的液压抽油机具有采油经济性好、质量轻、体积小、冲程长度及冲程次数可实现无级调节和工作性能优越等特点。液压抽油机可以有效提高采油效率，而且节能效果显著。此外，由于它的简单结构和较小的占地面积，使得液压抽油机的使用也越来越广泛，尤其是在低渗透、特低渗透、稠油、高含水油藏和海上油田开采中，使用的尤其多。液压抽油机具有多种形式，根据其采用的执行元件可以将液压抽油机分为“液压泵—液压缸”型和“液压泵—液压马达”两种类型。

“液压泵—液压缸”型液压抽油机主要有液压泵直接连接抽油杆和或间接连接抽油杆两种形式，保留游梁的液压抽油机即为一种间接连接形式。“液压泵—液压马达”型液压抽油机利用液压马达旋转运动带动抽油杆上下运动，液压马达通过钢丝绳、齿轮齿条等与抽油杆连接。

随着油气田开发的进展，开发油藏的类型越来越复杂，高黏度油井、高含水量油井显著增多，尤其近年来油藏储量递减加剧，投入开采的储油层深度及挂泵深度也不断增加，为了保证生产，对液压抽油机的要求也越来越深入。从 20 世纪 80 年代开始，国内外对液压抽油机的研究皆日趋热烈，取得了很多研究成果。目前国内外形成产品和处于研制阶段的液压抽油机大多采用单井采油方式，利用蓄能器以及外加负载来平衡油井的上下行程。单井采油液压抽油机已在国外得到良好的应用，取得了预期的结果。但目前已开发出一种双井互平衡液压抽油机，使用一套液压站带动两口井生产，可以降低单井一次性投入，实现经济高效生产。

3. 预置电缆智能分层注水工艺技术

该技术是针对水平井及平台大斜度井等复杂井筒条件下井下注水时难以实施层段水量测试的问题而研发的，能够实现分层流量、嘴后压力、嘴前压力的在线实时监测和水量调配，为油藏工程提供长期、连续、实时的井下数据，有效补充地层能量。

目前各油田普遍采用偏心配水管柱技术来实现高效注水。现有的偏心注水方法是：首先根据各油层的理论配水量和实际配水量及嘴损曲线，粗略选择一个尺寸固定的水嘴，将其放入堵塞器中，用投捞器将堵塞器放入偏心注水井的指定工作筒。然后用流量计测试各层实际注水量。如果实际注水量达不到地质方案要求，则需捞出堵塞器，重新更换合适水嘴后投入工作筒，再用流量计测试各层注水量，如此反复，直至该层的注水量达到地质方案要求为止。在注水井分层测试要求越来越严格的今天，这种工艺方法工作量大、效率低，测试资源与开发要求的矛盾日益突出，测调工艺已经严重制约了注水技术的发展。

预置电缆智能分层注水工艺技术则是针对水平井及平台大斜度井等复杂井筒条件下井

下注水时难以实施层段水量测试的问题而研发的，它依靠一体化智能配水器实现注水参数的监测和流量的闭环控制，通过钢管电缆与地面控制箱双向通信、地面控制箱与远程控制系统终端无线双向通信，实现地面指令下达、井下数据接收与流量调控、井下数据回传等功能，能够实现分层流量、嘴后压力、嘴前压力的在线实时监测和水量调配，为油藏工程提供长期、连续、实时的井下数据，有效补充地层能量。它将水量测试和调整结合起来，实现了在一次下井过程中完成各层井下流量测试和目标层位流量的自动配注任务，在保证流量在控制精度的条件下，大大缩短了调节时间，从而提高了注水井的调配工作量，是一项革命性的分层注水、测试新技术。

4. 桥式同心可调联动分层注水技术

该技术是针对井下偏心分注测试工艺存在的测试仪器调节臂与配水堵塞器对接成功率低、测试易卡井、占井时间长等问题而研发的。它与以往的井下同心分层注水技术不同，井下水嘴可调，地面水量直读，测试效率高，并且不受注水层段数限制。

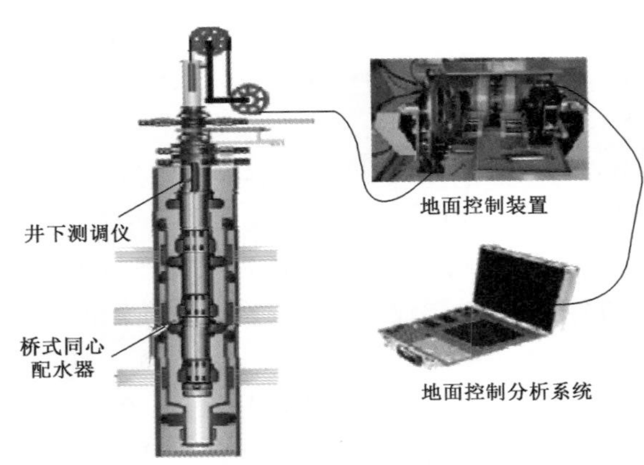

图 2–27　桥式同心可调联动分层注水技术系统

桥式同心可调联动分层注水技术是采用测调联动的方式进行流量测试与调配，通过地面仪器监测流量、压力等参数，根据实时监测到的数据调整桥式同心配水器水嘴大小直至达到各层配注量。该工艺技术主要由桥式同心配水器、井下测调仪器和地面控制系统等组成（图 2–27），井下测调仪器通过支撑臂和调节头完成与桥式同心配水器的可靠对接，并通过单芯电缆接收地面控制信号及向地面控制系统进行数据传输。

桥式同心分注技术有效解决了因井深、井斜、地层温度高、出砂、腐蚀结垢等因素造成投捞测配遇阻遇卡、调整困难等技术难题，工作效率和测配精度得到显著提高，同时也降低了投捞测配工作量。适用于井深小于 3000m、井斜小于 60° 的 $5^1/_2$in 无套损、无套变的注水井，尤其适宜浅井区块的 5 段以上精细注水，以及中深井区块的分层注水。

5. 异型管地面分层注水技术

该技术是针对深井地区井下注水测试效率低，以及腐蚀结垢井区水井测试遇阻遇卡风险高而小修成功率低、检管周期短等问题而研发的。它采用可钻桥塞封隔注水层段，设计不同规格尺寸的油管与相应的桥塞插接密封，形成各自独立的注水通道，通过专用注水井口实现地面分注、测试与管柱验封。水井检管时，只需提出油管不用动桥塞，保持桥塞密封状态，检完管后再依次插入密封即可，延长了检管周期。

该技术系统由井下部分和地面部分构成，井下部分是利用可钻桥塞作为封隔器分隔注水层段，地面部分在井口集成配水芯子可更换、水嘴持续可调的恒流定量配水器，然后从上到下形成 3 条独立的注水通道，地面通过相应的恒流定量配水器可分别向上部层段、中间层段及下部层段实施注水，从而实现地面分层注水。

异型管地面分层注水技术特点和适用条件：验封、测试在地面进行，操作简单，单层注水量精确，可随时满足地质方案需求；桥塞设计电缆坐封与管柱坐封两种坐封方式，利于选择；密封插管与桥塞准确对接，密封可靠。管柱密封性能好、寿命长；桥塞性能稳定，作业时不用起出桥塞，清检时仅起下不同管径油管清检即可，作业效率高；桥塞关键部件选用可钻削非金属材料，易钻扫，避免卡井风险，安全性高。起不出时可小修直接扫钻，保证井筒畅通，避免大修风险，延长注水井寿命；适用于井深小于 3000m、井斜角小于 20° 的 $5^1/_2$in 无套损、无套变的注水井，以及位于草原、稻田等低洼地带雨季及道路返浆地区的注水井。

第二节　低品位资源有效开发途径

一、低品位资源有效开发总体思路

为更加科学严谨有效地开发低品位油气资源，满足低油价下低成本开发的实际需求，以及为有效开发低品位资源先导性试验提供创新技术管理模式，提出了“持续融合技术创新管理模式”，进而有效指导开发。“持续融合技术创新”是指油田企业及科研部门在相当长时间内，持续不断地推出低品位油田开发新的技术创新项目，同时将油气勘探、开发、工程等各种新技术要素通过创造性有机结合，针对低品位油气田开发难点，技术要素互补匹配，从而使新技术系统的整体能力发生质的飞跃，形成独特的、系统的、拥有核心竞争力的创新技术，是有效解决开发低品位油气田开发的最佳方法，并不断实现经济效益创新的综合油田开发技术。“持续融合技术创新”的实质是以新技术为内容实现技术创新，以经济效益为目标实现融合创新。

在“持续融合技术创新”定义指导下，要打破原有开发及管理思路，建立新的开发管理模式，更高效地完成油田开发生产任务。创新模式就像合唱队，与合唱队体现出的集体统一、增强凝聚力、提高团队精神、提升歌曲渲染能力的特点一样，持续融合技术创新管理模式要做到“各部协调、集中攻关、重点明确、突破常规”。“持续融合技术创新管理模式”具有如下内涵。

（1）开发设计一体化：采用勘探—开发—工程一体化协作方式，形成低品位资源有效技术开发模式。

（2）技术创新阶序化：推广应用成熟技术、创新攻关高新技术、超前探索非常规技术，形成阶序式技术攻关。

（3）效益评价全程化：建立综合大数据信息，实现储量评价—实际产能—经济效益全过程分析与评价。

（4）建设管理数字化：生产流程的管理与行政管理相统一，突出生产管理作用。同时，降低劳动强度，改善基层工作条件。

低品位资源有效开发总体思路：把握“开发管理协同设计”的统筹管理优势，立足“创新技术融合发展”的合作开发优点，利用“经济效益精细评价”的效益开发基础，坚持“多专业融合、多领域评价”做法，加快以开发试验区为主导的工作推进，建立适应资源品质和效益需求的建产模式，为实现低品位油气田持续有效发展提供重要保障。

二、低品位资源有效开发主要技术做法

吉林油田公司在“十二五”期间针对低品位资源，在新区油层改造及老油田稳产方面做了重要技术研究工作。技术上，低渗透油藏储层成为油田开发重点，压裂工程技术得到显著提升，并逐步配套完善，初步形成了针对低渗透致密油藏的水平井 + 体积压裂配套技术，为致密油藏规模勘探和有效开发奠定了基础；老油田稳产注采工艺技术逐步完善配套，初步形成了逐级解封注水封隔器、大斜度井桥式同心分注技术、分层采油技术等配套技术，为油田规模有效开发奠定了基础。同时在管理上，强化组织设计，专业纵向联合，五院联合办公，一体化组织技术攻关，取得了显著成效。

这里以吉林油田公司新立油田为例，阐述低品位资源有效开发主要技术思路。

该油田开发设计贯彻勘探生产分公司关于“重新认识低渗透、重新构建低渗透技术体系、重新定位低渗透效益开发模式”的工作要求，立足吉林油田公司实际，确立“双提、双降”工作目标。主要技术思路如下。

1. 技术创新，重点明确，提高单井产能，提高采收率

1）精细油藏地质研究，突出方案交互优化

要有效开发低品位油藏，首先要做到精细油藏地质研究。充分借鉴致密油开发理念和技术方法，针对低渗透油藏开发中存在的问题，以油藏、断块、岩性体、井区等开发单元为对象，综合多种认识手段，重新评价开发效果，重新认识油藏潜力，弄清楚低品位资源的地质特征，建立正确精细的地质模型（包括构造、地层、沉积相模型）、储层模型（非均质性、裂缝发育模型）、流体模型（油气水性质，储层敏感性）和储量计算。有针对性地拟定油藏工程设计和开发方案，通过数值模拟研究，优选开发方式，部署井网系统，评估经济效益，优选出最佳方案，并在实施开发过程中进行监测，根据出现的问题及时地加以调整。精细油藏描述工作在开发的中期和晚期还应以剩余油的定量分布、控制因素及调整挖潜为目标更精细地进行描述，来不断提高采收率；其次，需要协同多专业联合研究，共享精细油藏地质方案，多轮次交互优化设计。充分应用油藏认识成果，建立适合大井丛建产设计的地质模型，构建油藏、钻井、压裂一体化设计方法，开展立体布井、工厂化钻井、区块整体改造设计。

通过以上重构地下认识体系的研究工作，搞清了新立油田Ⅲ区块构造、裂缝、单砂体展布状况，明确了水驱规律和剩余油分布状况，找到了油藏挖潜方向。

2）增加缝控储量，提高单井产量

由传统追求单一主裂缝与井网匹配的设计理念向建立与复杂缝网系统相协调的新型井网模式转变。集成缝网压裂、转向压裂和蓄能改造等多种手段最大限度改造基质，沟通原生孔、缝，形成复杂裂缝系统，为提高单井产量创造更优渗流条件。

3）常规注水开发主导，准天然能量开发补充

能建立有效驱替关系的，初期方案主体按注水开发部署，配套适应缝网系统的新型井网。不能建立有效驱替关系的，前期追求最大限度的体积改造，提高初期采油速度，快速拿出产量；择机按水驱、气驱或吞吐等方式补充能量，进一步提高采收率。

4）延长系统生命周期，高效发挥生产能力

在研究本地区套损机理的基础上，从设计源头完善油水井防套变、防套漏、防套返一体化措施，针对井斜大的实际，以保障油水井全生命周期高效生产为目标，集成快优钻完井、长效举升、有效分注等配套工艺。

2. 资源整合，部署明确，降低生产成本，降低风险投资

1）跨专业交互式设计，大井丛集约化布井

跨专业的交互设计：改变常规从油藏工程开始的方案设计顺序，形成以储层改造为主线的多专业联合优化设计流程。

大井丛集约化布井：改变常规布井模式，形成以储层改造为主线，以油藏工程砂体研究、储层预测、剩余油研究为基础，以钻井井眼轨迹参数优化、密集井网防碰绕障为保证的井网设计，由常规小平台建井向集约化钻完井、工厂化作业、一体化集中处理的大井丛建井模式转变。

2）整体流水线式推进，子系统工厂化作业

跨专业的一体化设计、跨专业的一体化管理和跨专业的一体化运行，保障了钻井、压裂、投产各环节工厂化作业。多部钻机同时交错施工，完钻后即进入压准施工；两组压裂车组连续施工。各环节紧密衔接，实现了“压准不等钻井、投产不等压裂”的目标，有效提高了建产效率，缩短了建产周期。

3）简化地面流程、压缩管理层级

优化简化地面流程，有效降低地面投资与运行成本；与常规建设对比，地面工程投资降低580万元；管理层级由队级压缩为班组级，大井丛单井计量功能更完善、流程操作更简单、常规保养更高效、安全生产更有利。

新立Ⅲ区块大井丛效益建产示范区的成功实践，为我们在面对低油价、资源劣质化的不利条件下，对重新认识低渗透、重新构建低渗透技术体系、重新定位低渗透效益开发模式进行了有益探索，对低渗透油田如何效益开发有了新的认识。以效益开发为导向，突破传统产能建设模式；立足资源现实，持续深化改革，以资产创效最大化为目标，更新管理平台，创新劳动组织形式，探索低品位油气资源效益开发模式。

综上所述，面对资源品质变差和低油价形势，依靠技术创新及资源整合，提高油气田采收率，降低成本及风险投资，一方面强化油藏与工程紧密结合理念，明确注采矛盾、明确挖潜方向、明确技术条件；另一方面，立足非常规资源实际，把握“提高单井产量、储层动用程度、采收率和经济效益”主线，遵从“逆向设计、正向实施、交互优化”理念；坚持“多专业联合、多领域一体化”做法。

同时要在"十二五"技术突破的基础上，重点推广一批成熟技术、攻关一批重点技术、储备一批超前技术；树立非常规的理念，采取非常规的方法，重新认识低渗透，重新定位效益开发模式，努力突破单井产量关、投资回报关，积极探索一条低品位油气资源规模开发、效益开发的新途径。

三、低品位资源有效开发组织实施做法

吉林油田公司经过近些年的探索，已初步形成了一整套超低渗透油藏经济有效开发管理办法，打破了低油价、低品质的束缚，实现了低品位油气资源效益开发。

"十二五"期间，吉林油田公司深化油藏研究，提高油藏认识水平；优化产能投资，形成效益建产模式；推进开发试验，提高油田采收率；强化基础管理，提高油田管理水平。

在突破传统开发方式方面，探索先效益建产、后提高采收率模式；按照"集约化—工厂化——体化"模式，探索由常规小平台建井向大平台建井转变，实现示范区效益建产，新立Ⅲ区块单平台设计井数达到48口井，成为国内陆上最大钻井平台；压裂改造技术有效促进了低品位难采储量有效动用；新型举升工艺实施降低了生产运行成本；CO_2驱、化学驱开发试验持续攻关，有效推进；提质创效降投资，压裂配套技术攻关取得新进展，自主研发压裂工具及工业化应用，打破了国外工具市场垄断，使工具价格整体大幅度下降；优化压裂工艺，应用低成本压裂材料降低成本。

吉林油田公司的具体工作，是以先进技术和适用技术集成为手段，通过对低品位油藏进行勘探、评价和产能建设等生产经营活动的组织与管理，解决没有经济开发价值的技术难题；以技术创新和管理创新融合为基础，保证和促进超低渗透油田在当前国际油价的基础上，能够盈利、快速上产、规模开发。总结近年来中国石油企业，尤其是吉林油田公司在"十二五"期间面对复杂的资源劣势，转变开发思路，在组织实施产能建设方面主要有以下做法：

（1）立足专业融合，抓重点，探索低品位油田效益开发模式。

（2）立足技术创新，抓难点，提升工程技术支撑能力。

（3）立足经济效益，抓产能，突出方案交互设计。

（4）立足管理建设，抓信息，统一生产管理、行政管理。

可以看出，主要以集成与融合为工作要点，围绕"提产量、降投资"工作主线，从资源评价、技术融合到效益开发三个环节，需要从决策、管理、技术、实施四个层面统筹考虑，突出"方案部署、投资控制、技术管理、政策配套"集中管理。

第三节　低品位资源有效开发技术

一、集约化建井油藏与钻完井工程一体化优化信息平台建设

油田开发包括以油田开发地质为基础的油藏工程、钻井工程、采油工程、地面工程、经济评价等多种专业，是一项多专业协同运作、交错关联的系统工程，必须进行多专业综合研究，

发挥各专业协同的系统优势，实现有效开发。油藏地质研究是油田开发工作的核心，贯穿开发过程的始终，必须充分应用地震、测井、岩心以及压裂、动态和油藏监测等各种信息，不断深化油藏认识，优化和调整开发技术、对策，实现科学开发。随着资源劣质化加剧、单井产能降低，油价处于低位徘徊，一方面需要油藏、工程技术更具针对性和有效性，达到提高单井产能的目的；另一方面需要多专业方案统筹兼顾、交互优化，提高工作效率，降低建产投资，实现效益开发。

应对低油价和资源劣质化，吉林油田公司率先在新立Ⅲ区块开展地质、工程多专业一体化大井丛开发试验，开发效果、效益提升比较显著。新立Ⅲ区块处于湿地保护区，目的层为扶余、杨大城子油层，储层孔隙度为 14.4%，渗透率为 17.7mD，是典型的低渗透油藏，常规开发单井平均产能 1.5t，产能建设投资高，经济效益差。吉林油田在常规低渗透油藏实践非常规开发理念，采用集约化大平台建井模式，集成地质工程一体化设计、井群缝网改造、蓄能压裂和高效多功能地面工程技术等非常规做法，百万吨建产投资由 90 亿元下降到 61 亿元，吨油运行成本由 224 元 /t 下降到 29 元 /t，单井日产由设计初期 1.5t 提高到 2.0t，内部收益率由 13.8% 上升到 17.8%，实现了降低产能建设投资、降低开发生产成本、提高单井产量、提高区块采收率的试验目标。

为满足集约化建井整体设计、整体认识、实时调整、整体优化、整体实施的需求，需要以各专业主流设计软件为基础，开发、整合现有各专业建模与设计软件，通过软、硬件系统整合与平台建设，构建专业信息有形共享、油藏参数实时修正、钻井设计灵活可调、压裂参数随藏优化的多专业交互设计平台。油藏、钻井、压裂专业在平台基础上，以目标区精细三维地质模型为核心，开展立体布井、工厂化钻井、井群体积改造一体化方案设计；同时研究集约化建井模式下的投资、成本模型，明确不同油藏条件下集约化建井的经济界限，优化多专业联合整体建产方案。随着矿场实施资料的丰富，动态修正地质模型，实时优化方案设计，从方案源头支撑集约化建井方案优化和实施。

石油行业是技术密集、知识密集、信息密集型行业，海量的信息为勘探开发生产分析、实时决策、诊断分析工作提供了数据基础。伴随计算、存储、网络和智能化软件技术的飞速发展，地质、工程研究面临着愈发专业化、复杂化、多样化的数据标准、应用环境和软硬件系统，导致了不同专业间的数据共享、远程协作变得困难，如何实现各专业数据资源共享、安全存储和协同工作，对开发工程师是个巨大的挑战。目前，基于虚拟化平台技术，可以利用各种终端，提升数据成果的共享性和协同工作效率，技术人员可以通过虚拟化的客户端访问技术，利用同一模型，同一或者不同的应用软件实现研究工作的协同开展。在平台基础上，兼容已有软件系统和跨平台操作，各专业协同构建数据库，建立油藏建模、钻井设计、压裂优化以及实施监测与效果评价螺旋上升工作流，随着资料不断丰富，不断修正油藏模型，优化钻井顺序及压裂施工设计，实现建井效益提升。集约化建井研究平台提供统一门户视图，用户统一入口，可随时、随地获取勘探、开发、工程等软件的相关资源，提高工作效率；针对不同岗位，差异化提供各自所需的服务资源，同时可有效保证数据的安全性；多种数据、多专业软件互联互通，协同工作解决方案，能很好适应石油行业协同办公工作需求。

二、低品位资源油藏工程优化技术

近些年随着低丰度、特低渗透、隐蔽岩性油藏在探明储量中所占比例越来越突出，经过多年的勘探开发实践，逐渐形成了以多种技术为支撑的复杂低、特低渗透隐蔽油藏高效开发配套系列技术。紧密围绕“油藏认识、油层改造、井网优化、能量补充”四个关键环节，在技术手段上，突出了三维地震、有效储层预测与渗透性砂岩刻画、流体识别、地质建模、井网优化设计和水平井开发技术的深入研究和整合应用。相关技术不断完善，涉及领域不断拓展，理论基础较为扎实，通过各种技术的整合发展，逐渐形成了针对低品位资源高效开发的油藏工程优化技术。

1. 低品位资源油藏物探技术

1）针对储层预测的保幅拓频处理

以乾北地区扶余油层致密油为例，原来扶余油层地震剖面存在两个问题：一是 T_2 低频强反射屏蔽影响，导致扶余油层反射能量弱，频带窄，分辨率低；二是扶余油层河道砂发育，砂体叠置复杂，储层地震响应特征不清楚，致使储层预测困难，因此需要从资料入手开展处理攻关。经过深入研究，明确了以消除 T_2 强反射屏蔽影响突出层间能量、以保幅拓频破解储层地震特征为处理攻关目标，进而通过大量处理试验分析确立了针对性对策：采取叠前分频噪声衰减技术压制噪声，提高信噪比、保真振幅、保护低频；应用地表一致性两步法反褶积拓宽有效频带；叠后采用调谐反褶积进一步提高有效波的分辨率；利用高密度剩余速度拾取方法提高速度分析精度，以确保叠前时间偏移成像的横向分辨率提高；采用叠前规则化和道集优化处理，改善叠前偏移输入道集偏移距、方位角的均一性，保持叠前时间偏移道集的 AVO 特性。尤其是应用波形分解方法消除 T_2 强反射屏蔽影响，利用井控处理提高分辨率和保幅；最终的成果与老地震成果对比，主频提高了 8Hz，频带展宽了 10～15Hz，处理成果具有较高的保真度，共中心点道集（CRP）质量能满足叠前反演需要，地震属性与储层变化吻合较好，较好地突出了河道地震响应特征，即扶余油层Ⅰ砂组河道砂发育表现为复波发育，为地质解释提供资料基础（图 2-28）。其中查平 4 井水平井部署及钻探就是根据该处理成果部署的，进而证实了精细保幅拓频处理是破解储层分布的关键和基础。

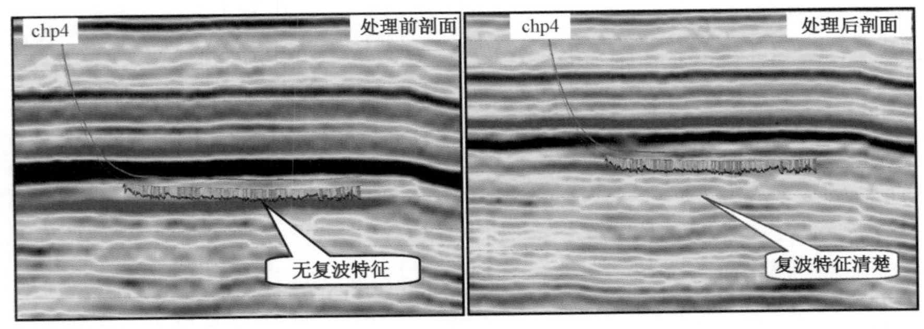

图 2-28　拓频保幅处理前后剖面对比图

2）针对油层（或油层组）的精细构造解释技术

从油层精细标定出发，以全三维构造解释为手段，精准追踪解释油层对应地震反射层位，细化和落实目的层的断层组合，查清断裂展布，提高小断层的识别（垂直断距大于5m，延伸长度大于60m）和微构造落实精度（面积大于$0.1km^2$，幅度3～5m），探测局部相对高点和微褶曲。其关键技术包括层位精细标定、层位自动和手动拾取、断层解释、构造导向滤波及蚂蚁体处理、相干数据体及图分析、三维可视化、精细速度分析及变速成图、构造平衡恢复等技术。依靠该套技术，通过"点—线—面—体"立体解释，有效解决了松辽盆地南部大情字井、红岗等油田微小断层识别、低幅度构造、岩性油藏背景下局部挠曲、鼻状等微构造识别难题，有效提高了油层顶面构造解释精度，指导低渗透油田高效开发。例如，通过针对H166块G31油层顶开展精细构造解释，依据研究成果，部署扩边井31口，其中完钻4口，2口获高产，预计新建产能1.19×10^4t。

3）针对油层（或油层组）的精细储层预测技术

井震结合以油层精细储层标定为基础，从储层的地震地质特征研究入手，针对不同地区、不同目的层的储层地质特点，以沉积规律为指导，研究破解储层地震响应特征，进而优选不同的适用配套技术，以解决其目的层有利储层分布。一般情况下的关键技术主要包括储层精细标定、储层地震地质特征研究、模型正演分析、敏感属性分析、多属性融合分析、储层特征参数优选及高分辨率统计学反演等。

地质统计学反演技术在让29区块应用，让29区块低部位让37井、让36井通过老井重新试油获得工业油流，揭示了该区块良好的开发动用前景，但其平均孔隙度为11.1%，平均渗透率为1.11mD，需要集约化建井提高单井产能、降低成本，为此运用地质统计学反演预测了各个主力油层储层分布，根据研究首批部署29口，平均单井钻遇砂岩52.5m，储层预测符合率达82%，新建产能0.945×10^4t。21口油井初期单井平均日产液10.8t，日产油1.9t，平均含水率为82.8%；第四个月单井平均日产液7.2t，日产油1.6t，平均含水率为78.2%。最终根据预测成果结合新完钻井成果，预测让29区块有利含油面积$8.86km^2$（有效厚度不小于4m），预计新增地质储量370×10^4t，规划部署开发井238口，单井控制地质储量2.32×10^4t、可采储量0.37×10^4t（图2-29）。

4）攻关致密油河道刻画技术保障水平井部署钻探

地质统计学反演技术在新立Ⅲ区块的应用有力支持了大平台井位部署及钻探，新立Ⅲ区块是典型的低渗透油藏，地表环境差，处于湿地保护区，产能建设安全环保风险高。新立Ⅲ区块需要采用集约化大平台建井模式，集成地质工程一体化设计等工程技术非常规做法，以提高单井产能，同时降低成本，为有力支持采用集约化大平台建井，需要落实目标区构造精细解释和储层预测，新立Ⅲ区块目的层为扶余、杨大城子油层，其中新201—新109.2井区、木215-1井区主力油层为泉四段3，5，8，10，12，14，16小层针对部署需求开展了该区块T2及主要目的层的精细构造解释，在此基础上完成了该区块的属性预测、常规反演和地质统计学反演工作，落实储层平面及空间展布特征。根据地震成果及地质研究成果优选有利位置

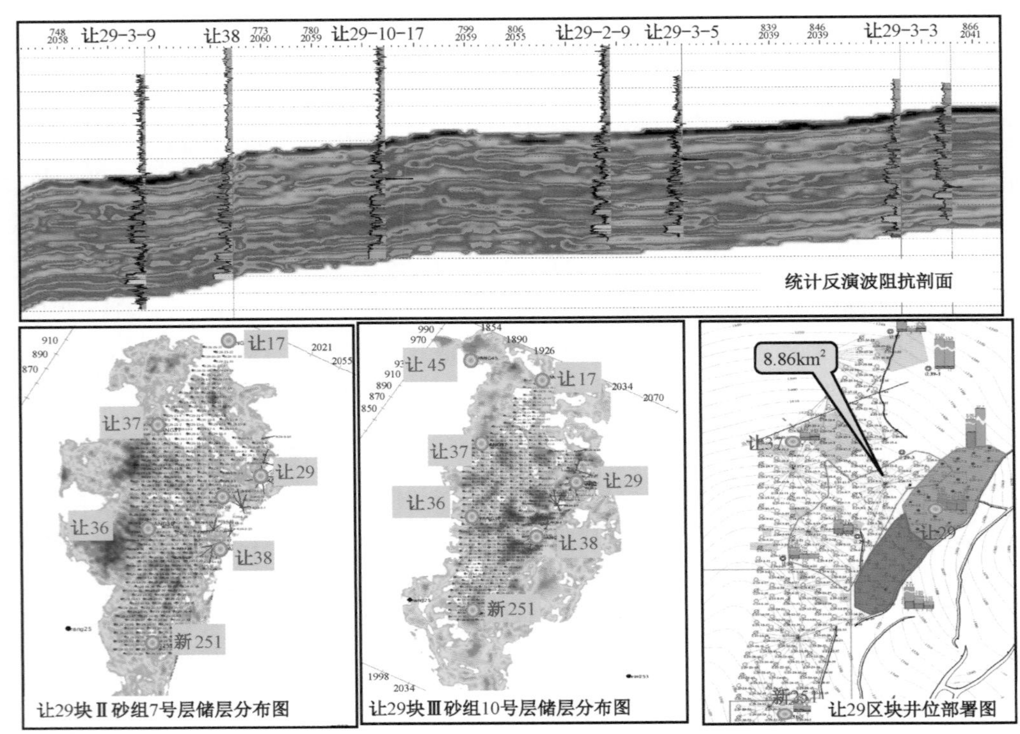

图 2-29　让 29 块地震储层预测成果及开发部署

部署开发控制井 6～7 口，支持部署规划井位 136 口。

松辽盆地南部扶余油层致密油资源规模大，是吉林探区重点石油勘探开发领域，扶余油层Ⅰ砂组为三角洲前缘相砂泥岩互层沉积，属于“泥包砂”条件，Ⅱ—Ⅳ砂组为河流相沉积，属于“砂包泥”情况，由于受 T_2 强反射“屏蔽”影响，扶余油层对应地震特征表现为同相轴连续性差、低频、低能，空间叠置关系复杂，砂泥岩的纵波阻抗差小，导致储层预测难，制约扶余油层致密油勘探开发。近年来针对扶余油层地质地震情况，按照处理解释一体化理念，从地震资料保幅拓频处理出发，以储层地质地震特征研究为基础，根据扶余油层储层特点，以保幅拓频处理为基础，研究形成了针对扶余油层Ⅰ砂组和Ⅱ—Ⅳ砂组特点的河道刻画配套技术和储层敏感参数地质统计学反演储层预测配套技术，该套技术较好地支持了井位部署和储量提交。具体关键技术如下：（1）保幅、拓频处理技术，提高信噪比和分辨率；（2）子波分解重构去 T_2 屏蔽影响，突出储层响应特征；（3）相位扫描技术，寻找储层与地震的最佳匹配关系；（4）模型正演技术，总结储层与地震响应关系；（5）高分辨率储层敏感参数预测技术，提高储层纵横向分辨率和识别能力。同时建立“复波”预测砂体方法，Ⅰ类区有效储层厚度大于 6m，复波特征明显；Ⅱ类区有效储层厚度为 2～4m，复波特征不明显，具体见图 1；Ⅲ类区有效储层小于 2m，无复波特征蓝色区。评价出Ⅰ类储层 40km²，有效厚度 6m 以上；Ⅱ类储层 95km²，有效厚度 2～4m。预测成果指导钻探水平井 38 口，平均砂岩钻遇率为 90.0%，油层钻遇率为 81.8%。该技术在类似地质条件地区具有较好的推广前景（图 2-30）。

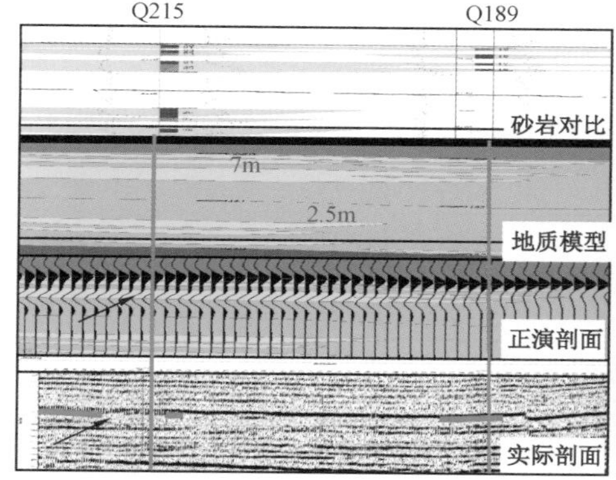

地质模型、正演剖面、实际剖面对比

乾北扶余油层Ⅰ砂组河道地震识别

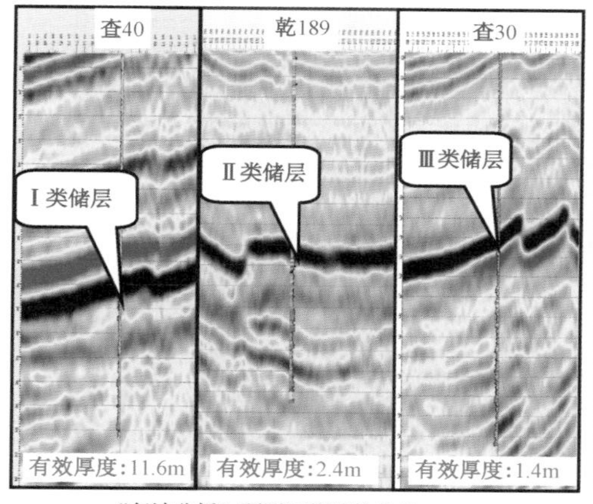

“复波分析”预测评价砂体分布

乾246块泉四段Ⅰ砂组砂体预测

图 2–30 乾 246 区块泉四段Ⅰ砂组河道识别技术及成果

2. 渗透性砂体定量刻画技术

特低渗透储层产油层物性与产油能力关系密切,筛选渗透性储层是寻找开发甜点的有效途径,渗透性砂体定量刻画技术通过微观与宏观分析结合,确定开发界限,并采用泥质校正声波时差、分区建立岩电关系模型,精细计算储层物性参数,提取开发界限之上的砂岩厚度,从而实现高渗透条带的准确识别和精细刻画,对指导致密油层开发具有重要意义。

1)渗透性砂体界限确定

致密油层微观孔喉与渗流特征研究表明,喉道半径是影响储层储渗能力的关键控因。因此,通过研究喉道半径与排驱压力关系曲线,其拐点值即为最小排驱压力,从而确定渗透性砂体的物性下限值。以大安油田扶余油层致密油为例,不同级别渗透率储层孔隙半径差异较小,由于喉道半径差异显著(表 2–4),造成储层孔隙连通性和含油性的差别,当喉道半径小于 0.24μm 时,排驱压力急剧增大(拐点),该喉道半径对应的渗透率为 0.2mD,由此确定渗透率大于 0.2mD 的储层为渗透性砂体(图 2–31)。

表 2-4 大安油田不同级别渗透率喉道半径及孔隙半径统计表

渗透率（mD）	喉道半径（μm）		孔隙半径（μm）	
	分布区间	平均	分布区间	平均
0.3	0.1～0.2	0.15	50～120	92
0.4	0.3～0.5	0.34	50～150	106.2
0.5	0.3～0.6	0.43	50～150	108.9

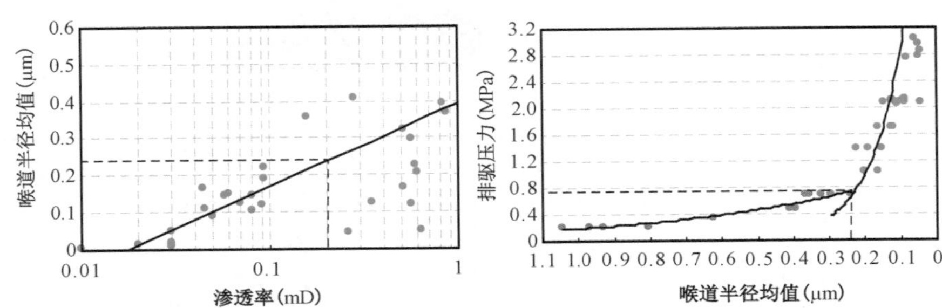

图 2-31 大安油田喉道半径与排驱压力、渗透率关系图

2）致密储层渗透性砂体定量刻画方法

不同沉积相带储层受岩石的成分、粒度、分选、胶结物等影响，物性差异较大，单独利用声波时差不能客观地反映储层渗透率，因此，采用泥质含量校正声波时差和分区（相带）建立岩电关系的方法计算储层渗透率。

储层在高泥质含量的影响下，声波时差不能准确反映储层渗透率。利用泥质含量对声波时差进行校正，重构声波时差曲线，消除泥质影响，校正公式为：

$$\Delta t_e=\Delta t-V_{sh}(\Delta t_{sh}-\Delta t_{ma}) \quad (2\text{-}1)$$

式中 Δt_e——校正后的时差值；

Δt——校正前的时差；

V_{sh}——泥质含量；

Δt_{sh}——纯泥岩声波时差；

Δt_{ma}——砂岩骨架声波时差。

以大安油田扶余油层为例，由于三角洲平原沉积的不同部位储层物性差异较大，分东部岩性区、中部岩性区和西部断块区三个区域，利用岩心分析孔隙度、泥质校正后的声波时差以及岩心分析渗透率进行拟合，精确计算储层物性参数。分区物性参数模型如下。

西部断层岩性区：$\phi=0.1275\Delta t_e-16.69$，相关系数 $R^2=0.8049$；$K=0.0071e^{0.355\phi}$，相关系数 $R^2=0.8309$。

中部岩性区：$\phi=0.1514\Delta t_e-21.42$，相关系数 $R^2=0.8026$；$K=0.0119e^{0.2687\phi}$，相关系数 $R^2=0.8936$。

东部岩性区：$\phi = 0.1072\Delta t_e - 15.31$，相关系数 $R^2=0.8022$；$K=0.0041e^{0.4298\phi}$，相关系数 $R^2=0.7174$。

选择渗透率 0.2mD 作为渗透性砂体下限，提取渗透率大于 0.2mD 砂岩，在岩相的控制下刻画渗透性砂体平面展布，明确了渗透性砂体平面展布特征，从而实现了对高渗透条带准确识别和精细刻画。

3. 储层综合评价技术

储层综合评价是针对油气田产层，在微观与宏观特征研究的基础上，结合生产能力，对产层品质的综合分类评价。致密储层孔隙度、渗透率条件差，非均质性强，储层参数难以准确求取，需要明确微观特征对宏观参数控制的内因，通过"四性"关系建立数学表征模型，量化储层平面孔隙度、渗透率分布。利用聚类判别法建立储层综合评价指标体系，以及开展储层综合评价和定量分析，从而对储层的含油程度、分布状况、物性及非均质性做出综合评价，指出有利的区块和层位，对指导油气开发具有重要意义。

1）储层综合评价指标体系

储层的储集能力、渗流能力和含油状况是反映储层品质的重要指标，其中砂岩厚度和孔隙度反映了储层的储集能力，渗透性砂岩厚度和渗透率反映了储层的渗流能力，有效厚度和含油饱和度反映了储层的含油状况，这六项参数可以反映优质含油储层地质特点，是储层综合评价的重要参数。储层评价标准和权重确定是十分重要的，应该符合油田的油藏地质实际。

首先，利用开发井储层测井数据库，逐井、逐层开展不同评价参数（如厚度、物性、含油性）统计。

$$X=X_{oi}(1), X_{oi}(2), \cdots, X_{oi}(n) \tag{2-2}$$

根据标准指标绝对差大小、标准离差平方和的方根大小确定评价参数的权系数：

$$Y_{oi}(k)=\frac{|X_{oi}(k)-X_{oi+1}(k)|}{\sqrt{\sigma_i^2(k)-\sigma_{i+1}^2(k)}} \tag{2-3}$$

上述两式中　$i=1, 2, \cdots, m-1$；

$k=1, 2, \cdots, n$；

σ——标准离差；

$Y_{oi}(k)$——各参数权系数。

对于相邻权系数（$i=2, \cdots, m-1$），采用左右平均值处理：

$$Y_{oi}(k)=[Y_{oi}(k)+Y_{oi+1}(k)]/2 \tag{2-4}$$

对于边际权系数，分左右进行单边处理：

左边 $Y_{oi}(k)=Y_{oi}(k)$　　（$i=1$）

右边 $Y_{oi}(k)=Y_{oi+1}(k)$　　（$i=m$）

然后,对评价标准的权系数进行标准化处理:

$$Y_i(k)=\frac{Y_{oi}(k)}{\frac{1}{m}\sum_{i+1}^{m}Y_{oi}(k)} \tag{2-5}$$

采用上述测井地质分析准则,建立储层综合评价标准数据列 X_{oi} 和权系数数据列 Y_i。

以大安油田为例,应用上述储层分类评价方法,确定储层储层分类评价特征参数及权系数(表 2-5)。

表 2-5 大安油田储层分类评价特征参数及权系数表

评价参数	一类	二类	三类	四类	权系数
有效厚度(m)	3	1.3	0	0	1.5
含油饱和度(%)	55	45	35	25	1.3
渗砂层厚(m)	3.5	2	0.5	0	1.0
砂岩层厚(m)	0.3	0.23	0.15	0.08	0.8
渗透率(mD)	11.5	9.8	8.5	7.5	0.8
孔隙度(%)	6.5	5.2	3.5	1.5	0.6

2)储层综合评价和定量分析方法

灰色系统的特点是内部信息部分清楚、部分未知,信息之间没有确定的映射关系。本文就是采用这种由未知到已知的灰色理论处理方法,根据因素(信息)之间发展态势的相似或相异程度,区分主次,衡量因素之间差异、归属和定量关系,从而提取信息,确定和提供系统的特征性参数,采用特征性参数去白化灰色系统,实现油气储层综合评价研究。它的主要特点如下:

(1)该分析方法对储层综合评价结论具有单序列加权和多元归一预测性质,其多元加权归一系数可以综合表达储层各种特征和性质的定量关系。

(2)系统要求数据量不多,并且不需要找分析规律。只要有代表性的标准参数、岩心分析及试油资料,即可以通过经验法则向不同类型油区应用。

(3)系统适用于非线性、非指数或者非对数分布,计算工作量小。因此,不但具有较高的标准化、自动化,而且灵活、简便,适用性强,同时具有较高的可操作性和定量性。

实际做灰色多元加权归一处理时,由于采用数据列量及其单位初值不同,一般利用矩阵做数据列伸缩处理后,再对系统包含的各种因素(包括已知的和未知的)按数据单位类别进行标准化,使之产生无量纲、归一化的数据列。

初始评价数据列 X、被比较数据列 X_{oi} 表示为:

$$X=\{X(1),X(2),\ \cdots,X(n)\}$$

$$X_{oi}=\{X_{oi}(1),X_{oi}(2),\ \cdots,X_{oi}(n)\}$$

采用地层评价参数及层点数据标准化方法，对以上地层评价数据列 X、被比较数据列 X_{oi} 进行均值处理，使之成为无量纲、标准化的数据 $X_o(k)$，$X_i(k)$：

$$X_o(k)=\frac{X(k)}{\frac{1}{m}\left[\sum_{i=1}^{m}X_{oi}(k)+X(k)\right]} \tag{2-6}$$

$$X_i(k)=\frac{X_{oi}(k)}{\frac{1}{m+1}\left[\sum_{i=1}^{m}X_{oi}(k)+X(k)\right]} \tag{2-7}$$

式中　$k=1,2,\ \cdots,n$；

　　$i=1,2,\ \cdots,m$。

标准化后的地层评价数据列 X_o、被比较数据列 X_i、权系数数据列 Y_i 以及参数给定权值数据列 Y_o 表示为：

$$X_o=\{X(1),X(2),\ \cdots,X(n)\}$$

$$X_i=\{X_i(1),X_i(2),\ \cdots,X_i(n)\}$$

$$Y_i=\{Y_i(1),Y_i(2),\ \cdots,Y_i(n)\}$$

$$Y_o=\{Y_o(1),Y_o(2),\ \cdots,Y_o(n)\}$$

然后，采用层点标准指标绝对差的极值加权组合放大技术，由下式计算灰色多元加权系数：

$$P_i(k)=\frac{\min_i\min_k\Delta_i(k)+A\max_i\max_k\Delta_i(k)}{A\max_i\max_k\Delta_i(k)+\Delta_i(k)}Y_i(k)\ Y_o(k) \tag{2-8}$$

其中：$\Delta_i(k)=|X_o(k)-X_i(k)|$

上述两式中　$P_i(k)$——数据 X_o 与 X_i 在 k 点（参数）的灰色多元加权系数；

$\min_i\min_k\Delta_i(k)$——标准指标两级最小差；

$\max_i\max_k\Delta_i(k)$——标准指标两级最大差；

$\Delta_i(k)$——第 k 点 X_o 与 X_i 的标准指标绝对差；

$Y_o(k)$——第 k 点（参数）的权值；

A——灰色分辨系数。

从而可以得出灰色加权系数序列：

$P_i(k)=\{P_i(1),P_i(2),\ \cdots,P_i(n)\}$

由于系数较多，信息过于分散，不便于优选，采用综合归一技术，将各点（参数）系数集中为一个值，其表达式为：

$$P_i=\frac{1}{\sum_{k=1}^{n}Y_o(k)}\sum_{k=1}^{n}P_i(k) \tag{2-9}$$

式中　P_i——灰色多元加权归一系数的行矩阵。

最后，利用矩阵做数据列处理后，采用最大隶属原则：

$$P_{max}=\max_i\{P_i\} \tag{2-10}$$

作为灰色综合评价预测结论，并根据数据列（行矩阵）的数据值，确定评价结论精度及可靠性。

利用灰色系统对大安油田扶余油层开展储层综合评价，明确Ⅰ类、Ⅱ类储层平面分布范围，优选了红 90–1、红 87–9 和大 50 区块等效益区块，落实效益储量 1430×10^4t，有效指导了大安地区产能建设。

4. 致密储层“七性”关系研究及测井评价

吉林油田致密油主要分布于长岭凹陷及两翼的扶余油层，是近期主要储量提交和产能建设区。扶余油层物性差，储层类型复杂，通过攻关，形成了以“七性”关系研究为核心的测井评价技术。下面以乾安地区扶余油层为例加以介绍。

1）致密储层岩性特征及测井评价

钻井取心资料分析表明，扶余油层岩性以灰色、灰褐色粉砂岩、细砂岩为主，主要为岩屑长石砂岩或长石岩屑砂岩。颗粒直径一般为 0.03～0.25mm，其中石英含量 30%～40%，长石含量 25%～40%，岩屑含量 30%～45%，填隙物含量 5%～15%，岩石颗粒分选中等—好，磨圆为次棱角—次圆状。颗粒之间接触关系以点状及点—线状接触为主。岩石成岩作用较强，石英、长石均见不同程度次生加大，个别加大边较宽，构成再生胶结；长石见泥化、绢云母化；胶结物以钙质、泥质为主，少量硅质；黏土矿物主要为伊利石、伊 / 蒙混层和绿泥石。从粒度分析来看，单砂层多表现为下粗上细的正旋回粒序，岩性从下部的细砂岩为主（Ⅲ砂组、Ⅳ砂组），向上逐渐变为粉砂岩及泥质粉砂岩（Ⅰ砂组、Ⅱ砂组）。

结合电成像、元素俘获测井资料识别岩性：细砂岩高硅、低铝、低钙特征，电成像可见颗粒特征；粉砂岩由于含有泥质，铝元素干重含量高，电成像可见层理特征；钙质砂岩硅元素干重含量高，钙元素干重含量相对较高。另外，通过建立泥质含量与粒径的关系，根据泥质含量推算粒径的范围，从而识别岩性。

2）致密储层物性特征及测井评价

根据岩心分析数据，致密油储层物性差，孔隙度一般小于 10%，渗透率小于 1mD，一般粒度越粗物性越好。储层孔隙类型多样，储集空间以残余粒间孔、溶孔、微孔为主，还有部分微裂隙。微观上储层孔喉以纳米级为主，压汞实验资料表明，影响储层渗透性的根本因素是储层孔喉分布情况，尤其 250nm 以上孔喉所占的比例对储层渗透率的影响比较大。

结合岩心分析及动态数据，将储层分成三类：Ⅰ类储层孔喉半径大于 200nm 占 50% 以上，100～200nm 占 10% 左右，小于 100nm 占 30% 左右，半径均值大于 290nm，孔喉半径中值大于 220nm；孔隙度一般大于 9%，渗透率大于 0.15mD；核磁 T_2 谱上呈双峰型，可动流体饱和度为 46.2%。Ⅱ类储层孔喉半径大于 200nm 占 40% 左右，100～200nm 占 20% 左右，小于 100nm 占 30% 左右，半径均值 140～290nm，孔喉半径中值 85～220nm；孔隙度一般为 5%～9%，渗透率为 0.06～0.15mD；核磁 T_2 谱上呈双峰型，可动流体饱和度为 41.7%。Ⅲ类储层一般为无效储层，孔喉半径大于 200nm 占不到 10%，100～200nm 占 27% 左右，小于 100nm 占 50% 以上，半径均值小于 90nm，孔喉半径中值小于 50nm；孔隙度一般小于 5%，渗透率小于 0.06mD；核磁 T_2 谱上呈单峰型，可动流体饱和度小于 20%。

储层品质的好坏与不同尺寸孔喉所占比例关系密切，利用核磁等新技术测井资料可以定量计算不同尺寸孔喉所占的比例，实现储层类型的测井识别。对于早期探井、没有采集核磁测井资料的老井，开展常规测井资料计算孔喉半径比例来识别储层的研究。利用压汞资料，统计所有的孔喉半径在不同尺寸区间的比例，同时以压汞资料为刻度，建立不同尺寸孔喉所占比例与测井曲线之间的关系，形成孔喉半径比例计算模型。根据模型，利用常规测井曲线计算不同尺寸孔喉半径所占比例和孔隙度，两者结合，即可得到不同尺寸孔喉半径的孔隙度，即不同尺寸的空间各占多少，因此识别储层类型结果更可靠。

3）致密储层含油性特征及测井评价

根据密闭取心饱和度分析数据显示，致密储层原始含油饱和度一般为 35%～55%（图 2-32），平均为 48.7%，一般粒度越粗，物性越好，含油性越好，直井投产初期含水率一般为 60%～80%，密闭取心分析及生产动态数据显示，致密油藏为低饱和度油藏。

吉林油田致密储层岩性多为细—粉砂岩，孔隙度主要分布范围为 5%～12%，孔隙类型以原生孔隙为主，溶蚀孔隙不发育。对比不同条件下岩电实验认为，高温高压岩电效果优于

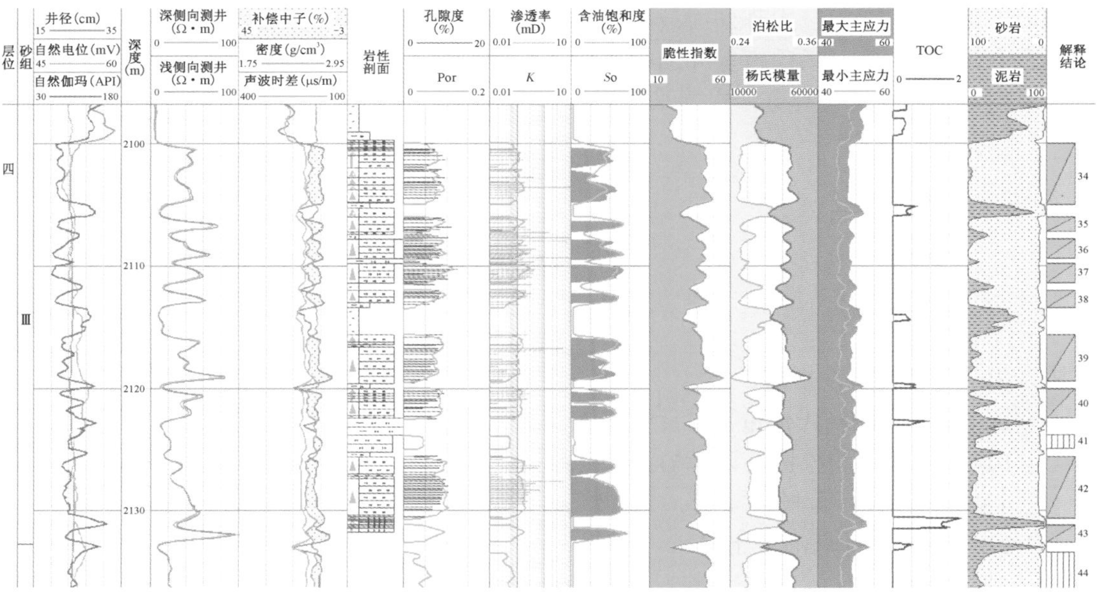

图 2-32　让 59 井“七性”关系测井评价综合图

常温常压岩电实验，根据高温高压岩电储层特征差异，分储层类别确定岩性系数。根据变参数方法计算含油饱和度，并与密闭岩心分析饱和度进行对比，相对误差为8.2%。

4）致密储层电性特征及油水层识别

致密储层孔隙结构复杂，微孔隙发育，一般岩性、物性、含油性好，则电性呈高值，但由于平面地层水矿化度差异大，导致油水层识别难度大。针对储层电性主控因素，采用分储层类型、分矿化度建立识别方法。不同的储层类型在测井中有不同的响应，储层以Ⅰ类、Ⅱ类为主：Ⅰ类储层流体识别标准为 Rt ≥ 17Ω·m，DEN ≤ 2.57g/cm^3，AC ≥ 210μs/m；Ⅱ类储层流体识别标准为 Rt ≥ 30Ω·m，DEN ≤ 2.56 g/cm^3，AC ≥ 215μs/m。对于矿化度变化较快的区域，利用电阻增大率建立流体识别标准：Ⅰ类储层电阻增大率 RI ≥ 1.5；Ⅱ类储层电阻增大率 RI ≥ 1.2。

5）烃源岩测井评价

吉林油田致密油藏为上生下储成藏模式，烃源岩为青一段湖相泥岩，青一段228块样品岩心实验TOC值，最小值为0.13%，最大值为8.6%，主要范围为0.5%～3.5%，平均2.02%。

根据以下三种方法开展TOC测井计算，（1）电阻率与孔隙度曲线重叠 $\Delta \lg R$ 法；（2）多元统计回归法，结合TOC岩心分析资料，建立TOC与常规测井资料的关系；（3）基于自然伽马能谱的TOC计算法，利用铀曲线建立TOC统计回归计算模型。通过以上三种方法计算结果的精度对比分析，同时考虑测井资料限制，最终采用电阻率与孔隙度曲线重叠 $\Delta \lg R$ 法。

通过计算 $\Delta \lg R$ 与岩心分析TOC进行刻度并归位，建立TOC计算模型，青一段共计建模井17口，验证井51口，计算井266口，相对误差平均值为0.3%～0.7%，模型计算精度较高。

6）脆性及地应力各向异性测井评价

岩石脆性是致密油体积压裂中需要考虑的重要参数之一。致密油评价中，以脆性指数刻画岩石的脆性特征，应用阵列声波测井资料或者拟合法提取纵、横波，从而计算储层的杨氏模量和泊松比，基于杨氏模量和泊松比计算脆性指数的方法称为岩石弹性参数法。吉林油田致密油储层脆性计算方法主要采用岩石弹性参数法，其计算公式如下：

$$
\begin{aligned}
BI_{YM} &= \frac{YM - YM_{MI}}{YM_{MA} - YM_{MI}} \\
BI_{PR} &= \frac{PR - PR_{MI}}{PR_{MA} - PR_{MI}} \\
BI &= \frac{BI_{YM} + BI_{PR}}{2}
\end{aligned}
\tag{2-11}
$$

式中 BI——计算脆性指数；

BI_{YM}——利用杨氏模量资料计算的脆性指数；

BI_{PR}——利用泊松资料计算的脆性指数；

YM——测井计算杨氏模量，GPa；

PR——测井计算泊松比；

YM_{MI}，YM_{MA}——目的层段杨氏模量的最小值和最大值，GPa；

PR_{MI}，PR_{MA}——目的层段泊松比的最小值和最大值。

应用阵列声波和成像测井资料，确定吉林油田致密油层最大水平应力方向以近东西向为主。用密度测井资料计算垂向应力，利用黄氏公式计算最大、最小水平应力。岩石力学参数和地应力参数测井计算结果统计分析认为，致密油储层杨氏模量的分布范围为38～44GPa，泊松比分布范围为0.26～0.3，砂岩脆性指数分布范围一般为42%～55%，泥岩脆性指数一般为20%～30%；最小水平主应力范围为50～58MPa，最大水平主应力范围为56～64MPa，最大最小主应力差一般为5～10MPa。

5. 低渗透油藏的井网优化技术

低渗透油田递减快、稳产难，原因在于先天资源品质差，后期能量补充不足，提高开发效果的关键是建立注得进、采得出的注采驱替系统，建立与地下地质条件相适应的合理井网，是油田有效开发的关键。

1）裂缝性油藏井网形式优化

裂缝型低渗透油藏需要人工压裂改造投产，人工裂缝和天然裂缝共同构成了低渗透油藏的裂缝系统，也加剧了储层非均质性。裂缝型低渗透油藏的井网形式与常规油藏不同，因为注采井网系统与裂缝系统的配置关系对注水波及程度和开采效果有显著的影响，必须考虑与裂缝系统的合理配置。裂缝（天然或人工）型油藏井网系统与裂缝系统的合理配置关系是注水井排沿裂缝方向布置，即：正方形五点法井排方向与裂缝方向夹角为0°；正方形反九点井排方向与裂缝方向夹角为45°；七点井网井排方向与裂缝方向夹角为0°。

随着渗透率比值 K_x/K_y 的增大，各种面积注水井网的波及系数减小，这说明正方形和正三角形井井网不能适应于渗透率比值 K_x/K_y 较大的低渗透油藏。针对裂缝型油藏普遍采用的正方形反九点井网的适应性及其局限性，目前普遍采用菱形反九点井网和矩形五点井网。这两种井网的井排距具有多变性，可以满足不同平面渗透率非均质性的需要，在开发后期也方便调整为线性水驱。

吉林油区低渗透油藏影响注水开发的主要因素为东西向裂缝。经过几十年的开发历程及探索，随着油藏认识及开发动态特征规律的总结，井网方式不断演变优化。20世纪70年代早期，采用沿天然裂缝注水的注采井网，代表油田为扶余油田；20世纪80年代初期，采用井排方向与裂缝方向错开22.5°角的注采井网，代表油田为新立油田；20世纪90年代初期，井排方向与裂缝方向错开45°角的注采井网，代表油田为新民油田；从20世纪90年代末期至今，新区开发多数采用菱形反九点法面积注采井网，进一步加大东西向井距，避免水井排油井暴性水淹，代表油田为大情字井、大安等油田。

2）注采井网人工裂缝穿透率（压裂规模）优化

注采井网的井距与压裂规模有一定的关系，因此首先优化井网的压裂规模。以矩形五点井网为例，对不同油井和生产井压裂规模情况下的井网开采指标进行对比，从而优化井网压裂规模曲线，见图2-33。从图中可以看出，对于矩形五点井网，裂缝穿透率为60%～70%比较好，即支撑缝长为井距的60%～70%最佳。而菱形反九点井网由于不是沿裂缝线性注水，角井和注水井的压裂规模受到限制，裂缝穿透率一般不能超过30%，否则容易引起角井快速水淹。

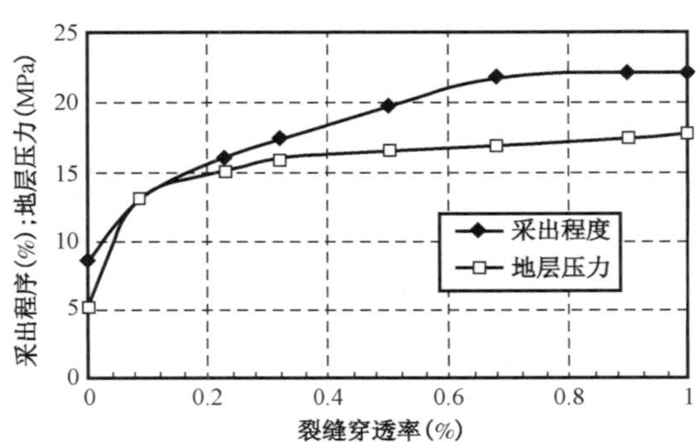

图 2-33　矩形五点井网中压裂规模与采出程度和地层压力的关系
（基质渗透率 2mD，裂缝导流能力 50D·cm，生产 20 年）

3）注采井网排距优化

低渗透油藏只要存在渗透率分布方向性，即 K_y/K_x 不等于 1，菱形反九点井网和矩形五点井网就比正方形反九点井网和正方形五点井网具有一定程度的优越性。正方形井网只需确定与储层渗透率有关的合理井距，而菱形井网和矩形井网需要确定与 K_y/K_x 有关的井距和排距。

对于裂缝型低渗透油藏，常规储层改造对储层的改善仅限于沿裂缝形成一个过井的高渗透条带，并没有整体提高裂缝方向的渗透率，K_y/K_x 可以当作基质渗透率与裂缝导流能力的比值，因为人工压开缝的导流能力是人为设计的，与储层特性无关，而且变化范围不大，K_y/K_x 的大小主要取决于储层基质渗透率的大小。储层渗透率越低，K_y/K_x 越大，即沿裂缝方向和垂直裂缝方向的渗透率级差越大。根据对压裂注采井网的分析不难得出，基质渗透率的大小决定井网排距的大小，人工裂缝的导流能力和压裂规模决定井距的大小。

人工裂缝注采井网的排距大小反映了储层基质的传导能力，对特低渗透和超低渗透油藏的影响比对一般低渗透油藏要大。从区块效果对比和数值模拟研究技术指标来看，不同低渗透油藏的合理排距为：超低渗透油藏 100m 左右，特低渗透油藏为 150m 左右，较低渗透和一般低渗透油藏为 200～250m。

在保持井网面积不变的前提下，通过对比低渗透油藏菱形反九点井网在不同排距与井距比值情况下累计产油增量，优化合理的排距与井距比值，再根据前面优化的合理排距确定合理井距。裂缝性油藏注采井网的合理排距与井距比值为：超低渗透油藏 1 ∶ 4 左右，特低渗透油藏 1 ∶ 3 左右，较低渗透和一般低渗透油藏 1 ∶（2～2.5）。即合理井距为：超低渗透油藏 380m 左右，特低渗透油藏 450m 左右，较低渗透和一般低渗透油藏 500～600m。

以上合理的井排距仅仅是根据技术指标确定的，在油田实际开发井网部署中，还应根据油田实际情况并结合经济评价确定在技术和经济方面都比较合理的井网系统。

4）利用非线性渗流微分关系方程计算合理排距

通过室内渗流实验获得开发区块的启动压力梯度与渗透率关系曲线，给出开发区块的平均渗透率就可得到平均启动压力梯度，然后代入注采井主流线中点处压力梯度非线性渗流微分关系方程中，就可以求出区块的最大注采井排距：

$$\frac{dp}{dr}=\frac{p_H-p_W}{\ln\frac{R}{r_W}}\times\frac{2}{R} \tag{2-12}$$

式中 dp/dr——启动压力梯度，MPa/m；

p_H——注水井井底流压，MPa；

p_W——采油井井底流压，MPa；

R——注采井距，m；

r——井筒半径，一般取 0.1m。

通过计算，吉林油区特低渗透油藏合理排距在 130～180m 之间，超低渗透油藏合理排距一般小于 80m（表 2-6）。

表 2-6 试验区块注采井排距计算情况表

油藏	超低渗透			特低渗透			
区块	大 45	让 11	庙 124-1	新 119	乾 118	乾 +22-8	黑 79
合理排距（m）	80	80	65	130	160	170	180
实际排距（m）	150/100	120	80	120	160	160	160

5）利用非线性渗流油藏数值模拟技术进行合理井网方式研究

（1）特低渗透油藏流体非线性渗流模型。

2004 年，中国石油廊坊渗流所杨清立提出了特低渗透介质中流体非线性渗流模式：

$$v=\frac{K}{\mu}\nabla p\left(1-\frac{1}{a+b|\nabla p|}\right)=\frac{K}{\mu}\nabla p-\frac{K}{\mu}\frac{\nabla p}{a+b|\nabla p|} \tag{2-13}$$

式中 b——相当于拟启动压力梯度模型中拟启动压力梯度的倒数，可由精确的物理模拟实验确定；

a——影响非线性渗流凹形曲线段的影响因子，可由精确的物理模拟实验确定；

K——渗透率，mD；

μ——地层流体黏度，mPa·s；

∇p——启动压力导数。

（2）特低渗透油藏非线性渗流数值模拟。

特低渗透油藏中某一点的渗透率随着压力梯度的变化而变化，对此在常规黑油数值模拟算法的基础上，在每一个时间步长上应用非线性渗流数学模型对渗透率值进行修正，使渗流过程逼近非线性渗流曲线。

（3）进行有效驱动压力体系和合理井网部署研究。

模拟计算了吉林油区超低、特低渗透油藏不同井网形式下地层压力梯度随开发时间（30 天、1 年和 10 年）的变化规律，地层中只有大部分区域的压力梯度大于拟启动压力梯度，油水井间才能够建立起有效驱替。根据模拟结果（表 2-7），特低渗透油藏目前菱形反九点井网形式下能够建立起有效驱替，而超低渗透油藏物性差的区块需调整为矩形井网才能建立起有效驱替。

表 2-7　数值模拟计算合理井网形式统计分析表　　单位：m×m

地区	区块	现有井网（排距 × 井距）	合理井网（排距 × 井距）	调整井网（排距 × 井距）
超低渗透	大 45	100×500 菱形反九点	80×400 矩形	100×500 矩形
		150×500 菱形反九点		75×500 矩形
	让 11	120×450 菱形反九点	80×350 菱形反九点	80×450 矩形
			80×450 矩形	
	庙 124	80×280 反七点井网	80×350 矩形	60×200 反七点
				80×350 矩形
	红 75	150×500 菱形反九点	150×500 菱形反九点	
特低渗透	新 119	120×500 菱形反九点	120×500 菱形反九点	
	乾 118	160×480 菱形反九点	160×480 菱形反九点	
	乾 +22-8	调整前：300m 正方形反九点	排距偏大	
		调整后：150×300 菱形反九点		
	黑 79	160×480 菱形反九点	160×480 菱形反九点	

6）矿场井网适应性评价

对已开发的区块从砂体控制程度、动态开发效果、井网指标和注采压力系统的合理性四个方面进行综合评价，确定菱形反九点井网对于特低渗透油藏基本是适应的，而对于超低渗透油藏物性差的区块适应性较差，不适应主要表现在开发效果差、井排距偏大、注采压力系统不合理。

通过以上的理论研究和矿场评价，结合储层评价体系，确立了吉林特低渗透、超低渗透油藏的合理井网形式，见表 2-8。目前吉林油区特低渗透难采储量区以Ⅱ类储层为主，单井初期产能在 3.5t/d 左右，合理井网形式为 120～160m 排距、480m 左右井距的菱形反九点井网；Ⅲ类超低渗透储层单井初期产能在 2.5t/d 左右，可采用 100～150m 排距、480m 左右井距的菱形反九点井网，Ⅳ类储层单井初期产能小于 2.5t/d，合理井网形式为 80m 左右排距、350～450m 井距的矩形井网。

表 2-8　吉林特低、超低渗透油藏的合理井网形式表

油藏类型	渗透率（mD）	储层类型	初期单井产液（t/d）	初期单井产油（t/d）	菱形反九点井网	矩形井网
特低渗透	10～5	Ⅰ	>12	> 5	排距≥ 160m 井距≥ 480m	
	5～1	Ⅱ	12～8	5～3.5	排距 120～160m 井距 480m 左右	
超低渗透	1～0.5	Ⅲ	8～4	3.5～2.5	排距 100～150m 井距 480m 左右	
	<0.5	Ⅳ	<4	<2.5	排距≤ 80m 井距≤ 350m	排距：80m 井距：350～450m

6. 水平井优化设计技术

水平井设计参数优化包括单井设计参数优化和井网形式、井排距优化，即水平井方位、水平段目的层位置、水平段长度、压裂段簇间距、水平井井距、排距、井网形式优化等。

1）水平井方位优化

水平井方位是指水平段在油藏中的延伸方向，涉及油藏渗透率的各向异性及其对渗流的影响。前人研究结果表明，水平井在油藏中的延伸方向应该垂直于油藏主渗透率方向。

（1）地层主应力方向影响。

地层主应力方向影响储层天然裂缝的发育方向和人工裂缝方向，而裂缝方向直接影响水平井采油和注水。对于天然裂缝发育并且靠天然能量开发的油藏，应该考虑水平井段尽可能沟通裂缝，选择水平井垂直于裂缝发育方向。而对于注水开发的油藏，则要考虑水平井与周围注水井的匹配关系，应避免注入水沿裂缝水窜造成水淹，如果水平井方向与最大主应力方向平行，则周围注水井较难注入；反之，则很可能造成水平井水淹。在需要补充能量开发的情况下，可考虑适当错开采油层段射开位置，避开对应的注水层段。通过岩心观察、阵列声波测井、地震曲率和地应力预测、水力裂缝监测以及注采动态监测等资料，都可以比较准确地预测裂缝发育特征。吉林油田地层最大主应力方向一般为近东西向，水平井方位应设计为近南北向。

（2）砂体展布方向影响。

砂体展布方向是影响水平井方向的主要因素。一般情况下，水平井方向应尽可能平行砂体展布方向，并保证垂直于地层主应力方向。当砂体展布与地层主应力方向一致时，应根据实际地质特点灵活调整。如大安油田扶余油层砂体呈北西—南东方向展布，当水平段平行砂体时，其与地层主应力方向一致，不利于压裂改造形成缝网。因此，在砂体宽度、厚度能够满足水平井长度和单井控制储量的情况下，应采用南北向方位；反之，可以采用斜交砂体方式，使水平段方向与主应力方向呈一定夹角，最大限度提高油层钻遇率，提高单井控制地质储量。

（3）数值模拟。

在单井控制地质储量、水平段长度、储层渗透率、压裂缝长和导流能力一定的情况下，建立单井模型。水平段和裂缝有平行、斜交和垂直三种关系，对比水平井与裂缝平行、垂直和斜交三种情况的数值模拟结果，压裂裂缝与水平井夹角越大，泄油面积越大，开发效果越好，垂直裂缝效果最好，斜交裂缝次之，平行裂缝最差。

2）水平井位置优化

水平井在油藏中的位置，是指水平井在油藏中距离油藏顶部或油水界面的距离。根据水平井的产量公式容易证明，水平井居于油藏顶底的中心时，水平井的产量最高，产能最大；但根据水平井的临界产量公式容易证明，水平井越靠近油藏顶部，水平井的临界产量越大。由此可见，增产与抑制底水锥进是一对矛盾。解决矛盾的方法是具体问题具体分析，使得水平井在油藏中的位置既能保证水平井的产量满足要求，又能有效地抑制底水锥进，使得底水油藏的开发效率最高。

对于致密岩性油藏，物性差，砂体连续性差，储层非干即油，采用水平井开发主要应考虑尽可能多地钻遇油层，位置选择应建立在单砂体精细刻画的基础上，选择油层中部即可，既利于井眼轨迹调整和保证轨迹平滑，也能达到充分的储层改造效果。而对于类似英台油田英152区块和套保油田等底水油藏，水平井位置应靠近油藏顶部。

3）水平段长度优化

随着水平井长度的增加，水平井与油藏的接触面积相应地也增加，这可以获得较高的采收率和较大的采油速度。但井筒中的流动阻力也相应增加，这对井的生产率有直接的负面影响，同时水平井内摩擦损失引起的压降对水平井生产动态也有影响。由于摩擦损失等原因，产量的增加与水平段长度的延伸并非线性关系。对于低、特低渗透油藏来说，由于水平井产液量小，一般为30～50t/d，井筒内摩阻问题影响不大，通常是可以忽略的。另外，随着水平段的延伸，钻井成本将大幅增加，这是由于随着水平段的延伸，不仅钻井周期增加，而且作业难度也越来越大，由此而发生的实际费用将大幅度增加。因此对于某些特定的油藏来说，从提高采收率、增加经济效益的角度出发，存在着一个最佳的水平井段长度。

对于吉林油田小于1mD的扶余油层致密储层，水平段长度理论上应该越长越好，但其效益受钻采成本、后期维护成本影响较大，而钻采成本、后期维护成本受价格和技术影响较大，因此，最优水平段长度应综合考虑采出程度、钻采成本、目前工艺技术、效益利润等因素，并随时根据成本不断调整优化。目前水平段长度优化主要采用数值模拟和效益倒算、经济评价方法。

数值模拟和经济评价方法，确定最优效益水平段长度。例如，大安油田扶余油层采用水平井裸眼滑套完井体积压裂投产，设定缝间距为40m，通过数值模拟方法研究不同井筒长度（600m，800m，1000m，1200m和1400m）对初期单井产能的影响，初期单井产能与水平井长度大致呈线性关系，随着水平井长度的增加，初期单井产能逐渐增加。考虑随着水平段的延伸、钻机换型等因素，钻采成本将大幅增加，根据大安油田红90-1区块水平井实际发生费用进行不同水平段长度经济评价，在不同水平段长度区间（600～1200m）存在拐点，其中1000m利润最高，综合考虑确定最佳水平段长度800～1000m。

效益倒算方法，是通过投资成本与产量、效益关系综合评价，确定合理水平段长度。水平井产能受油层变化、工艺、施工质量影响较大，采用经验公式法、采油强度法以及数值模拟法等计算有很大局限性。通过多个区块统计，水平井产量与缝控动用储量相关性好，因此可以根据水平井设计长度、油层钻遇率和裂缝网络形态，计算出水平井缝控储量规模和单井产能水平，从而采用效益倒算的方法设计水平段长度。在乾安地区乾246区块，在油价70美元/bbl条件下，水平井效益边界产能为5.9t/d，需要动用地质储量9.1×10^4t；研究区有效厚度6～7m，目前压裂缝长500m，效益水平段动用长度672～784m，现场实钻水平井油层钻遇率70%～80%。为满足效益开发需求，需要设计水平段840～1120m，才能达到效益产能。综合考虑确定水平段长度1000m，结合储层发育及地面状况，在保证单井动用储量规模的基础上灵活调整。

4）井网形式研究与井距、排距优化

目前国内外致密油藏水平井多采用衰竭式开发，后期辅以单井吞吐或二次压裂手段保持水平井持续稳产，对水平井井网形式和能量补充方式研究得不多，也没有形成相对成熟的技术手段。近年水平井开发实践表明，采用枯竭式开发，10 年采出程度一般仅为 6%～7%，采收率小于 10%，因此应该加强水平井开发井网形式研究，为后期改变开发方式留有余地。水平井井网形式应与砂体展布特征相匹配，相对于河道砂体宽度大的储层，采用交错排状井网，可以充分动用储量，扩大注采波及程度；反之，对于河道宽度窄的砂体，采用交错排状井网，无法建立真正的驱替系统，边部容易出现死油区，可以采用行列式井网，有利于储量充分动用，后期以单井吞吐方式补充能量。数值模拟研究表明，在油层发育连续的区块，采用交错式井网，储量动用程度和采出程度优于行列式井网。

在确定水平段长度的基础上，致密油藏水平井开发好坏往往取决于动用半径的大小，即动用储量大小。水平井动用半径受压裂网络范围和基质渗流能力综合影响，粗略地讲，裂缝网络长决定井距，裂缝网络宽决定排距，裂缝网络高决定垂向油层动用范围。在井距、排距设计时，既要考虑裂缝网络延伸范围，还要考虑基质渗流半径。对于致密储层，由于非达西渗流现象严重，油水运动不仅取决于压力差，还取决于基质的压力梯度，当压力梯度大于启动压力梯度时，流体才能流动。数值模拟研究表明，在不同压裂规模下，裂缝网络延伸范围不同，油层不同部位能量水平不同（受入井压裂液影响），缝外基质有效渗流半径随裂缝半长的增加而减小。通过测定不同渗透率岩心启动压力梯度，利用数值模拟或经验回归方法，可以近似得出不同基质渗透率、不同裂缝半长及不同裂缝间距条件下，基质的有效渗流距离，从而得出水平井动用半径。乾 246 区块水力裂缝平均裂缝长 366m，裂缝宽 127.2m，裂缝高 48.3m，基质动用半径约为 50m，水平井合理井距应不小于 2 倍动用半径，乾 246 区块渗透率 0.1～0.5mD 储层，极限井距为 550～650m，极限排距为 165～245m，设计井距 600m、排距 200m。

5）压裂段、簇间距优化

理论上随着裂缝间距的减小，裂缝数量逐渐增加，油层动用程度随之增加。对于常规中高渗透砂岩储层，裂缝间距过小容易引起缝间干扰，从而影响产量；而目前致密油藏引入水平井体积压裂理念进行开发，对于裂缝间距的认识需要进一步评价，即如何合理利用缝间干扰，形成复杂缝网。

致密储层物性差，层间、层内以及平面非均质性强，目前乾 246 区块水平井人工裂缝监测表明，采用大规模体积压裂能够起到打碎油层作用，有助于建立复杂的缝网体系，可以很好地改善平面非均质性问题，形成统一的缝控体；而通过缩小裂缝间距（即段、簇间距），可以很好地解决层间和层内非均质性问题，在一次打碎油层基础上，利用缝间干扰压裂，增加改造强度，同时也有利于缝网的复杂化，从而提高单井产量。利用统计方法，对比乾 246 区块套管完井的 7 口水平井段（簇）间距与第二年末采出强度和稳定采油强度关系，缩短簇间距，能够充分改造储层，采油强度明显提高，其中 50～60m 段间距、15～20m 簇间距效果最好。

利用数值模拟方法，在井距 500m、排距为 200m、水平段 1000m、裂缝半长 200m 的情况下，分别对簇间距 10m，20m，30m，40m 和 50m 进行模拟，结果显示，水平井产量随着簇间距的减小而增加，采油速度随着簇间距的增加前期减小，后期采油速度基本相当，采出程度随着簇间距的增加而稍有减小，当簇间距小于 20m 后，产量增加减缓。综合动用程度、单井初期产能、累计产油等开发指标，结合投资与效益，优选裂缝间距为 20m。

三、低品位资源有效开发钻完井关键技术

1. 集约化建井技术系列

1）平台钻完井技术

近年来，随着国内各大油田油气勘探开发不断深入，油气开发普遍面临已开发区块油气储量动用难，部分油田近海、环境敏感区地面受限油藏无法有效动用，新区勘探开发难度变大等技术难题。同时，面对目前低油价环境的限制，采用常规建产模式存在地面征地难度大、征地费用高，钻井效率低、成本高，钻井材料重复利用效果差，采油综合管理效率低，人员、设备费用高，油井开发速度慢、投产周期长，压裂施工单井作业效率低，设备运转成本高等问题。各大油田通过不断创新技术思路，拓展科研方向，攻关应用平台钻完井配套技术，通过前期地质集约化布井，地面占地方案综合优化，钻完井配套技术优化完善，压裂工厂化连续施工作业，采油地面建设综合管理等，有效节省地面投资，响应国家土地政策，节能减排，实现从钻井、完井、作业等系统化的工厂作业模式，提高了钻井效率，大大降低了开发成本，提高了后期压裂、采油作业效率与管理水平，为已开发老区未动用储量动用、地面受限油藏动用、新勘探区块规模开发、低油价环境下效益建产提供有效手段。平台钻完井主要使用情况如图 2–34 所示。

图 2–34　平台钻完井主要使用情况

（1）平台钻完井关键技术。

① 丛式平台井集约建井高效布井技术。

② 满足钻井、压裂、采油、地面要求的平台方案综合优化技术。

③ 密集井网井眼剖面实时优化与井眼轨迹（图 2–35）精确控制技术。

④ 丛式平台井优快钻井提速配套技术。

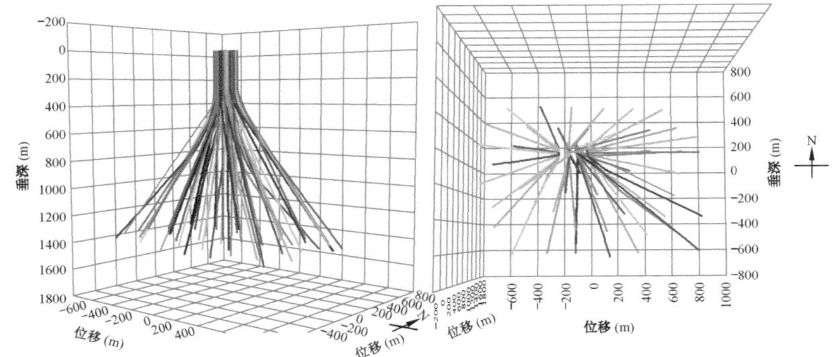

图 2-35　吉林油田新立 1 号平台井眼轨迹图

⑤ 满足井涌、井漏钻井复杂情况施工的钻井液配套技术。

⑥ 提高固井质量固井水泥浆体系及固井工艺优化技术。

⑦ 满足钻井多专业、一体化施工的作业管理优化技术。

（2）平台钻完井技术优势。

① 通过改变常规钻采开发模式，推进集约化建井、平台钻采作业模式，在地质工程、产建环保、实施过程“一体化”的基础上，通过跨专业交互式设计（图 2-36）、整体流水线式推进、子系统工厂化作业，能够有效提高油藏开发经济效果，满足效益建产要求，

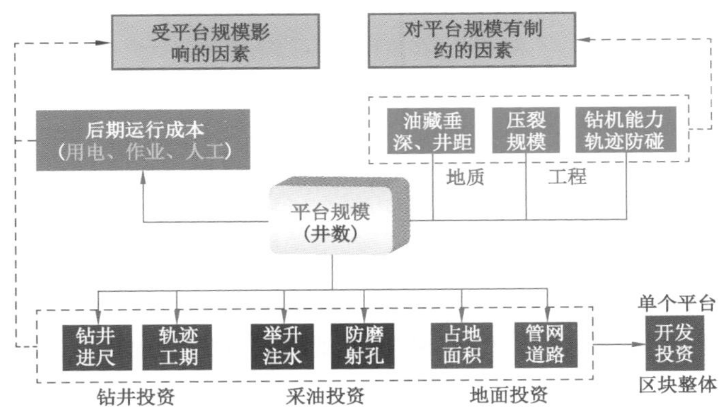

图 2-36　平台跨专业交互式设计

② 通过平台井钻井技术攻关完善，实现了平台整体剖面实时优化，满足地质灵活加减井及滚动开发要求；实现了优快高效钻井，提高了钻井施工作业效率、钻井材料等综合利用水平，节约了钻井成本；实现了钻井安全施工，提高了钻井速度及钻井液油气保护效果；实现了提高固井施工技术水平，保证了油井固井质量及井筒完整。通过井身质量、钻井提速、钻井液、固井专业标准化施工，提高了钻井施工质量。

③ 通过平台井“工厂化”施工、“一体化”生产管理模式的不断优化完善，提高了油田地面建设、产能环保、工厂施工等生产作业管理水平，实现了持续提质提效，为油田稳产、上产，持续发展提供了保障。

2）工厂化钻井技术

工厂化钻井（Factory Drilling）是丛式井场批量钻井（Pad Drilling）和工厂化钻井（Factory Drilling）等新型钻完井作业模式的统称，是指在同一地区集中布置大批相似井、使用大量标准化的装备和服务，以生产或装配流水线作业的方式进行钻井和完井的一种高效低成本的作业模式（图 2–37）。工厂化作业兴起于 20 世纪初，美国汽车公司通过移植大机器创立的流水线作业方式，其通俗定义是施工或生产应用系统工程的思想和方法，集中配置人力、物力、投资、组织等要素，采用类似工厂的生产方法或方式，通过先进的技术、设备和科学的管理手段，优质高效地组织施工和生产作业。工厂化作业的基本特征主要包括施工作业的流程化、规模化、标准化。流程化（流水线化）是工厂化作业的显著特点。规模化（批量化）是工厂化作业的基本前提。标准化是工厂化作业的更高层次。

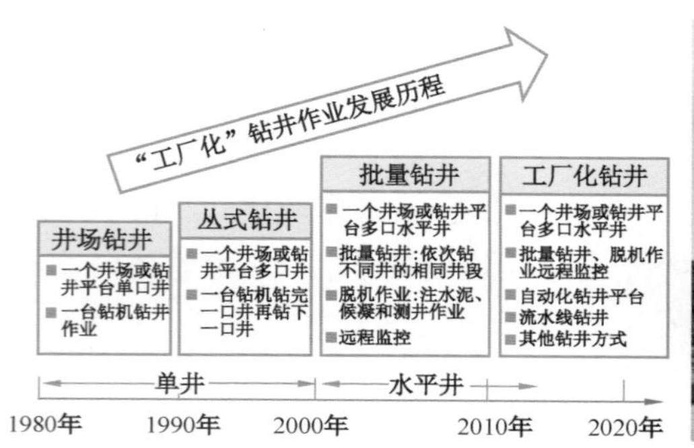

图 2–37　工厂化钻井技术发展及现场施工图

工厂化作业模式利用快速移动式钻机对丛式井场的多口井进行批量钻完井，一种模式是批量钻完井后钻机搬走，采用工厂化压裂模式进行压裂、投产；另一种模式是以流水线的方式，实现边钻井、边压裂、边生产，钻完一口压裂一口，这也是目前美国非常规油气开发上普遍采用的作业模式。以一个 6 口井井场为例，这种最新的同步作业模式比以前可节省 62.5% 的时间，作业效率进一步提升。工厂化作业是钻完井作业模式的一次重大突破，目前已在全球范围内得到推广应用，必将助推未来非常规油气高效开发。近年来，在长庆苏里格气田、新疆致密油、吉林致密油、四川致密气开发中发挥了重要作用。

（1）工厂化作业钻机。

油气装备制造商和钻井承包商一直在研发或改进钻机设计和钻井装备，使之更安全、更环保。通过不断地提供新的或改进的操作系统或装备，尽可能减小钻台上钻机的尺寸来提高安全性。通过自动化提升移动性，灵巧的设计和专业化满足日益苛刻的环境条件。工厂化钻井作业关键设备情况如图 2–38 所示。为了适应工业化作业的要求，工厂化作业钻机需要满足以下特点。

① 先进的驱动方式：先进的驱动方式指除传统的机械驱动之外的驱动方式，主要包括电驱动和液压驱动，这两种钻机的运移性好。

② 井间快速移动：钻机配备井间快速移动系统，可实现满立根快速移动。井间快速移

动系统主要有滑轨式和步进式两种。

③ 钻机自动化设备：工厂化作业钻机的自动化程度很高，多属自动化钻机，配备的自动化设备有顶驱、自动化井口设备（例如铁钻工）、一体化司钻控制室、自动轨道等。

④ 防喷器快速装卸系统：防喷器快速装卸系统用于快速装卸和移送防喷器组，主要有两种类型，即防喷器吊轨系统和防喷器地面滑轨系统。

图 2-38 工厂化钻井作业关键设备情况

（2）工厂化钻完井作业的发展及应用。

工厂化钻完井作业模式相对于传统的分散式钻井、完井模式，既提高了作业效率、降低了作业成本，也更加便于施工和管理，特别适用于致密油气、页岩油气等低渗透、低品位的非常规油气资源的开发作业。工厂化钻完井作业模式是井台批量钻井、多井同步压裂等新型钻完井作业模式的统称，是贯穿于钻完井过程中不断进行总体和局部优化的理念集成，目前仍处于不断地发展和改进当中。在北美非常规油气革命的进程中，“工厂化钻完井作业模式”作为核心，在提高生产效率、降低开发成本方面发挥了巨大的作用。在北美各大页岩油气产区，工厂化作业日益盛行。近些年，用工厂化作业模式完成的井的占比快速增长，现已超过70%，个别产区达到90%以上。

工厂化作业是美国页岩油气革命的一个重要推手，其应用范围已拓展到开发致密油和致密气等非常规资源。在先进高效的井下技术的协同配合下，工厂化作业不仅大幅度缩短了钻井周期，而且显著降低了单位进尺的钻完井成本，对环境保护大有好处。以巴肯为例，说明致密油水平井钻井提速提效情况。巴肯水平井垂深约 3048m，2008—2013 年平均水平段长度从 1524m 增至大约 3048m，平均井深从大约 4877m 增至 6401m。部分水平井的水平段长度达到 4572m 左右，井深超过 8229m。尽管如此，巴肯地区的平均钻井周期从 32 天缩短至 18 天以内，个别水平井的钻井周期只有 12 天。在巴肯，2008 年水平井的平均钻井成本为 250 万～300 万美元 / 井；到了 2013 年，虽然钻机日费上涨，且平均水平段长度增加了1524m，但平均钻井成本并没有明显的增加，为 300 万～350 万美元 / 井。因水平段长度大幅增长，平均单井压裂段数从 2008 年的 10 段增加到 2013 年的 32 段，多的甚至达到 40 段。2008 年平均完井成本为 100 万～150 万美元 / 井，2013 年平均完井成本为 500 万～550 万美元 / 井；水平井平均单井产量从 2008 年的大约 10.5t/d 增长至 2013 年的 17.8t/d。

2. 水平井钻完井技术系列

随着对能源需求的日益增加以及对环境保护意识的日益增强，如何高效、清洁、经济地开采地下能源已成为目前急需解决的问题。在此情况下，水平井钻井技术应运而生，并作为一项综合性技术在石油、天然气开发中得到广泛应用。其主要作用是提高油气产量，降低采出成本，并且随着 MWD、PDC 钻头和高效导向螺杆钻具的应用，水平井技术已日趋完善。

1）水平井的基本概念

迄今为止，水平井定义未完全统一，从不同角度对水平井的定义不完全相同，但核心是井眼都必须在油层中延伸出较长距离。水平井的定义为：凡是井眼在油层中延伸较长距离，井斜角达到 85° 以上的井称为水平井（图 2-39）。

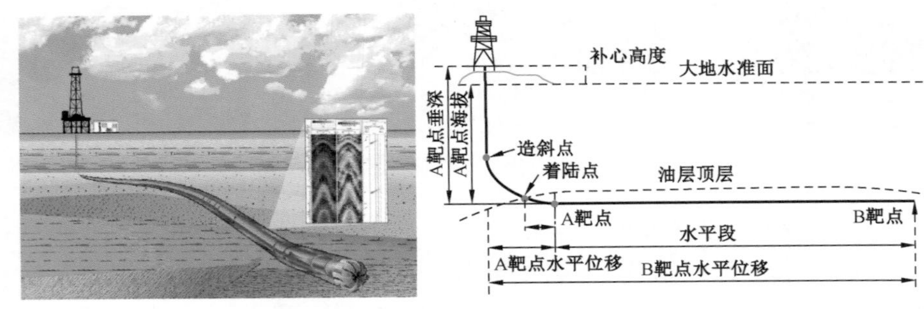

图 2-39　水平井基本概念

2）水平井的优势

对于低渗透油藏和稠油油藏等低品位油藏，采用常规方法可能很不理想，还有老油田普遍存在水锥现象严重、薄油藏难开采等问题，而水平井的特点正是解决这些问题的重要途径。

（1）在裂缝油气藏中钻水平井可以提高裂缝的钻遇率，从而获得高于直井数倍的产能。

（2）在有底水、气顶的油藏中钻水平井可降低水气的锥进速度，延长油井的无水采油期，可以合理地利用油层的能量，提高油井产量和油藏采收率。

（3）在天然气气藏中钻水平井，对低渗透气藏可增加泄气面积，从而减少生产井数；对高渗透气藏可以减少紊流影响，进一步提高气藏产能。

（4）钻水平井作为注入井，在注水、注气、混相驱和聚合物驱中可以提高波及体积及驱油效率。

（5）在薄油藏、低压低渗透油藏中钻水平井，可增加井眼与油层的接触面积，明显提高油产量和采收率。

水平井钻井技术之所以会得到越来越广泛的应用，是因为它具有直井、定向井无法比拟的优点，随着无线随钻监测系统和钻井工艺的发展，水平井的优越性将愈加突出。目前来说，水平井钻井成本已降至直井的 1.5～2 倍，而产量是直井的 4～8 倍，水平井的前景十分广阔。

水平井主要用于石油和天然气的勘探与开发，它的突出特点是井眼穿过储层的长度长，为了满足经济效益的要求，一般水平井在油层的延伸长度应大于油层厚度的6倍，这样大大增加了油井与储层的接触面积，极大地提高了油井的单井产量，具有显著的综合效益。据统计，全世界水平井的产量平均为邻井（直井）的6倍，有的高达几十倍。而且水平井的渗流速度小，出砂少，采油指数高，大大提高了采收率。

水平井可以使一大批用直井或普通定向井无开采价值的油藏具有工业开采价值。例如，一些以垂直裂缝为主的裂缝油藏，一些厚度小于10m的薄油藏，还有一些低压低渗透油藏。另外，海上油田投资大、成本高，直井开采无效益，水平井却可能有开采价值。同时，可以使一大批死井复活。许多具有气顶或底水的油藏，被水锥或气锥淹没而不出油，实际上油井周围有大量的剩余油。在老井中用侧钻水平井钻到死油区，可使这批死井复活，重新出油。水平井作为探井具有广阔的前景。我国胜利油田有一口水平井一井穿过十多个油层，相当于9口探井。

3）国内外水平井钻井技术现状

水平井最早出现在1780年的英国，但当时尚没有应用于油气开采，而用于油气开发的水平井最早钻成于1927年，后来因钻井、完井等工艺技术不过关，加之油价较低而发展缓慢。水平井再度兴起于20世纪70年代后期，在当时已成为一项具有广阔前景的油田开发、提高采收率的技术。20世纪80年代，水平井相继在美国、加拿大、法国等国家得到广泛工业化应用。1995年，全世界水平井已达到2700口，1996年可达到2800口。到1996年，全世界已有20多个国家累计钻成各类水平井达16000余口；2000年，全世界水平井完井总数26209口，涉及2322个油田，69个国家，这些水平井主要分布于美国、加拿大和原苏联等国家，其中美国和加拿大占大多数（图2-40）；到2004年，全世界水平井完井总数近4万口，并且每年以2000～3000口的速度增加。目前，国外水平井钻井技术正向着集成系统应用和综合应用发展，即以提高成功率和综合经济效益为目的。

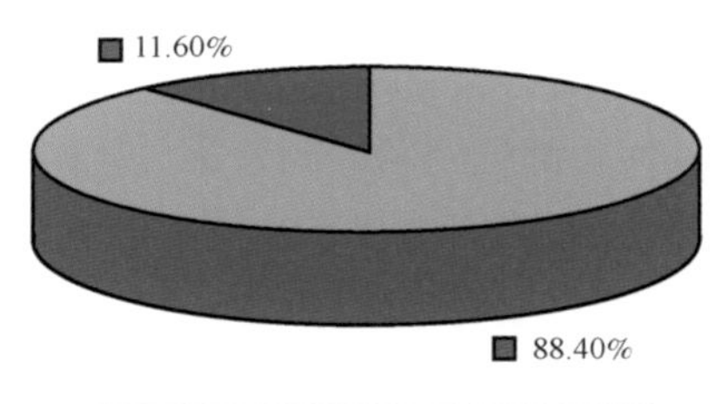

图2-40　水平井完成比例情况

旋转导向技术是目前世界最先进的水平井钻井系统之一。旋转导向钻井系统主要由井下旋转自动导向钻井系统、地面监控系统和将上述两部分联系在一起的双向通信技术组成，是20世纪90年代初期发展起来的一项钻井新技术，代表着当今国际钻井技术的最新发展方向。旋转钻进过程中实现过去只有传统井下动力钻具才能实现的准确增斜、稳斜、降斜或者纠方位功能。旋转导向钻井技术的核心是旋转导向钻井系统。它具有钻进时摩阻与扭阻小、钻速高、成本低、建井周期短、井眼轨迹平滑、易调控并可延长水平段长度等特点。该技术发展至今，目前开发的系统中，根据导向方式可划分为推靠钻头式（Push the Bit）和指向钻头式（Point the Bit）。其工作机理都是靠偏置机构（Bias Units）分别偏置钻头或钻柱，产生导向。按照偏置机构的工作方式也可以分为静态偏置（Static Bias）和动态（或调制式）偏置（Dynamic Bias）。静态偏置是指导向机构在钻进过程中不与钻柱一起旋转，稳定在某一固定的方向上提供侧向力；动态偏置是指偏置导向机构在钻进过程中与钻柱一起旋转，控制系统使其在某一位置定时支出提供导向力。综合来看，目前国际上所有的旋转导向钻井系统可以分为静态偏置推靠钻头式、动态偏置推靠钻头式和静态偏置指向钻头式，其代表性系统分别是贝克休斯公司的 AutoTrak RCLS，斯伦贝谢公司的 PowerDrive SRD 和哈里伯顿公司的 Geo-Pilot 系统（图 2-41）。

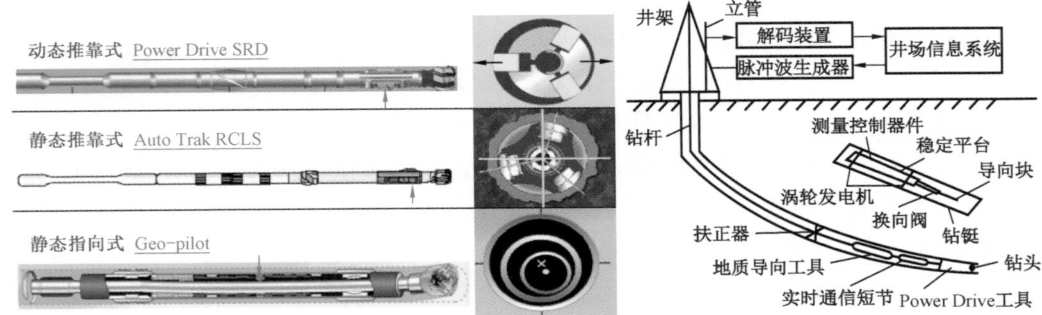

图 2-41　选择导向分类及设备原理图

我国是世界上第三个开展水平井钻井的国家，国内水平井技术最早开始于 20 世纪 60 年代中期，先后在四川油田完成了磨 3 井和巴 24 井，限于当时的技术水平，这两口井未能取得应有的效益。在“八五”与“九五”期间，开展了对水平井各项技术的研究和应用，并在不同类型油藏进行了试验和推广，形成了多项研究成果和配套技术。国内以胜利油田、塔里木油田等为代表的一些油田也广泛应用水平井技术开发各种油气藏，每年钻各类水平井 200 余口，并都见到较好的效果（表 2-9）。目前我国水平井钻井技术基本成熟，全国各大油田都不同程度地应用水平井技术进行开发。

表 2-9　国内水平井先进指标

国内水平井之最	井名	开钻日期	备注
第一口勘探井	胜利 CK1 井	1990.9.23	相当于 12 口直井勘探效果
日产量最高井	塔里木 TZ4-17-H14 井	1997.4.16	日产油 1042t，气 $26.8\times10^4m^3$
最浅水平井	新疆 hqHW001 井	2007 年	垂深 126m
最深水平井	塔里木东河 1-2 井	2003 年	垂深 6476m
水垂比最大的井	大港庄海 8Nm-H3 井	2008 年	水垂比 3.92
第一口 20 分支井	静 52-HIZ 井	2008 年	—

4）国外水平井钻井纪录实例

水平井钻井速度纪录——2001 年 5 月 29 日，Ptrozuata 公司在委内瑞拉 Zuata 油田打破了自己保持的纪录，在 FG25-4 井钻完 1895m 长的水平井井眼，仅用 20.5h。

最大井斜纪录——在 Zuata 油田，Precision Drilling732 钻机在 DE24-8 井的分支井中，创造了 139° 井斜的世界纪录，在 1280m 的测量深度和 520m 的垂直深度，井斜达到 153.18°，方位角为 269.11°。

旋转导向钻井进尺纪录——2001 年 6 月，挪威国家石油公司丹麦公司和斯伦贝谢公司使用旋转导向技术，钻 $12^1/_4$in 井眼 4200m 仅用 169h。

2000 年，Hughes Christensen 公司在委内瑞拉重油产区，应用 $12^1/_4$in MX-C1 Vltramax 钻头实现单只钻头累计钻井最长水平段 5130m（钻了 9 个侧向水平井段）的纪录。

2000 年，Baker Hughes inteq 公司应用 $8^1/_4$in Auto Trak 系统和 CCN/Map 系统，在挪威 snorre 油田实现了 LWD 仪器单次应用 3626m 的最长纪录。

水基钻井液钻水平井测深世界纪录——Maersk 油气公司应用 Sperry Drill 螺杆钻具和可调式稳定器工具，在 Dan 油田 MFF-19C 井，实现测深达 9031.5m（水平段长 6117.03m）的世界纪录。

水基钻井液钻水平井水平段长度世界纪录——1999 年 3 月，Maersk 油气公司应用 Ensco-97 钻机，Sperry-sun 的定向井下动力钻具和可调稳定器，在卡塔尔 Al shaheen 海上油田的 CA-14A 井，实现了水平段长 6377.9m 的世界纪录。

5）吉林油田开发水平井钻井技术现状

吉林油田水平井技术研究探索始于 1995 年，2004 年在浅层水平井技术取得突破后，开始大规模推广应用，并逐步应用于中深层油藏和深层气藏资源的开发，截至 2015 年底，共完钻各类水平井 748 口（图 2-42）。其中，吉林油田浅层水平井钻完井技术取得了较好的应用效果。采用常规钻机、使用水基钻井液、利用降摩减阻技术成功解决了扶余等地区油藏埋深浅（200～500m）、造斜难度大、钻井和下套管过程中井眼摩阻大的钻井难题，并且成功推广应用了二开结构水平井，截至 2015 年底，完成浅层水平井 260 口。

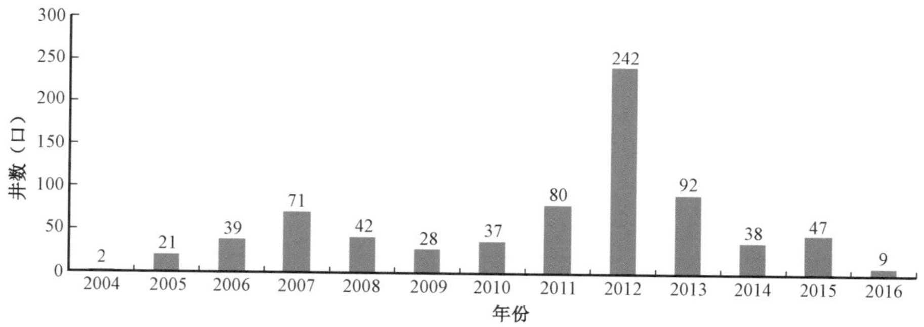

图 2-42　2004—2016 年吉林油田完钻水平井统计概况

6）吉林油田水平井钻井液配套技术

（1）中浅层水平井强抑制性聚合物钻井液技术。

乾安、海坨子、红岗地区上部嫩江组由大段泥页岩组成，易水化缩径、坍塌。下部青山口组硬脆性泥页岩发育，且含微裂缝，在钻井液浸泡下易水化剥落掉块坍塌。

所优选形成的盐水聚合物钻井液体系热滚前后均具有良好的流变性，流型调节剂的引入，使得钻井液体系的切力得到明显改善，静切力得到合理提高，可使钻井液在静止状态下有效悬浮岩屑（表 2–10）；动切力和塑性黏度合理，动塑比在 0.5Pa/（mPa·s）左右，体现了良好的携岩能力，使得钻井液可在低返速条件下有效悬浮和携带岩屑。

表 2–10　钻井液体系流变性能评价数据表

实验流体	试验条件	表观黏度（mPa·s）	塑性黏度（mPa·s）	动切力（Pa）	静切力（Pa/Pa）	pH值	滤失量（mL）	高温高压滤失量（mL）
盐水聚合物体系	常温	27	20	7	1.5/5	9	2.6	11
	100℃ /24h	29	21	8	1.5/5	9	2.7	12
上浆 +0.5% 流型调节剂	常温	32	21	11	3/8	9	2.5	11
	100℃ /24h	34	22	12	3/8.5	9	2.5	11

① 钻井液体系封堵抑制性能评价。

青山口组大段硬脆性泥页岩发育，厚度达 497m，该层位极易掉块坍塌，且定向施工钻井周期长，钻井液必须具有良好的抑制性和封堵性，以满足青山口组井壁稳定需要。

选用青山口组岩样进行实验评价，结果显示，盐水聚合物体系具有良好的抑制和封堵能力，而且封堵护壁剂的引入，使得钻井液体系的抑制能力和封堵能力进一步增强，青山口组岩屑（20 目）回收率达到 95% 以上，3h 线性膨胀 0.12mm，钻井液体系的滤失量进一步降低，达到 2.5mL，体现了良好的抑制和封堵能力（表 2–11、表 2–12）。

表 2–11　钻井液体系岩屑回收率及失水控制评价

实验流体	青山口组（20 目）回收率（%）			滤失量（mL）
	1# 岩样	2# 岩样	3# 岩样	
普通聚合物体系	74.5	73.6	74.2	4.0
盐水聚合物体系	88.2	89.3	89.5	3.0
盐水聚合物体系 +2% 封堵护壁剂	95.3	95.8	96.6	2.5

表 2–12　岩心膨胀性实验

实验流体	膨胀量（mm）			
	0.5h	1h	2h	3h
普通聚合物体系	0.23	0.30	0.34	0.36
盐水聚合物体系	0.11	0.14	0.16	0.17
盐水聚合物体系 +2% 封堵护壁剂	0.08	0.10	0.11	0.12

② 钻井液体系润滑能力评价。

针对水平井钻具受到较大抗扭强度、完井滑套入井难度大等难题，钻井液体系设计引入成膜润滑技术理念，优选了润滑剂和乳化剂，起到了很好的润滑作用。实验表明，加入乳化剂和润滑剂后，滤饼摩阻系数和钻井液极压润滑值明显降低，润滑性显著提高，形成的滤饼致密、光滑、韧度好（表 2–13）。

表 2–13　润滑性评价数据

润滑剂	极压润滑系数	滤饼摩阻系数（1min）
无	0.185	0.1584
+ 润滑剂	0.096	0.0524
+LHR– Ⅱ + 润滑剂	0.068	0.0262

目前该钻井液体系已成功在红 90–1、乾 246 等井深 3300m 左右的水平井中进行应用，取得了明显效果。

（2）松南深层水平井抗高温乳化成膜钻井液技术。

深层天然气藏采用长水平段水平井开发，水平段一般超过了 1200m，如果摩阻过大会导致钻速慢、完井管柱下入困难等问题。地层条件件复杂，存在大段泥岩，同时砂泥岩交替出现，机械钻速较低，井壁经过长期浸泡与起下钻施工，井下易出现复杂情况。水平段长，岩屑容易沉降，如果井底岩屑没有充分带出井口，容易发生卡钻、完井管串下入不到位等问题。

针对以上技术难点以及储层特点，通过大量室内实验，对钻井液体系的抗高温流变性、抑制防塌能力、润滑防卡能力和储层保护技术进行了研究。并通过处理剂优选以及多种高分子处理剂的复配使用研究，形成抗高温乳化成膜钻井液技术。

① 抗高温流变性。

通过室内实验优选出的高分子处理剂和高温提黏剂，不仅能调节钻井液流型，保持钻井液体系良好的动塑比，还能够在低环空返速下有效携带岩屑，防止岩屑沉积形成岩屑床。该钻井液体系在 150℃、滚动 16h 后动切力达 8Pa（表 2–14），满足该地区高温条件下的施工。从图 2–43 至图 2–45 对比分析可知，在相同的高温高压条件下，优选的抗高温成膜乳化钻井液动切力达 8Pa，优于其他两种对比钻井液体系。

表 2–14　钻井液流变性能实验结果

钻井液体系	实验条件	静切力（Pa/Pa）	塑性黏度（mPa· s）	动切力（Pa）
复合离子钻井液	150℃，16h	1/3	16	1.5
抗高温成膜聚合物钻井液	150℃，16h	3/8	20	5
抗高温成膜乳化钻井液	150℃，16h	4/11	22	8

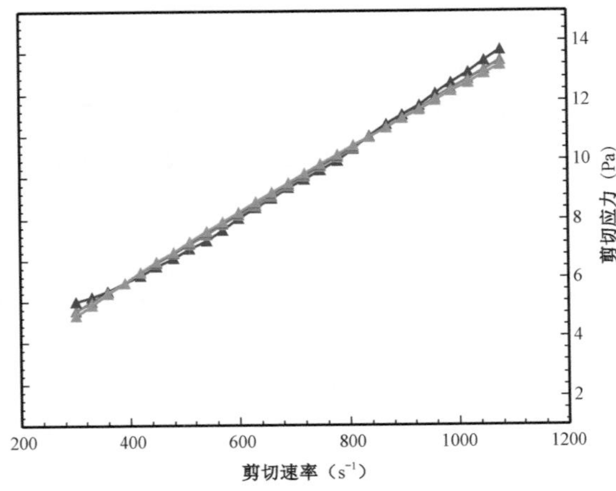

图 2-43　高温高压流变仪测试曲线（3.5MPa，150℃）——复合离子钻井液体系

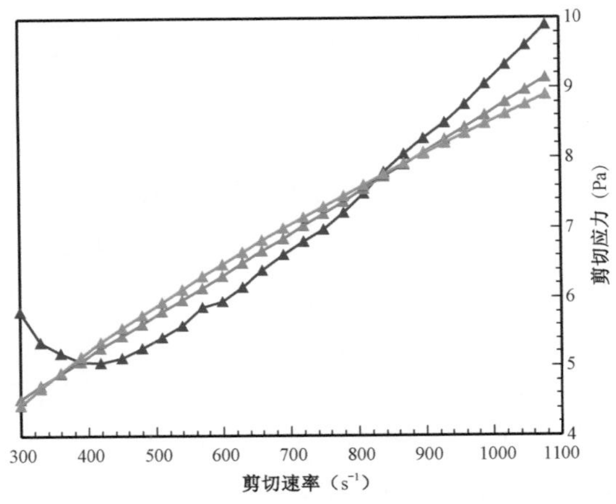

图 2-44　高温高压流变仪测试曲线（3.5MPa，150℃）——抗高温成膜聚合物钻井液体系

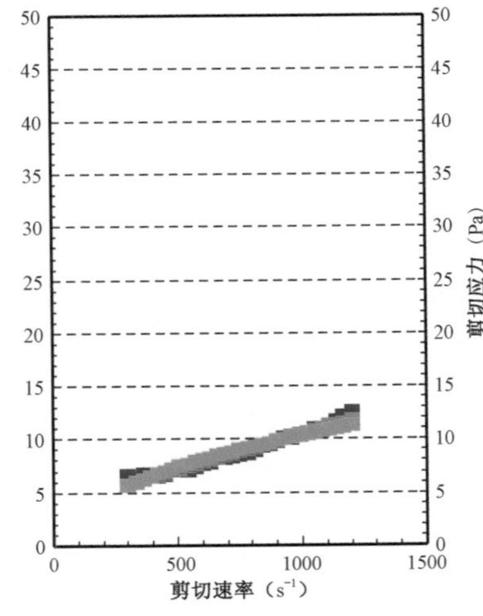

图 2-45　高温高压流变仪测试曲线（3.5MPa，150℃）——抗高温成膜乳化钻井液体系

② 抑制防塌能力。

室内优选的抑制剂能够抑制泥页岩水化膨胀引起的缩径。而优选的封堵类处理剂，能形成致密滤饼，并与降失水剂复配后，有效阻止钻井液滤液进入储层后引起近井壁地带的水化坍塌。采用登娄库组岩屑进行滚动回收和页岩膨胀实验，见表 2–15 至表 2–17，回收 20 目达到 97.7%，3h 膨胀为 0.10mm，表明该钻井液体系抑制能力较强、防塌效果好，能够满足井壁稳定的需要。

表 2–15　滚动回收实验结果

评价液体	10 目	20 目
清水	78.3	93.7
水包油钻井液	83.7	95.7
复合离子钻井液	81.4	94.5
抗高温成膜乳化钻井液	92.7	97.7

表 2–16　膨胀性实验　（单位：mm）

评价液体	0.5h	1h	2h	3h
清水	0.35	0.37	0.38	0.39
水包油钻井液	0.01	0.02	0.03	0.04
复合离子钻井液	0.08	0.11	0.15	0.18
抗高温成膜乳化钻井液	0.05	0.06	0.09	0.10

表 2–17　钻井液滤失性能及滤饼渗透性实验

配方	实验条件	滤失量（mL）	高温高压滤失量（mL）
复合离子钻井液	常温	4.3	16
	150℃，16h	5.2	18
抗高温成膜聚合物钻井液	常温	2.8	13
	150℃，16h	3.5	11
抗高温成膜乳化钻井液	常温	1.8	5.0
	150℃，16h	2.0	6.0

③ 润滑防卡能力。

该钻井液体系采用成膜润滑和消除虚滤饼技术理念，优选配伍性好的润滑剂和表面活性剂，降低油水界面张力，提升体系润滑效果。实验表明，加入润滑剂和乳化剂后，泥饼黏附系数和极压润滑值明显降低，润滑性显著提高。滤饼滤失和渗透性滤失实验结果显示滤失量和渗透滤失量均比较小，形成的滤饼致密，滤饼厚度为 0.3mm，用手触摸，滤饼光滑，韧度较好，见表 2–18。

表 2–18　润滑性评价实验

配方	极压润滑性	黏附系数（1min）
复合离子钻井液	16.3	0.1495
抗高温成膜聚合物钻井液	10.8	0.0524
抗高温成膜乳化钻井液	8.6	0.0349

④ 油气层保护能力。

通过加入理想填充剂 ODB–066、隔离膜剂 CMJ–2、乳化剂 LHR–1 等储层保护剂，可以改善滤饼质量，减少滤失量抑制黏土水化膨胀，同时还可降低界面张力，减少水锁损害，达到减轻油气层伤害的目的。

优选的油保处理剂添加到钻井液体系后，其不仅能显著降低钻井液的滤失量，而且测试的岩心动态渗透率恢复能达到 90% 以上，且返排压差较低，具有很好的气藏保护效果（图 2–46、表 2–19）。

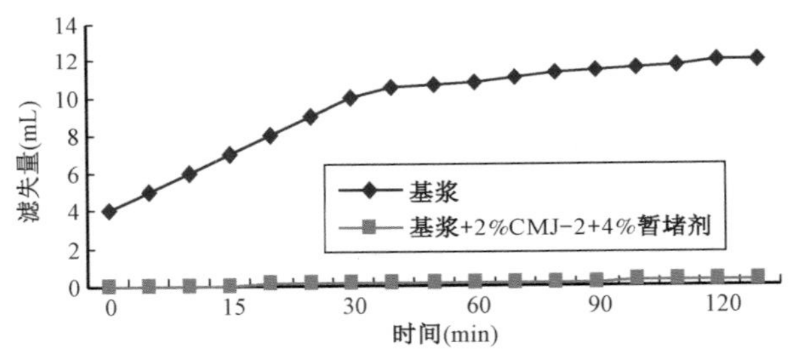

图 2–46　降低钻井液滤失量评价实验

表 2–19　钻井液高温高压动态污染岩心实验

序号	钻井液体系	原始渗透率 K_o（mD）	污染后渗透率 K'_o（mD）	K'_o/K_o（%）
1#	复合离子钻井液	0.0723	0.0536	74.14
2#	抗高温成膜聚合物钻井液	0.0852	0.0756	88.73
3#	抗高温成膜乳化钻井液	0.0726	0.0671	92.42

⑤ 现场应用。

目前，在长岭、英台、小城子地区深层天然气水平井已成功应用 30 余口井，该体系性能稳定，能够满足现场应用要求。

3. 欠平衡钻井技术

欠平衡钻井技术是在勘探开发难度日益增加，国际石油市场激烈竞争的条件下应运而生的，是 20 世纪 90 年代初国际上再次兴起的钻井新技术。应用该技术解决了许多困难和复杂的勘探开发问题，提高了产量，降低了成本，正在成为继水平井技术之后的第二个钻井技术发展热点。我国 21 世纪的油气资源勘探开发，面临着复杂储层物性和复杂地质条件油气资源的开发，面临着低压、低渗透、低产能油气资源开发，面临着开发中后期老油气田的改造挖潜，面临着稠油、致密气层和煤层甲烷等非常规油气资源的开发，面临着世界石油市场竞争的挑战。因此，欠平衡钻井技术是我国 21 世纪油气资源开发中必不可少的主干技术之一。2000—2012 年，欠平衡钻井完成情况如图 2–47 所示。

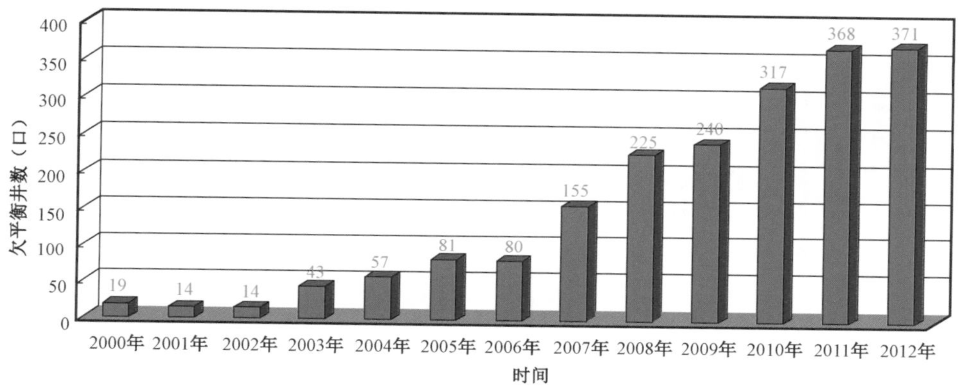

图 2–47　欠平衡钻井完成情况

1）欠平衡钻井技术的必备条件及优点

（1）基本概念。

欠平衡钻井又称为负压钻井，是指在钻井过程中井底压力低于地层压力，地层流体有控制地进入井筒并循环至地面的钻井技术。在欠平衡钻井施工时，井底压力必须维持在两个压力边界之间，这个窗口被定义为欠平衡钻井压力窗口。如图 2–48 所示，欠平衡钻井井底压力下限由井眼稳定和地面设备的加压能力决定，井底压力上限由地层压力决定。

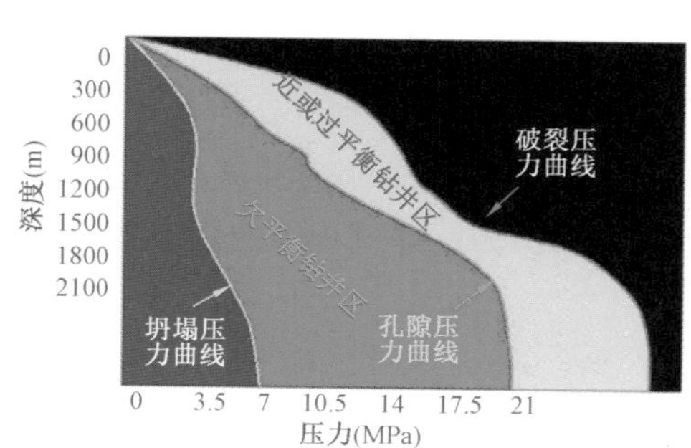

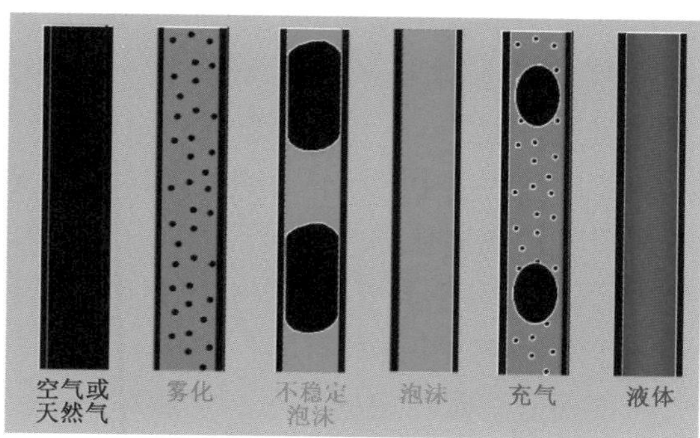

图 2–48　欠平衡钻井压力窗口及不同循环介质

根据希望达到的井底压力，主要有气体、泡沫、充气钻井液和低密度单相液体四种典型的欠平衡钻井流体系统。

（2）欠平衡钻井技术优势。

① 使用欠平衡钻井技术钻井，由于井筒内钻井液液柱压力低于地层压力，钻井液滤液和有害固相的侵入就会减轻或消除，能减少对油气层的伤害，有效保护油气层（图 2–49）。

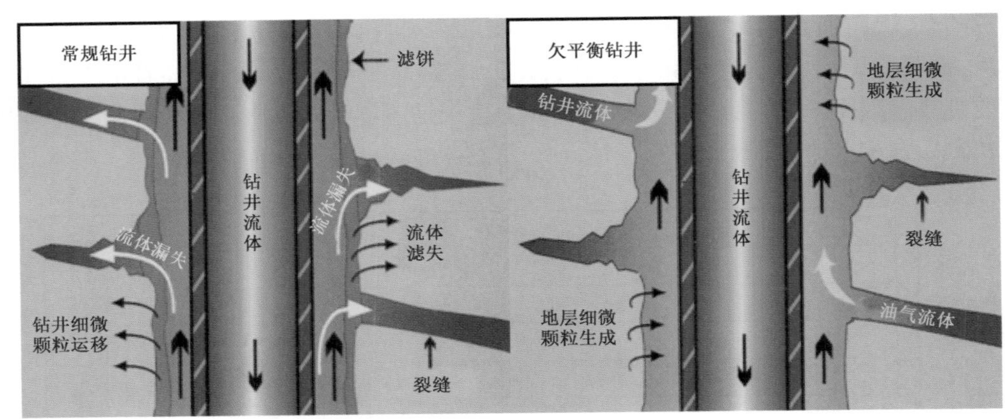

图 2–49　欠平衡钻井与常规钻井对比优势

② 实时发现地质异常情况，及时评价低压低油气层。过平衡钻井对产层造成的伤害很可能使预期出现的油气显示不能出现，从而影响油气的勘探开发。在进行欠平衡钻井过程中，实时采集和分析数据有助于工程和地质人员及时发现地质异常情况，避免复杂情况的发生；同时根据在井口监测返出流体提供的产层信息，实时评价油藏，从而为勘探开发整体方案设计提供较为准确的依据。

③ 有效控制漏失，减少和避免压差卡钻等井下复杂的发生。欠平衡钻井由于井筒内钻井液液柱压力小于地层孔隙压力，从而大大降低井漏发生的概率，防止钻井过程中井漏问题的发生。

④ 提高机械钻速，延长钻头使用寿命，缩短钻井周期。欠平衡钻井过程中由于钻头端面上液柱压力减小，正在被钻的岩石更易破碎。另外，低密度的循环液体有助于减少"压持效应"，使钻头继续切削新的岩石而不是重复碾压已破碎的岩石，减少了岩屑的重复破碎现象，能够有效地提高机械钻速，延长钻头的使用寿命，从而提高钻井效率，缩短钻井周期，降低钻井成本。

⑤ 边钻井、边生产降低钻井成本。由于欠平衡钻井时有控制地制造溢流，钻井过程中油气可以有控制地从井内返出到地面，经分离处理后，可以作为钻井过程中的副产品加以利用或出售，从而补偿欠平衡钻井作业的辅助费用。

（3）欠平衡钻井技术不足。

可能引起井眼稳定的问题；增加欠平衡专用设备，使钻井系统变得复杂；需要更多的操作人员；安全风险较高（易出现失去一级井控、地层流体返出、燃爆、腐蚀、冲蚀问题）。

① 在欠平衡钻井过程中，地层压力高于循环钻井液井底压力，因此在岩石表面不能形成滤饼，一旦在钻井和完井作业期间不能保持连续的欠平衡状态，无滤饼的井壁无法阻止液相和固相对地层的侵入，可能引起井眼稳定的问题。

② 在钻井过程中通常需要增加欠平衡专用设备，如使用注氮方式，需要采用现场制氮设备及相应的井控设备，使钻井系统变得复杂；需要更多的操作人员保证钻井过程安全有序进行，加大了成本投入。

③ 安全风险较高（易出现失去一级井控、地层流体返出、燃爆、腐蚀、冲蚀问题）。

④ 并不适用所有地层，高压和高渗透率相结合的地层、受压力束缚的地层、地层孔隙压力不确定或井壁稳定性差的地层以及含有 H_2S 或 CO_2 的地层均不适合欠平衡钻井。

（4）欠平衡钻井适用条件。

地层压力（孔隙压力、破裂压力和坍塌压力）、温度清楚；单压力系统；地层岩性、敏感性基本清楚，欠平衡钻井井段井壁稳定；地层流体特性、组分、产量基本清楚。

2）国内外欠平衡钻井现状和技术水平

（1）国外欠平衡钻井情况。

欠平衡钻井技术是继水平井技术之后在各国钻井工程技术界广为宣传和推广的技术，但将一些零星的资料加以认真分析就可发现，这项技术发展最快，较为成熟。效益最好的只有美国和加拿大，其他地区和国家所进行的欠平衡钻井作业也基本是美国和加拿大的专业技术服务公司。为什么这项技术能在美国和加拿大迅速发展，主要原因是这两个国家的部分油气田有的是地层压力已经衰竭，有的是本身地层压力就很低。因此，不采用欠平衡钻井技术一些油气田就根本无法开采。针对这些油气田开采，又迅速发展了雾化钻井、泡沫钻井、空气钻井、天然气钻井和氮气钻井。由于现场使用的轻便制氮设备已投入工业生产，因此又大量采用氮气钻井。连续油管和顶驱在水平井钻进中也广泛采用欠平衡钻井技术。据不完全统计，北美地区已超过 1/3 的井使用欠平衡钻井技术。

（2）国内欠平衡钻井情况。

随着国外现代欠平衡钻井技术的引进，我国各大油气田都先后进行了欠平衡钻井试验，根据 1999 年全国昆明井控会上的介绍，我国所引进的主要是旋转控制头，也有旋转防喷器。实现欠平衡方法基本上采用自然法，效益最好的是大港油田，在千米桥古潜山所开展的欠平衡钻井，发现了一个亿吨级的油田。目前国产旋转控制头（旋转防喷器）也是比较成熟的产品，大部分油田应用该项技术，取得了较好效果。

3）国内外成功应用案例

（1）伊朗西南部的 Parsi 油田是开发了 50 年的老油田，该油田的地层特点是高裂缝性、多孔性，因此采用传统钻井方式钻井时，钻井液漏失严重，比如 PR–2 井，在井深 2063～2286m 钻进时，钻井液漏失量为 $6.5m^3/h$，开钻 85h 后改用欠平衡钻井，钻井液平均漏失量大大减少，但是由于设计和施工的不当导致欠平衡钻井期间出现短暂的井底过平衡，井筒内流体逆流进地层，对地层造成伤害，这种伤害比过平衡钻井时对地层的伤害更大。

（2）巴喀区块为吐哈油田新投产的区块，该区突出表现为机械钻速低、井下复杂与钻井事故多、钻井周期长，勘探开发与产能建设之间的矛盾尤为突出。在 2009 年，柯 19–3 井二开井段进行充氮气欠平衡钻井试验。此井与该区同井段其他开发井平均机械钻速同比提高 53.6%，单只钻头进尺更是提高了 99.2%。与该区平均水平井，相比钻井周期缩短了 31.1%。充氮气欠平衡钻井技术作为提高机械钻速、发现和保护储层的重要技术手段，为巴喀地区勘探开发提供了重要技术支撑。

（3）南堡 1–89 井应用充气欠平衡工艺获得了高产工业油流，完井测试日产油 $44m^3$，日产天然气 $10.6\times10^4m^3$，实现南堡 1 号潜山勘探突破；南堡 2 号构造采用水包油欠平衡工艺，完钻 12 口水平井，均获得高产工业油流，累计产油约 $13\times10^4m^3$，产天然气 $7689\times10^4m^3$，实现了南堡 2 号潜山的高效开发目标。与该区块未应用欠平衡工艺的井相比，机械钻速提高 21%，减少了井漏、井涌等井下复杂，潜山井段钻完井周期平均缩短 5 天，节约了钻井成本。

（4）邛西 3 井是以须二段为目的层的一口预探井。该井 215.9mm 钻头钻至井深 3487m（进入须二段 20m，其间钻井液密度为 1.60 g/cm^3，钻井中漏失钻井液 $32m^3$）下 177.8mm 油层套管下至须二段顶部（3477m）固井后，于 2002 年 6 月 1 日采用 ϕ152mm 的钻头在 3487.00～3572.00m 井段实施欠平衡钻井，于 2002 年 6 月 18 日完钻。后成功实施了欠平衡取心、不压井起下钻、不压井测井、不压井下油管。完井后用 31.8mm 孔板测试，获 $45.673\times10^4m^3/d$ 的高产气流，无阻流量为 $77.476\times10^4m^3/d$。

4. 氮气钻井技术

以氮气钻井为代表的气体钻井技术在钻井提速、提高单井产量、提高探井勘探效果和评价效果等方面具有不可替代的作用，对于低品位资源勘探开发具有重要的作用和意义。

1）氮气钻井定义及优势

氮气钻井是以氮气作为循环介质代替钻井液的钻井技术，属于气体钻井的一种，用于储层钻井可防止地面及井下燃爆。具有对储层“零伤害”的特性，能够实现气井增产、稳产和准确评价地层自然产能的目的，同时还能大幅提高致密难钻地层钻井速度（井越深，其效果越明显），消除井漏对钻井作业的影响。与钻井液钻井相比，氮气钻井钻进速度快，花费时间少，工作条件和环境清洁，可降低钻井作业的总成本。

2）氮气钻井适用条件

氮气钻井适用的地质条件：坚硬、干燥的地层；非常规裂缝地层；低压气体产层；水敏性强的地层；严重缺水的地区；含大量碳氢化合物地层，包括石油天然气钻井、煤层气钻井等。

为保障氮气钻井施工过程的安全，必须同时具备以下几个工程地质条件，由于氮气钻井对地层压力的控制能力低，一般限于地层压力清楚、储层孔隙压力较低的地区，严禁在地质认识不详及有高压油气的储层进行。井内几乎不存在流体压力来支撑井壁以防止其坍塌，限于地层岩石较老且井壁稳定致密地层，严禁用于塑性流动岩性及极易坍塌地层。应对大量地层流体侵入环空的能力有限，回避出水不适合的地层，且钻井作业时要避免有毒有害气体。

3）氮气钻井设备及施工工艺

氮气钻井关键设备如图 2-50 所示。

图 2-50　氮气钻井关键设备图

氮气注入设备：包括空压机、膜制氮机、增压机及配套注气管汇、井口装置、旋转控制头、地面排砂管汇。

液体注入设备：气体钻井过程中携带困难，需要转化为雾化钻井或泡沫钻井时，需雾化泵、钻井泵。

氮气钻井施工步骤：安装设备→钻水泥塞→试压→气举→干燥套管和钻具→钻进→接单根→测井斜→起下钻→带压标准测井→下套管或筛管→下油管→安装采油树完井。

4）氮气钻井应用实例

近年来，国内新增储量很大部分属低孔隙度、低压、低渗透储层，为有效动用。这些低品位储量，国内外应用气体 / 欠平衡钻井技术在"三低"储层开发方面已显示出了独特的技术优势，且占的比例越来越高。2005 年，气体钻井进尺占美国年钻井总进尺的 30% 以上（美国能源部，2005 年）。

国内氮气钻井技术主要在四川、新疆等油气田勘探开发中大量应用。2005 年 6 月，川庆钻探工程有限公司钻探施工完成了我国第一口储层氮气钻井——吐哈红台 2-15 井。截至 2012 年底，累计开展氮气钻井 212 井次，累计进尺 50 万余米，在高压致密气藏及低压低渗透气藏勘探开发中均取得了良好效果。

（1）氮气钻井推动塔里木高压致密气藏取得重大地质发现。

塔里木迪西构造侏罗系阿合组储层埋深 4708～5000m，属高压、低孔隙度、低渗透（平均孔隙度 5.2%，平均渗透率 0.69mD，地层压力系数 1.78，地层压力 85MPa）储层。2012 年，通过在迪西 1 井（图 2-51）开展氮气钻井，日产气 $81.3 \times 10^4 m^3$，日产油 $100.8m^3$（表 2-20），取得了重大地质发现。后期进行压井、改造，产量减少了 80%，从而确定了该构造使用氮气钻井评价储层的技术路线。

表 2-20　迪西 1 井与依南 2 井油、气产量对比

井号	日产气（10^4m^3）	日产油（t）
迪西 1	81.3	100.8
依南 2	14.14	0.001

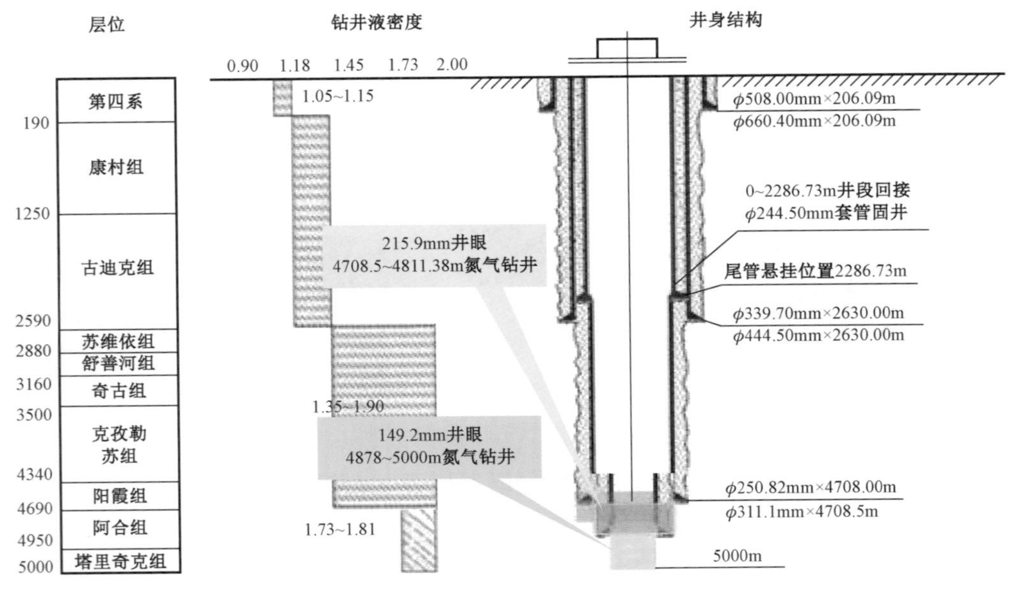

图 2-51　迪西 1 井压力剖面及井身结构

（2）氮气钻井使四川低压低渗透砂岩气藏实现效益开发。

四川大塔构造沙一段储层埋深 1400～1500m，属低压低渗透低产储层（地层压力系数为 0.90，孔隙度为 5%～13%，渗透率为 0.1～1.5mD），常规钻井获产低 [（0.3～0.5）$\times 10^4 m^3/d$]，无开发效益。2009 年至今，在该构造完成 25 口氮气钻大斜度井，平均单井获气 $3.25\times 10^4 m^3/d$，是常规钻井获气量的 6 倍以上（图 2-52），且稳产时间长（图 2-53），已成为该构造目的层效益开发的主体技术。

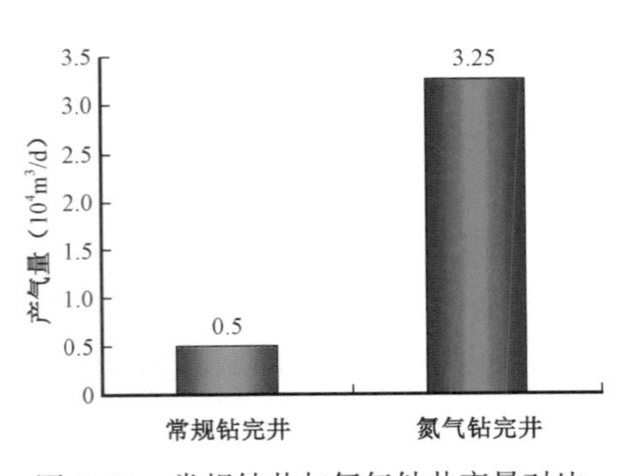

图 2-52　常规钻井与氮气钻井产量对比

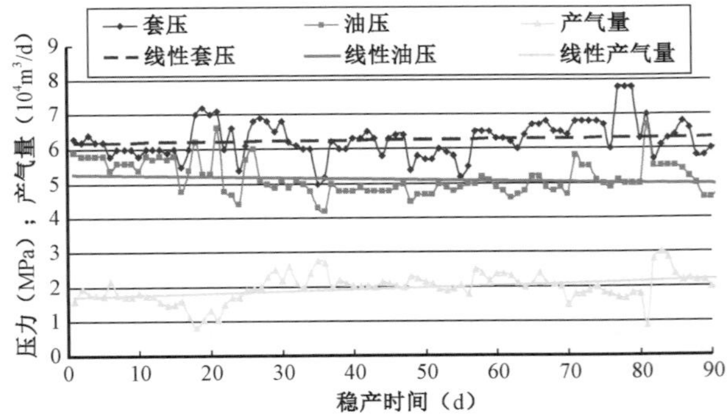

图 2-53　塔 26 井组氮气钻井生产曲线

四、低品位资源油藏储层改造模式及配套技术

1. 储层改造模式

储层改造采用以最小作业面、最优压裂车组为基础的工厂化压裂模式。工厂化压裂模式是指在同一地区集中布置相同工艺压裂井，使用标准化的作业、压裂、配液处理等装备和

工艺，以生产或装配流水线的作业方式进行的一种高效压裂作业模式（图 2-54）。通过定义可知，工厂化储层改造模式主要有两点功能：一是通过提高施工效率、减少设备动迁及液体损耗，实现压裂降本；二是通过邻井同层同步压裂实现人工裂缝的交互干扰，增加裂缝复杂程度（图 2-55）。它与常规单井单层逐一分散压裂施工在做法上及理念上差异性较大，是现阶段吉林油田低品位资源效益开发的核心技术。

图 2-54　新立Ⅲ区块工厂化压裂施工图

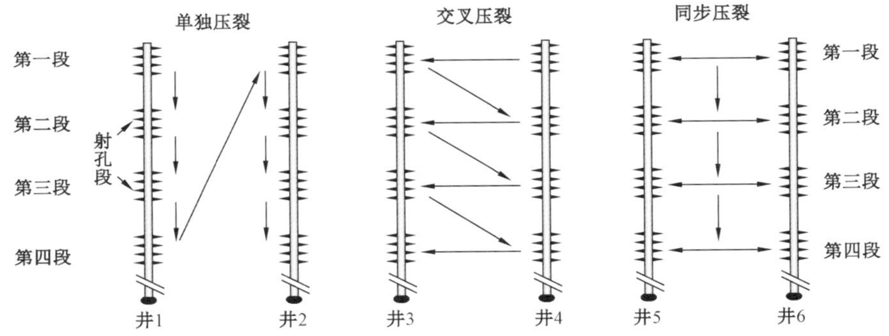

图 2-55　工厂化压裂模式示意图

2. 配套技术

1）蓄能式体积压裂技术

（1）蓄能式体积压裂技术定义。

体积压裂是指在水力压裂过程中，使天然裂缝不断扩张、脆性岩石产生剪切滑移，形成天然裂缝与人工裂缝相互交错的裂缝网络，从而增加改造体积，改善储层的渗流特征及整体渗流能力，提高油藏初始产量及最终采收率，延长增产有效期。蓄能式体积压裂技术是结合低品位油藏准天然能量开发特点，借鉴水吞吐原理而提出的，主要起两方面作用：一是在一定程度上提高地层压力系数和弹性能，达到补充地层能量的目的；二是低表（界）面张力的滑溜水液体可有效改善储层岩石的润湿性（由亲油变为亲水），通过储层岩石渗吸、油水置换等作用，进一步剥离岩石壁面的原油，从而达到提高原油的产量和最终采收率的目的。

（2）蓄能式体积压裂技术原理。

通过大排量、大液量水力压裂对储层实施改造，缝内净压力增加促使裂缝不断扩张，脆性岩石产生剪切滑移。当缝内净压力大于两向水平应力差值时，在主裂缝的侧向强制形成次生裂缝，在次生裂缝上继续分支形成二级次生裂缝。以此类推，形成三维立体空间里相互交错的裂缝网络，从而将有效储层打碎，实现长、宽、高三维方向的全面改造，增大渗流体积及导流能力。

（3）压裂液蓄能机理。

利用数值模拟软件，进行不同液量和不同缝内压力下不同压缩系数模拟实验。表 2–21 列出了模拟条件情况。

表 2–21 压裂液蓄能模拟条件

基质渗透率（mD）	0.5	时间（d）	120
主裂缝导流能力（D·cm）	300	水压缩系数	0.0004351
分支缝导流能力（D·cm）	30	油压缩系数	0.0004351
地层体积	1000×1000×5×0.1	岩石压缩系数	0.000145
裂缝体积	（600+400×10）×0.34×5	综合压缩系数	1.89×10^{-4}

图 2–56 分别为 1310m^3，2621m^3，3931m^3 和 5242m^3 压裂液用量下，关井 120 天地层压力分布图。从图 2–56 中可以看出，增加压裂液用液量可以显著提高地层能量，同时可以增加单井泄油面积提高单井产量。

图 2–56 不同压裂液用量关井 120 天地层压力分布情况

图 2–57 和图 2–58 模拟了不同裂缝内压力对地层压力增加的影响（模拟条件：储层厚度 5m，渗透率 0.1mD，面积分别为 1000m×1000m，500m×500m，300m×300m 和 200m×200m）。从图 2–58 可以看出，增加缝内压力地层压力增加几乎呈线性关系增加，因此提高施工压力

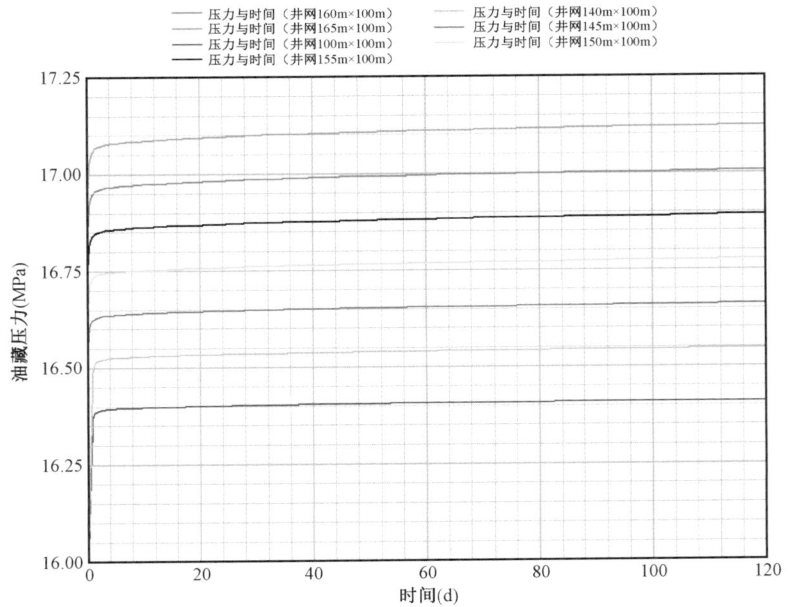

图 2-57　不同缝内压力下地层压力变化曲线

不仅有利于网络裂缝的扩展，同时能有效提高地层压力。

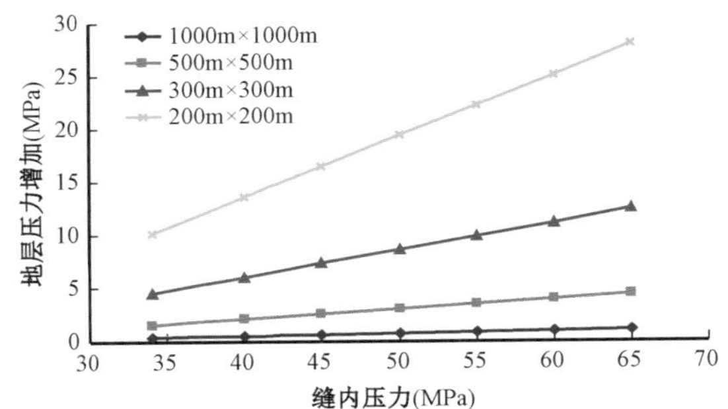

图 2-58　缝内压力对地层压力增加的影响

（4）油水置换机理。

油水置换机理主要是压力扰动弹性效应，即通过注水量和(或)采液量的改变造成地层压力的重新分配和注水波及区内油水在地层中的重新分布。在此过程中，利用油层弹性力排油作用和毛细管力滞水排油作用，达到增加产量和改善开发效果的目的。完整的周期注水过程包括注水恢复地层压力(或注水升压)和消耗地层压力采油(或采油降压)两个阶段。在注水升压阶段，由于压力在高含水的大孔隙(缝)、高渗透带和低含水的微孔(缝)、低渗透岩块中传导速度的差异，产生了附加的流动压力梯度，促使注入水渗入含油岩块，并排出其中的部分剩余油，同时也强化了水的毛细管自吸排油作用。在此阶段，注入水压缩原油挤入含油岩块中，储存了一定的弹性驱油能量。此外，当油相处于压力扰动的波峰时，压力梯度的相应增大也可以使油相克服较大一些的贾敏效应而流动。在降压采油阶段，由于亲水岩石中水的毛细管力滞留作用，部分水被滞留下来，置换了岩石中等量的剩余油，使其进入裂缝(或高渗透带)通道而被采出。同时，由于地层上覆压力的增加，含油裂缝或孔隙受压缩，原油体积也发生膨胀，其中的弹性力也可使部分剩余油排出。

① 岩心自吸实验：

图 2-59 是致密砂岩油藏自吸置换驱油吸入速度与时间关系曲线。从图 2-59 中可以看出，清水接触致密油砂岩，砂岩可自发吸入清水，实现与砂岩孔隙原油进行置换。并且吸入

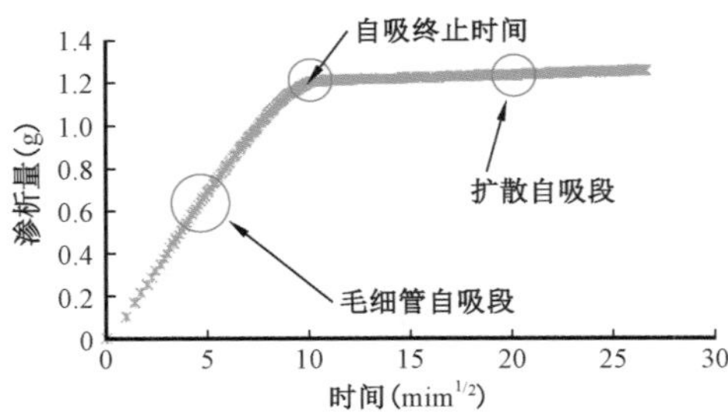

图 2-59 低渗透率岩石自吸置换驱油吸入速度与时间关系

过程是先主要依靠毛细管力吸入大的裂缝和孔隙内水，表现为吸入量随时间快速增加，之后过渡到扩散自吸阶段，表现为吸入量随时间变化缓慢，因此低渗透油水置换需要一定的平衡时间。

图 2-60 与图 2-61 是地层岩石物性与自吸置换驱油平衡时间和驱油效率的试验关系结果。从图 2-60 和图 2-61 中可以看出，不同地层渗透率和孔隙结构对自吸速率和置换效率有很大影响。

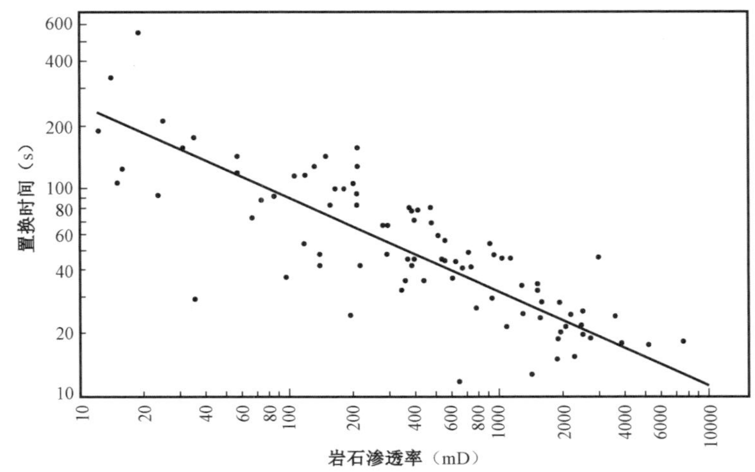

图 2-60 自吸置换时间与储层物性关系

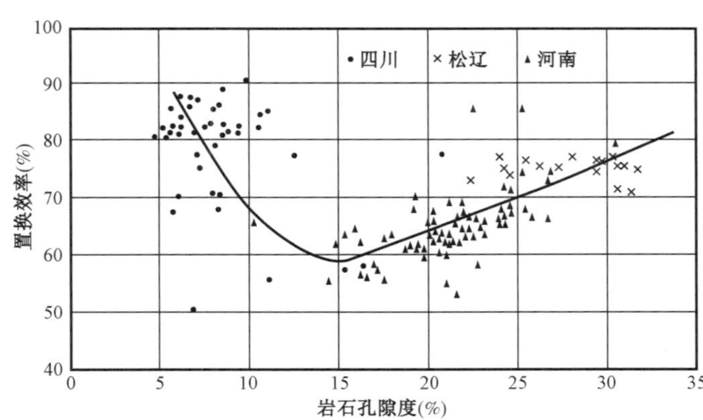

图 2-61 自吸的置换效率与岩石特性的关系

② 置换效果的主要影响因素。

a. 岩石表面润湿性。

岩石表面润湿性对低渗透基质岩块中的毛细管力滞留作用有较大的影响。亲油模型上进行了周期注水模拟实验，比相同条件的亲水模型效果要差。说明亲油模型的周期注水效果比亲水模型差。

b. 储层结构及非均质性。

储层结构及非均质性对效果有重要的影响，储层结构越复杂及非均质性越强，层间渗透率差别越大。在吸水驱油过程中，压力场变化对流体层间交换的相对作用越强，效果越好。

c. 地层流体的弹性作用。

为了比较地层流体弹性对周期注水效果的影响，进行了不同气油比的模拟实验。结果表明，地层原油的气油比率越高，地层流体的弹性系数也越大，弹性排油作用也越明显。

d. 地层原油黏度。

地层原油黏度是影响水驱油效率的重要因素之一。为了研究其对采油效果的影响程度，进行地层不同原油黏度的注水吞吐模拟实验。实验结果表明，对黏度较低的原油而言，黏度对置换效率的影响不大。

（5）主要技术手段。

① 利用滑溜水无造壁性、滤失系数高、水力传导好的特性，扩冲滤失通道，增加改造体积。

② 大排量施工，提高缝内净压力，打碎储层，形成复杂裂缝网络。

③ 大液量注入，增加滑溜水滤失量，提高地层弹性能量及储层有效改造体积。

④ 工艺上利用复合压裂液体系（滑溜水 + 冻胶）、组合支撑剂（20～70 目），形成主缝和次生多裂缝相互交错的复杂裂缝网络，主要分三个阶段实施，第一阶段利用大排量滑溜水造复杂裂缝，沟通天然裂缝和小粒径支撑剂（40～70 目）支撑微裂缝；第二阶段应用线性胶携带中等粒径支撑剂（30～50 目）支撑分支裂缝及较宽裂缝；第三阶段应用冻胶携带大粒径支撑剂（20～40 目）支撑主裂缝，建立高导流能力通道。

⑤ 压裂后焖井蓄能，通过储层岩石渗吸、油水置换作用，提高致密油初产及最终采收率。

对比传统常规压裂和蓄能体积压裂压裂后求产过程，有很大差异，传统常规压裂追求压裂液返排率，压裂后等待裂缝闭合和压裂液破胶后快速排液，缩短压裂液在储层中的滞留时间，减少储层伤害，快速排液求产；而蓄能体积压裂后求产过程，利用滑溜水滤失性好，增加地层弹性能量，压裂后关井焖井，滑溜水与地层中的原油和地层水产生乳化、置换作用，使储层岩石润湿性由亲油向亲水转变，待井底压力扩散后开井生产，地层水、压裂液携带原油产出，从而提高单井产量。

（6）压裂优化设计方法。

压裂设计应以“提高裂缝复杂程度、追求适当导流能力”为目标，“SRV”是指改造体积，“2C”是指裂缝复杂程度和适当导流能力。满足“四个匹配”原则，即裂缝参数与油藏参数匹配、缝控储量与井控储量匹配、改造体积与导流能力匹配、低成本与高效益匹配，通过压裂前储层整体评估，确定改造需求、可压性认识、单井合理产能及人工裂缝参数，指导体积压裂关键参数优化，解决非常规致密油藏地层能量补充难、裂缝形态单一、渗流距离短等难题，满足低品位油藏压裂改造效益最大化。致密油蓄能式体积压裂优化设计流程如图 2–62 所示。

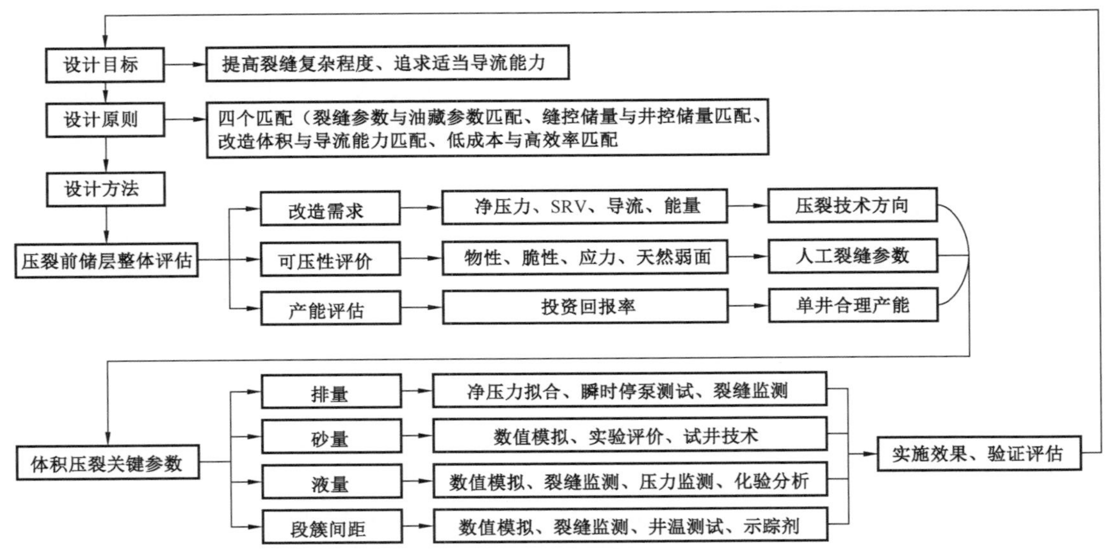

图 2-62　致密油蓄能式体积压裂优化设计流程

① 段簇间距优化。

水平井多段缝间存在应力干扰，随着段间距下降，缝间干扰明显增加；体积压裂充分利用段间、簇间压裂时产生的应力干扰，提高裂缝延伸压力，促使裂缝转向，充分造缝而产生复杂缝网，最大限度地提高致密储层的改造体积；但应力干扰也存在一定的不利因素，当干扰过于强烈时，会造成裂缝过度扭曲，裂缝易于失效，导致裂缝汇合影响压裂效果，存在一个合理范围。

以吉林油田乾 246 区块致密油为例：模拟段间距 60m、80m 和 100m 情况下裂缝干扰动图（图 2-63），从图中可以看出，段间距为 60m 时，应力干扰很强；段间距为 80m 时，应力干扰较强；而当段间距达到 100m 时，应力干扰较弱，从而确定合理段间距为 70～90m。

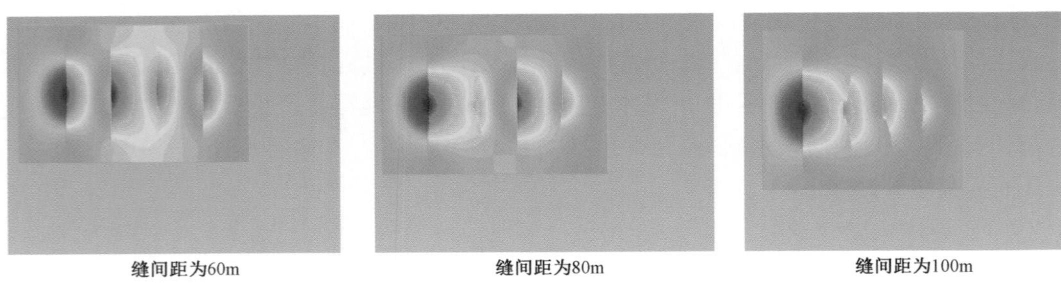

图 2-63　不同缝间距裂缝云图

模拟簇间距 10m、20m 和 30m 情况下各簇裂缝扩展情况（图 2-64），从图中可以看出，簇间距为 10m 和 20m 时，存在部分簇失效的情况，而当簇间距为 30m 时，三簇裂缝扩展较好，因此确定合理的簇间距为 30m 左右。

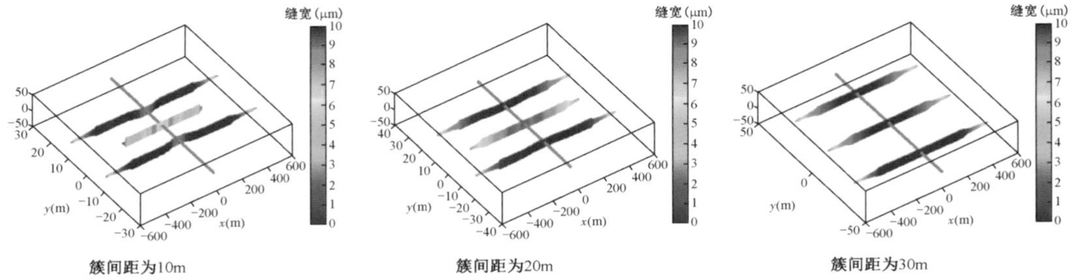

图 2-64 不同簇间距模拟图

② 排量优化。

根据储层渗透率、厚度及岩石力学参数计算,保证裂缝内净压力大于两向水平主应力差值,并附加岩石抗张压力,通过提高施工排量,增加缝内净压力,沟通天然微裂缝,且当净压力达到或超过水平两向主应力差值与岩石抗张强度之和时,则容易产生分支缝,形成复杂裂缝网络。

从净压力值研究入手,通过数值模拟和现场实测求取不同排量下净压力值,优化得出满足裂缝转向的临界施工排量,即为体积压裂实现复杂缝网的最低施工排量。

以吉林油田乾 246 区块致密油为例:储层厚度为 2.5～6m,渗透率为 0.22～0.45mD,水平两向主应力差值为 9MPa,岩石抗张强度为 3MPa,计算裂缝转向所需净压力为 12MPa。数值模拟缝内净压力达到 12MPa 时,所需临界排量为 12～13m^3/min。

③ 液量优化。

总液量增加,能够增加缝网复杂程度,提高泄油面积,大幅度提高采收率,但存在合理区间。

a. 液量与缝网长度关系:通过模拟液量与缝网长度关系(图 2-65)可以看出,液量增大,缝网有效长度先急速增加,随后增长减缓,存在一个合理区间,可作为液量优化的条件。

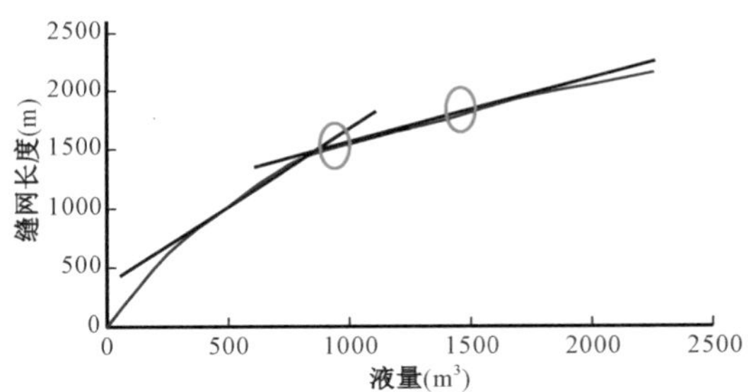

图 2-65 压裂总液量与缝网有效长度关系

b. 液量与地层压力:注入液量增加,地层压力会呈现上升趋势,有蓄能功效;通过模拟和实测不同用液量与地层压力上升关系(图 2-66、表 2-22),确定合理用液量。

表 2-22 用液量与地层压力之间关系(实测)

序号	井号	压裂方式	压裂时间	投产时间	排量(m^3/min)	液量(m^3)	测压时间	流压(MPa)	地层压力(MPa)
1	红 87-11-1	体积压裂	2014.11.12	2014.12.21	12～8	1507	2015.9.09—2015.9.21	16.26	25.26
2	红 87-18-3	常规压裂	2015.1.29	2015.2.14	4.8/3.7	618	2015.10.15—2015.10.27	7.92	20.29

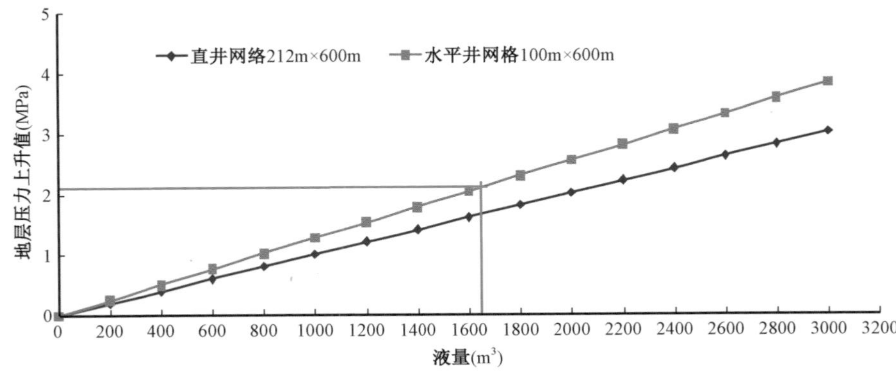

图 2-66　用液量与地层压力之间关系(模拟)

④ 关井时间优化。

蓄能式体积压裂关井时间主要由注入液体压力平衡时间和自吸油水置换平衡时间两部分决定。

在地层中完成压力重新分布的时间 t 由下式确定：

$$t=5.787L^2/2X \tag{2-14}$$

其中：

$$X=K(\mu_o \phi C_t) \tag{2-15}$$

式中　L——前缘推进距离，m；

X——未注水时地层平均导压系数；

K——地层渗透率，mD；

μ_o——原油黏度，Pa·s；

C_t——地层岩石孔隙和流体的综合压缩系数，MPa^{-1}；

ϕ——油层岩石的平均孔隙度。

通过井网控制面积计算出压力平衡时间 t_1，结合自吸实验结果得到的自吸平衡驱油效率最高时间，二者综合即为关井所需时间 T。

（7）应用效果。

2014 年，致密油勘探阶段开始尝试性开展水平井蓄能体积压裂，排量为 10～16m³/min，段间距为 46～55m，平均 50m，总液量为 722～1229m³/段，平均 911m³/段，砂量 33.1～53m³/段，平均 44.6m³/段；压裂后平均日产液 50.6t，日产油 15.8t，平均累计产液 18250t，累计产油 3784t，获得勘探突破。在 2014 年致密油蓄能体积压裂先导性试验取得突破的基础上，2015 年开展蓄能体积压裂扩大试验，效果显著；累计施工 25 口 353 段，排量为 6～14m³/min，单井平均液量为 15350m³，平均砂量为 492m³，压裂后全部自喷投产，平均自喷周期超过 200 天，平均日产液 50t，日产油 10t 以上。

2）CO_2 无水蓄能压裂技术

（1）含义及特点。

CO_2 无水蓄能压裂技术的含义：应用液体 CO_2 或以增稠液体 CO_2 为压裂液体系而进行压裂作业，压裂改造同时补充地层能量并充分发挥 CO_2 增溶、降黏、混相驱油和解析天然气的特性。相比常规水力压裂改造技术，CO_2 无水蓄能压裂具有以下技术特点：一是无水相，不会对储层造成水敏、水锁伤害；二是无残渣，不会对储层和支撑裂缝渗透率造成残渣伤害；三是具有很好的增能作用，在压力释放后，CO_2 气体膨胀，可实现迅速返排，有低压油气井的压裂后快速排液投产的特点；四是液态 CO_2 属于牛顿型流体，在高流速下具有较大的管路摩阻；五是 CO_2 相态随压力、温度的改变而改变，压裂设计复杂。

（2）CO_2 无水蓄能压裂增油机理。

① 蓄能增产。

液态 CO_2 具有更大压缩性，相对常规水基单井蓄能效果更好。通过两口对比井 H87-22-4 井和 H87-11-1 井地层压力测试分析，其中 H87-11-1 井应用压力恢复试井解释，如图 2-67 所示，地层压力为 25.26MPa。H87-22-4 井应用压裂后压降试井解释；如图 2-68 所示，地层压力为 24.39MPa。H87-22-4 井施工注入液态 CO_2 573m^3 将地层压力由原始 22.11MPa 提高到 24.39MPa，H87-11-1 井施工滑溜水液量 1507.9m^3 将地层压力由原始 22.05MPa 提高到 25.26MPa，单位液量液态 CO_2 提高地层压力幅度为滑溜水的 1.9 倍（表 2-23）。

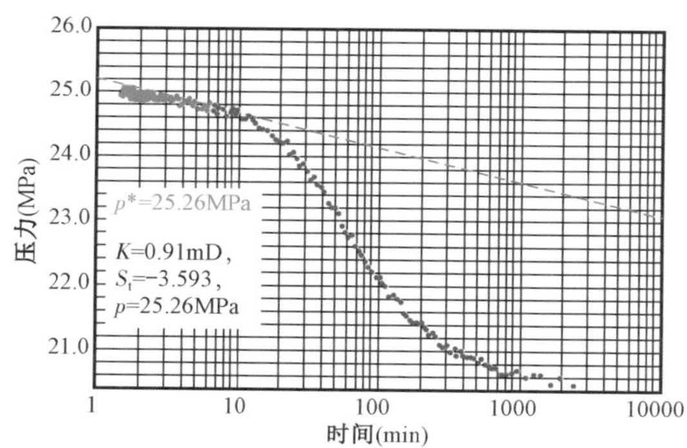

图 2-67　H87-11-1 井压力恢复试井霍纳曲线分析图

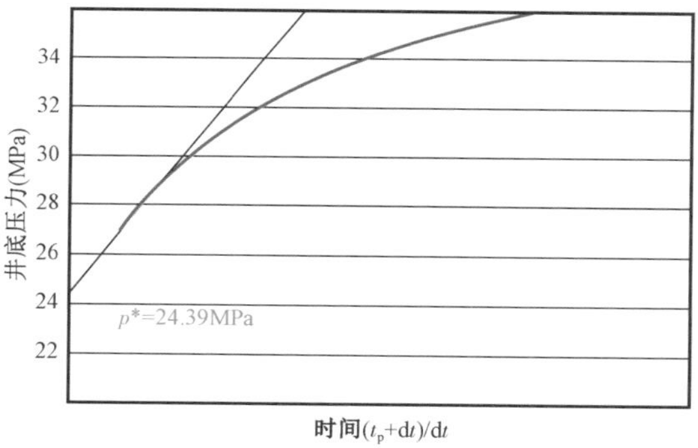

图 2-68　H87-22-4 井压裂后压降霍纳曲线分析

表 2-23　前置 CO_2 蓄能压裂与滑溜水蓄能压裂效果比较

井号	工艺	压裂排量（m^3/min）	压裂液量（m^3）	原始地层压力（MPa）	地层压力测压（MPa）	单位液量地层压力上升（MPa/1000m^3）
H87-22-4	CO_2 蓄能压裂	2.4～3.3	573	22.11	24.39	3.94
H87-11-1	滑溜水蓄能压裂	8～12	1507.9	22.05	25.26	2.13

② 膨胀、降黏作用。

在地层压力和温度条件下，原油溶解 CO_2，可使原油体积膨胀，同时原油黏度降低，体积膨胀倍数和黏度降低幅度见表 2-24。

表 2-24　吉林油田原油饱和 CO_2 后黏度变化情况表

油样来源	地层压力（MPa）	地层温度（℃）	CO_2 溶解度［%（摩尔分数）］	体积膨胀倍数	黏度降低幅度（%）
红 87-2	21.20	101.6	48.30	1.23	56.70
乾安	18.50	76.0	45.90	1.27	58.40
黑 59	24.20	98.9	63.96	1.47	63.20
黑 79	23.11	97.3	63.58	1.41	59.62

从表 2-24 可以看出，随着 CO_2 溶解度的增加，原油体积膨胀倍数越大，黏度降低幅度越大。黏度的降低改善了油水流度比，提高了油相渗透率，大大增加了原油的流动性。

③ 原油混相增产。

a. 吉林油田原油最小混相压力的测定。

本文应用毛细管法测定红 87 区块 F 油层原油最小混相压力为 27.45mPa，从表 2-25 可以看出，如果地层压力小于最小混相压力，则不能实现混相。

表 2-25　红 87 区块 F 油层原油最小混相压力的测定

序号	井底压力（MPa）	温度（℃）	评价
1	22.11	101.6	非混相
2	23.00	101.6	非混相
3	26.00	101.6	近混相
4	27.50	101.6	混相
5	30.00	101.6	混相
6	32.00	101.6	混相

b. CO_2 无水蓄能压裂增产效果具备混相驱的全部特征。

井底压力大于混相压力：CO_2 压裂施工期间井底压力 41MPa 远大于原油最小混相压力 27.45MPa（图 2-69），压裂后焖井过程井底压力大于原油混相压力的时间为 7.15 天（10300min）（图 2-70）。

井流物特征：一是 CO_2 压裂井原油组分中重组分增加，C_{13} 以上重烃较压裂前明显增加，轻质组分减少（图 2-71）；二是 CO_2 压裂后投产含水率降低，由压裂前的 21.4% 降到 12.2%（图 2-72）；三是 CO_2 压裂井气组分中 CO_2 含量增加，由压裂前 4.5% 增加到 63%（图 2-72），目前持续稳定。

初步得出结论：二氧化碳压裂通过与原油混相（井底压力大于原油最小混相压力），从而提高原油中重组分参与流动性，提高单井产能。

c. 驱替—置换增产：CO_2 混相驱能够显著提高驱油效率。

致密储层岩心驱替试验确定，CO_2 混相驱油效率较常规水驱提高近 30%（图 2-73）。

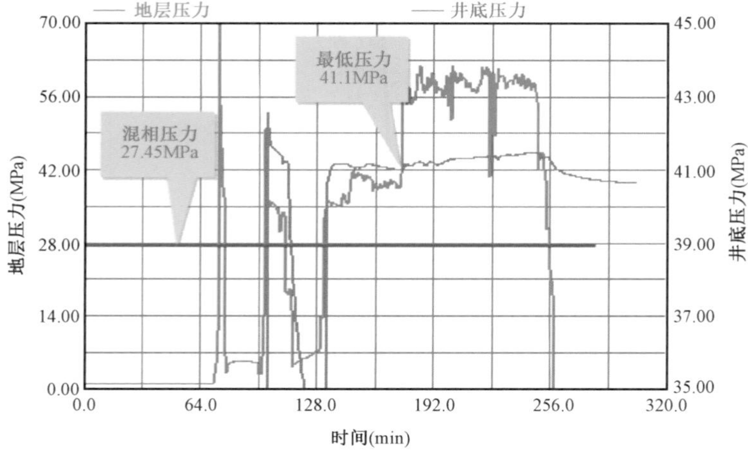

图 2-69　H87-22-4 井施工井底压力远大于混相压力

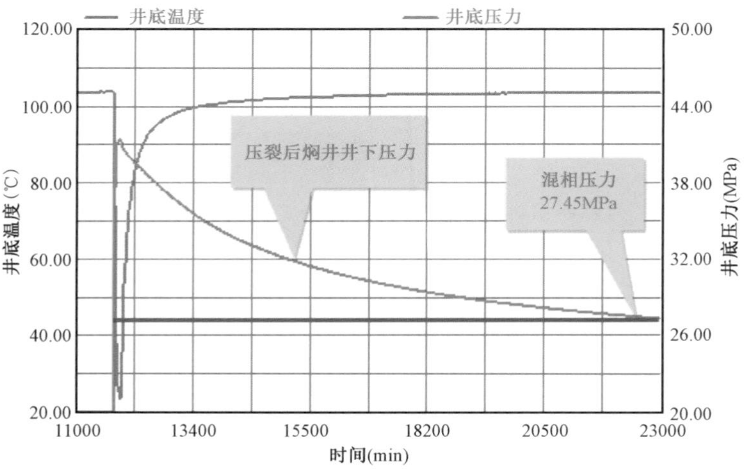

图 2-70　H87-22-4 井焖井过程井底压力大于混相压力

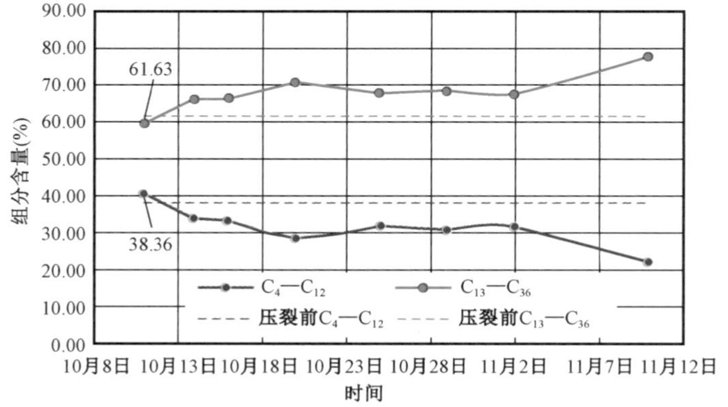

图 2-71　红 87 区块 CO_2 压裂井原油组分与区块原油对比图

第二章　低品位资源有效开发的途径与技术

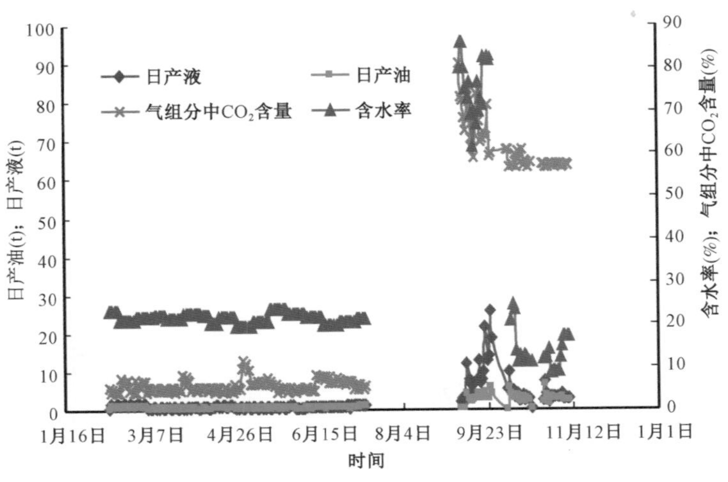

图 2-72 红 87 区块压裂后投产含水率及 CO_2 含量变化曲线

从图 2-74 可见，小孔隙中油相逐渐变淡，通过组分交换及驱替两种方式被逐渐替出。微观驱油过程观察证实，超临界 CO_2 更容易进入微小孔喉和裂隙，微观上扩大了波及体积，减少了剩余油。

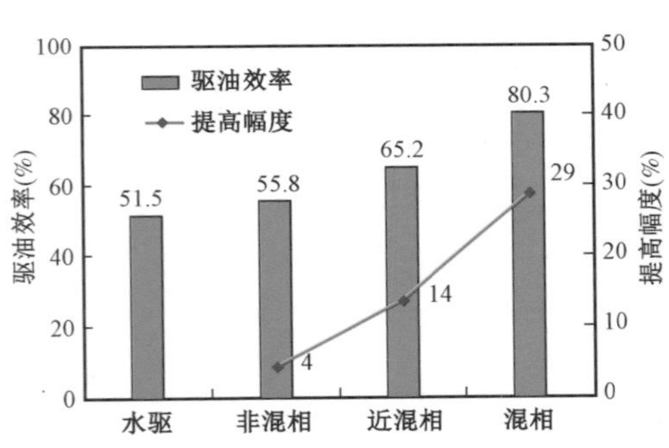

图 2-73 不同驱替方式长岩心驱油效率对比图

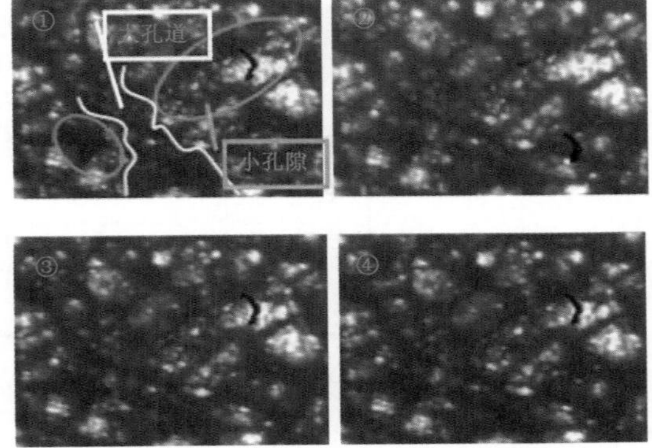

图 2-74 模拟地层条件下 CO_2 微观驱替实验过程

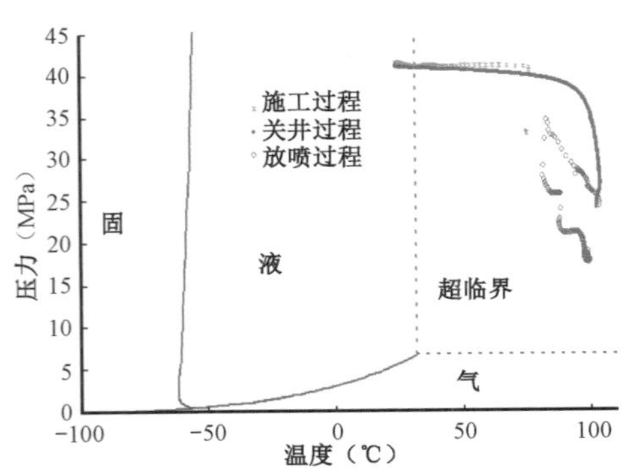

图 2-75 H87-22-4 井施工过程井底 CO_2 相态变化

④ 改造增产。

超临界 CO_2 能够大幅度提高压裂改造体积。H87-22-4 井下温度压力计数据表明，压裂施工、关井和放喷过程井底 CO_2 处于超临界状态（图 2-75）。超临界 CO_2 黏度低、扩散系数大有利于提高压裂改造体积（用 CO_2 液量 440m^3，改造体积 $71 \times 10^4 m^3$）。井下微地震裂缝监测结果表明，CO_2 压裂改造体积是水基压裂的 2.5 倍，能够有效增加单井控制储量（图 2-76 和图 2-77）。

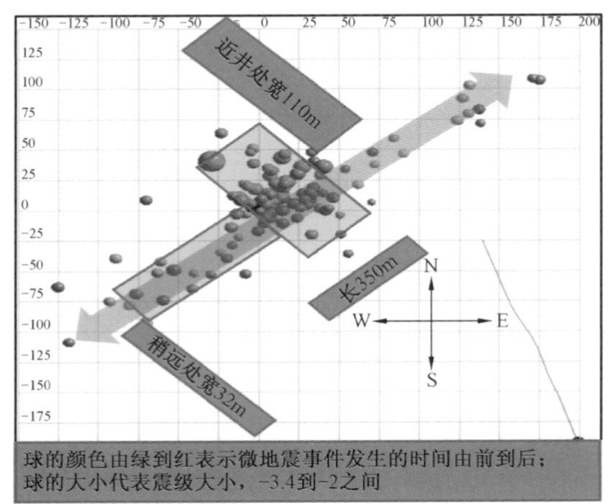

图 2-76　H+79-31-45 井 CO_2 压裂改造体积（网格单位:m）

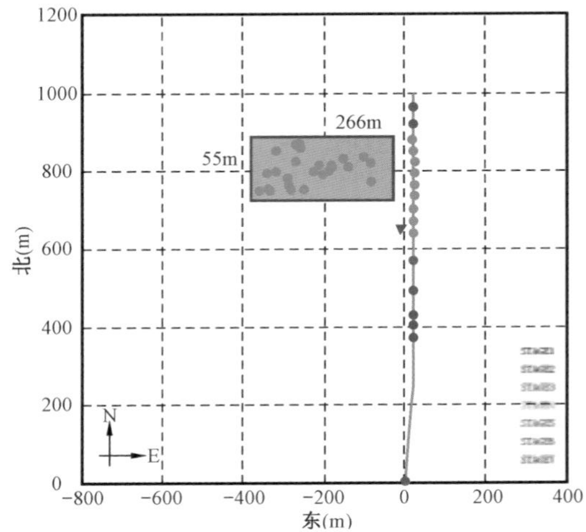

图 2-77　黑 H 平 27 井水基压裂改造体积

⑤ 降低界面张力。

通常油和水间界面张力为 30～35mN/m，当水在 750psi（5.2MPa）的条件下被 CO_2 饱和时，界面张力值会下降 30%～40%。

界面张力的减小使得毛细管力减小，宜于原油在孔隙中流动，有利于措施后返排；当界面张力降低到 0.04mN/m 以下时，采收率明显上升。

⑥ 防膨、解堵作用。

CO_2 与地层水反应生成碳酸，饱和碳酸水 pH 值为 3.3～3.7，可减少黏土矿物膨胀(一般 pH 值在 5.0 以下时，黏土矿物膨胀被减小，溶解的 CO_2 可保持地层的渗透性。pH 值大于 4.0 时，铝离子、铁离子便会沉淀，堵塞流动通道，低 pH 值碳酸盐有助于防止这种堵塞），减少油层伤害。而且 CO_2 的溶剂化能力很强，可以把近井地带的重油组分和一些渣子吸收，解除近井地带的堵塞，使近井地带畅通，改善了油流通道，从而实现增产增注、有效提高油气采收率的目的。

（3）吉林油田 CO_2 无水蓄能压裂技术现场试验。

① 现场压裂施工情况

2014 年 8 月，H+79-31-45 井先导试验主要从关键装备、压裂液体系性能、地面及井下工艺和安全控制四个方面进行试验研究。H+79-31-45 井 CO_2 无水蓄能压裂加入 CO_2 液体 440m^3，支撑剂 10.5m^3，平均砂比为 5.1%，现场试验取得初步成功。

2015 年，吉林油田 CO_2 无水蓄能压裂进行扩大试验，拓展到致密油与复杂天然气领域，进一步完善设备，梳理流程，验证技术的适应性，评价增产效果。红 87、让 53 致密油和小城子低压敏感气藏成功实施 5 口井二氧化碳无水蓄能压裂，具体施工参数见表 2-26。其中让 53 平 9-3 井实现了单层加砂 21m^3、单层液量 696m^3、施工排量 7.9m^3/min 的参数指标，达到国内领先水平。

表 2-26　CO_2 无水蓄能压裂施工参数表

井号	压裂段	射厚（m）	排量（m^3/min）	前置液（m^3）	携砂液（m^3）	顶替液（m^3）	砂量（m^3）	平均砂比（%）	CO_2 液量（m^3）	施工压力（MPa）	备注
H87-22-4	2345.0～2292.4	15.6	2.4～3.3	—	—	—	—	—	573.2	40～61	油管压裂
H87-19-17	2295.0～2274.4	9.6	2.4～3.8	457	144	—	8.4	5.8	601	38～63	
H87-11-4	2299.4～2214.6	12.8	4.5～7.6	376	257	14.5	11	4.3	657	22.4～33	套管压裂
R53 P9-3	2268.8～2281.2	9.4	4～7.9	255	331	110	21	6.2	696	17.5～28	
Chen2-14	1935.0～1942.5	6.0	6～7.4	318.8	310.7	24	19.8	6.4	653.5	20～27	

② 现场试验效果。

目前致密油 4 口井，有 3 口已经见到较好的增产效果。CO_2 无水蓄能压裂后，3 口井产量都明显增加，较压裂前提高了 2 倍以上（图 2-78）。

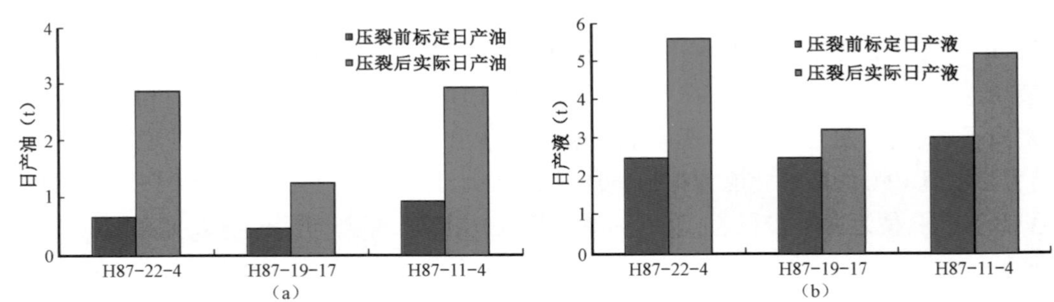

图 2-78　CO_2 无水蓄能压裂效果图

H87-22-4 井压裂前一个月平均产油 0.67t/d，产液 2.46t/d；压裂后投产 3 月平均产油 2.87 t/d，产液 5.56t/d，较压裂前提高了 2.7 倍。H87-19-17 井压裂前一个月平均产油 0.46t/d，产液 1.28t/d；压裂后投产 3 月平均产油 1.23t/d，产液 3.20t/d，较压裂前提高了 2.5 倍。H87-11-4 井压裂前一个月平均产油 0.92t/d，产液 3.01t/d；压裂后投产 3 月平均产油 2.91 t/d，产液 5.18t/d，较压裂前提高了 2.1 倍（表 2-27）。目前 3 口井都处于稳产状态。

CO_2 无水蓄能压裂后，截至 2016 年 7 月 23 日，H87-22-4 井累计产油 606.1t；H87-19-17 井累计产油 331t；H87-11-4 井累计产油 528.5t。

表 2-27 压裂前后产量对比表

井号	压裂段	射厚（m）	CO_2 液量（m^3）	日产油（t）	日产液（t）	压裂前标定油量（t/d）	压裂前标定液量（t/d）
H87-22-4	2345.0～2292.4	15.6	573.2	2.87	5.56	0.67	2.46
H87-19-17	2295.0～2274.4	9.6	601	1.23	3.20	0.46	1.28
H87-11-4	2299.4～2214.6	12.8	657	2.91	5.18	0.92	3.01

3）集团化整体压裂技术

（1）集团化整体压裂技术定义。

以区块为调整单元，通过地质与工程的交互优化，强调人工裂缝与沉积相、砂体、断层和井网的匹配，应用多井同步压裂施工模式，集成蓄能、转向、多裂缝等压裂技术，利用多平面邻井同层多点人工应力源实现裂缝干扰，提高储层改造复杂程度，快速集中补液增加局部地层压力，改善注采关系，发挥井网作用。

（2）集团化整体压裂技术增产机理。

① 增加人工裂缝缝网体积。

多井同步、干扰压裂技术通过多井同时施工，促使裂缝前端应力集中，产生复杂裂缝，沟通原生微裂缝，增加裂缝缝网体积，实现在一定程度上改善储层渗流基质的目的。

② 挖潜原裂缝侧向剩余油。

裂缝转向造新缝压裂技术通过高压暂堵剂、固化树脂砂、纤维等封堵材料，在原裂缝缝端及中部封堵，增加裂缝净压力，实现水平两项应力反转，再次泵入支撑剂后实现裂缝转向，提高近井地带南北向剩余油的挖潜。

③ 裂缝与井网、注采现状匹配。

根据井区不同井位及开采程度优化裂缝方位和规模，实现裂缝与井网密度、注水前缘及剩余油匹配，在挖潜剩余油的同时，改善井区注采关系，改善井区整体生产现状。

（3）集团化整体压裂技术实施原则。

采用“认识、培养、实施”技术原则，保障集团化整体压裂效果。

①“认识”：开展油水井动静态分析，配套地层压力、产液剖面等测试技术，认识老区油水关系、地层压力、老裂缝导流能力等信息，明确开发矛盾。

②“培养”：针对区块开发矛盾，先期开展井网调整、地层能量补充等措施，培养目标区块，保障压裂后稳产水平。

③“实施”：整体压裂技术只是老油田综合调整的第一步，后续应立足“大调剖”的理念持续开展工作，实现区块综合调整治理的目的。

（4）集团化整体压裂技术设计方法。

① 裂缝参数设计。

坚持以注采单元为研究对象，实现注采单元注采协调的原则；坚持砂体边缘，低产出、注水未见效区以增加储层改造体积的大规模长裂缝优化原则；坚持位于主砂体、注采完善区以控制裂缝规模、提高裂缝导流能力的优化原则。应用油气藏数值模拟软件，模拟不同开发方式下的不同支撑裂缝长度、裂缝导流能力的压裂后生产动态，确定优化的裂缝参数。产能预测应以井网或区块整体效果为目标。

a. 生产动态历史拟合。

要求对单井和井网、区块日产量（较长时间可以使用月产量）、目的层压力、累计产量和油水比等进行拟合，拟合结果要求上述参数与实际变化趋势一致，相对误差小于 ±10%。

b. 支撑裂缝半长与导流能力组合。

根据井网、注采关系、储层物性等数据模拟裂缝参数与裂缝导流能力，选择不少于 5 个组合（支撑裂缝半长和导流能力组合）进行压裂后生产预测。结合压裂裂缝预测，以区块或井组整体经济评价最优确定。

c. 施工参数优化。

应用拟三维或全三维压裂设计软件模拟不同施工参数下裂缝支撑缝长和导流能力，确定合理施工排量、液量及加砂量。

② 现场施工设计。

a. 按照压裂井不同工艺，计算施工时间、压裂材料用量，坚持高效率原则，完成压裂井、压裂层压裂施工顺序设计。

b. 按照压裂井、压裂层施工顺序，计算出每天施工所需材料用量及材料类型。

c. 根据液体用量设计水源井井数及日供水量，满足压裂所需液量。

d. 设计满足储液能力的装置型号及数量、压裂车组型号及数量、砂罐型号及数量、混砂车型号及数量。

e. 压裂车组集中摆放，减少占地面积，同时要求与压裂井平均距离应控制在 200m 以内，最小距离不得小于 50m。

（5）集团化整体压裂技术应考虑如下要点：

① 整体压裂应保障多组压裂车同时施工，现场管线连接、压裂材料储备及水源储备应按照设计要求统一准备，要求集中储备、集中管理。

② 车组摆放设计应坚持就近原则，避免地面管线过长导致施工压力高，同时影响地面作业安全性。

③ 同步压裂井应选择人工裂缝方位有利配置的邻近同层油水井。

④ 压裂设计中裂缝参数优化和经济模拟评价应以区块或井组整体效益作为评价目标函数。

⑤ 根据整体压裂改造技术要求、储层敏感性及温度、压力条件优选压裂材料。

⑥ 依据压裂后安全环保规范，对压裂后管理制度和投产方式提出要求。

⑦ 运用系统工程方法，对压裂工程的各环节、各工序、各工艺提出系统工艺配套要求。

（6）集团化整体压裂技术应用效果。

2015—2016 年，开展整体压裂技术试验，新立 212、方 64 及新立Ⅵ区块压裂 37 口井，对比传统常规压裂施工效率提高了 2 倍，压裂有效率提高了 32%，压裂后平均单井日增油 0.7t，经济效益显著。

五、集约化建井注采工程技术

集约化建井采取集中作业的方式，可以极大地降低作业成本。根据现场实际情况，采取新的注采工艺技术，提高效能，减少运行成本。

1. 潜油往复泵无杆举升工艺

为了解决常规举升工艺（特别是在低产井）所面临的困境，研发一种新型的潜油往复泵无杆举升工艺，能够有效解决低渗透油田有杆泵举升方式存在管杆偏磨严重、系统效率低、能耗高的问题；有效地解决低产直井、斜井举升工艺的问题。经过现场试验，取得了较好的应用效果，特别适合在安全环保敏感地区使用。

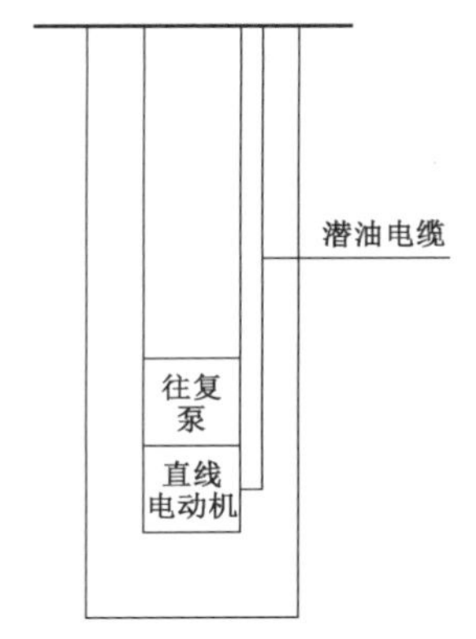

图 2–79　潜油往复泵无杆举升工艺示意图

工艺组成：系统由地面控制系统 + 电力传输部分 + 井下生产组成，如图 2–79 所示。

技术原理：直线电动机在油井井下工作，并与往复泵结合为一体。直线电动机动子与往复泵的柱塞相连接。在地面，电能经过控制柜处理后，利用电缆传输给直线电动机，电动机以交变磁场和永磁动子产生举升推力，带动抽油泵柱塞上下运动，将地下原油通过抽油泵被源源不断地泵到抽油管内，并输送到地面。

1）潜油直线电动机原理及结构

潜油直线电动机主要由定子和动子组成。动子选用永磁材料和圆筒滑体，采用磁悬浮原理；定子由多节铁芯、线圈绕制而成，每节绕组包括多级线圈，可以通过改变定子绕组的节数来改变推力大小。

从结构上看，将传统旋转电动机沿轴向剖开并展平［图 2–80（a）］。这样，旋转电动机定子依然是直线电动机的定子（初级），而旋转电动机的转子则成为直线电动机的动子（次级）［图 2–80（b）］。再把扁平型的初级绕着与磁场移动方向平行的轴线卷拢起来，便得到一种圆筒形交流直线电动机［图 2–80（c）］。

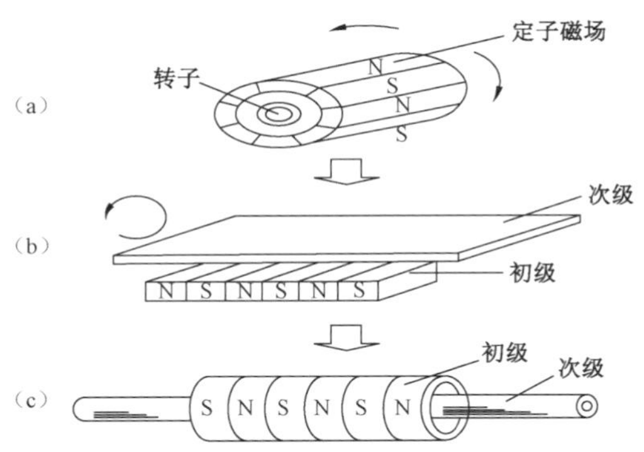

图 2–80　旋转电动机变为直线电动机过程

技术参数如下：

（1）最大外径为 114mm。

（2）长度为 4980～9620mm。

（3）额定交流电压为 380V/660V/1140V。

（4）额定电流为 15～40A。

（5）绝缘等级为 C。

（6）防护等级为 IP58。

（7）有效行程为 1350mm。

（8）冲次为 0～8 次 /min。

（9）额定推力为 8～25kN。

（10）耐温为 180℃。

（11）耐压为 30MPa。

2）现场应用条件

（1）井身结构应满足以下条件：下泵深度不大于 2000m，套管尺寸不小于 139.7mm，井眼轨迹满足设备顺利下入，机组位置要求在稳斜段。

（2）井况条件：含砂量不大于 0.2%，气液比不大于 $80m^3/m^3$，产液量不大于 $15m^3/d$，泵挂位置井温不大于 100℃，地面原油黏度不大于 100mPa·s，不易结蜡，不易结垢，腐蚀轻微。

（3）考虑到电动机发热及热洗等因素影响，机组以上 50m 应使用耐高温的引接电缆。考虑到电动机发热及热洗等因素影响，电缆耐温不低于 120℃。

3）现场应用情况

通过对现场试验数据的分析，平均单井日耗电明显，综合节电率 36.37%；系统效率由 11.98% 提高到 20.14%，提高了 8.16 个百分点（表 2–28）；检泵周期由 347 天提高到 445 天，提高 98 天；运行情况井口无渗漏，井下无偏磨，运行参数远程控制。

表 2–28　潜油往复泵现场试验数据对比

井号	日耗电（kW·h）			系统效率（%）		
	抽油机	潜油泵	节电率（%）	抽油机	潜油泵	差值（百分点）
A1	86.9	68.4	21.27	11.05	15.09	4.04
A2	69.8	51.1	26.80	8.59	19.72	11.13
A3	118.1	54.7	53.66	11.79	26.75	14.96
A4	139.9	106.1	24.19	9.43	12.44	3.01
A5	148.8	108.5	27.10	7.10	14.82	7.72
A6	88.3	49.3	44.17	8.64	14.53	5.89
A7	68.4	53	22.51	7.42	15.02	7.60
A8	77.8	55.3	28.92	17.30	32.50	15.20
A9	71.5	29.8	58.32	17.90	23.30	5.40
A10	72	18	75.00	5.30	17.60	12.30
A11①	55.3	40.1	27.49	27.30	29.80	2.50
平均合计	90.62	57.66	36.37	11.98	20.14	8.16

① 原井为螺杆泵。

4）潜油往复泵举升特点

潜油往复泵举升工艺由于保留了井下柱塞泵的基本结构，也基本保留了传统柱塞泵举升的特点，相比传统举升工艺，潜油往复泵举升工艺具有如下特点：

（1）适用于杆管偏磨严重的油井及大斜度井。由于取消了抽油杆，杜绝了管杆偏磨问题。同理，特别适合在一些大斜度井、水平井等特殊井型中使用。

（2）生产过程无污染。由于该系统取消了地面机械结构，地面无噪声。尤其适合河流、水渠、自然保护区及市内居民区等环境敏感区使用。

（3）适合外部环境复杂地区。取消了抽油机和地面电动机，地面没有运动部件。在一些外部环境复杂的地区，既减少了因盗窃破坏造成停机的概率，也杜绝了抽油机伤人伤畜的隐患，保证了安全。

（4）节能效果明显。由于没有地面机械传动机构，系统效率大幅提高。因属于无杆举升，没有抽油杆，能耗大幅降低。

（5）适用于地面空间有限的平台。由于海上平台空间有限，不能使用游梁式抽油机。潜油往复泵具有独特的优势。

2. 井下直驱螺杆泵举升工艺

井下直驱螺杆泵举升工艺，将旋转电动机置于井下，既保留了螺杆泵的特点，又可发挥无杆举升的优势，可有效解决日产液不低于 20m^3 的中高产井所面临的管杆偏磨严重、系统效率低、能耗高等问题。

工艺组成：系统由地面控制系统 + 电力传输设备 + 井下生产组成，如图 2–81 所示。

技术原理：地面电能通过电缆传输给井下电动机，电动机动子旋转，带动保护器连杆、柔性轴旋转，并使得螺杆泵动子运动，达到举升的目的。

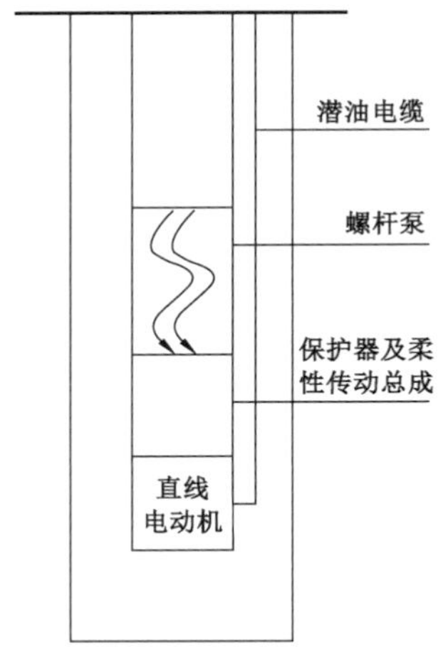

图 2–81 井下直驱螺杆泵举升工艺示意图

1）井下直驱电动机

转子采用永磁体代替激励绕组，优化结构设计，实现低速大扭矩需求。

定子采用硅钢片（武钢 50TW600）冲压，并根据功率要求焊接成不同长度。转子硅钢片冲压并焊接，外部粘贴钕铁硼永磁体，耐温 180℃。

技术参数如下：

（1）额定电压 380V，额定电流 36A。

（2）转速区间 50～450r/min。

（3）外径 114mm，适用于 5$^1/_2$in 套管。

2）电动机保护器

举升系统工作过程中，电动机启动和停机后温差较大（40℃），需要不断排出或补充电动机油——即“呼吸”运动。同时，轴承需要润滑，因此设计保护器（图 2–82），利用不同液

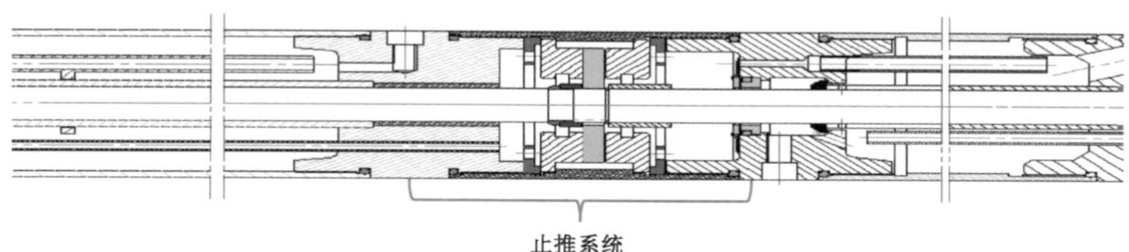

图 2-82　保护器设计图

体密度不同、不相溶解、分层沉淀的特点，实现“呼吸”效果。总的来说，保护器有以下四种基本功能：

（1）通过连接外壳和传动轴，连接泵和电动机。

（2）保护器设计有止推系统，带有止推轴承，能吸收泵轴的轴向推力，承受螺杆泵轴向载荷大于 60kN，与电动机通过法兰连接，轴通过转子连接，传递扭矩不小于 800N·m。

（3）隔离钻井液与电动机油，防止钻井液渗入烧毁电动机，同时平衡井筒和电动机的压力。

（4）满足电动机启动、运行和停机后造成机油的热胀冷缩效应，实现“呼吸”效果。

3）柔性传动总成

由于螺杆泵转子做行星运动，与电动机同心旋转矛盾且螺杆泵轴向载荷大（约 30kN），同时传递扭矩（200N·m），故设计柔性传动总成（图 2-83）。利用球铰连接原理，形成偏心联轴器，满足螺杆泵转子旋转需求。外径 102mm，上下两端分别与螺杆泵定子和保护器相连接。

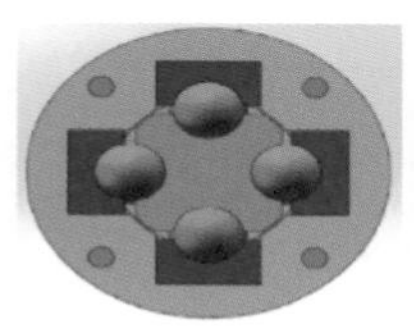
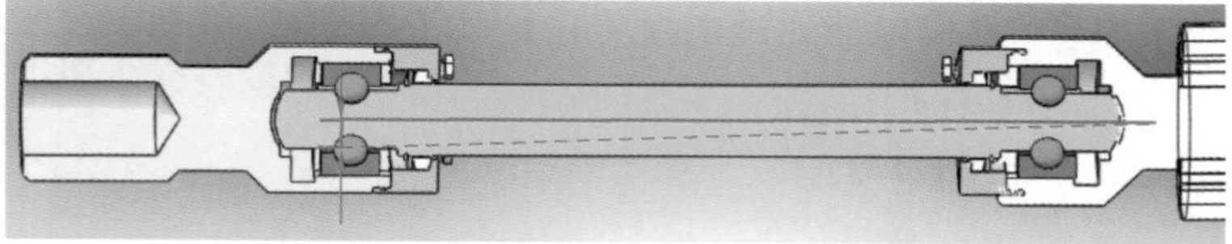

图 2-83　柔性传动总成

4）现场试验

现场共完成 6 口井试验，平均泵挂 1344m，平均产量 19.85m^3/d，平均泵效 75.2%，比抽油机提高 20%，最长运行时间超过 400 天（表 2-29）。

表 2-29　井下直驱螺杆泵现场试验情况

井号	下井日期	泵挂（m）	产量（m^3/d）	总运行时间（d）	泵效（%）	转速（r/min）	日耗电（kW·h）
B1	2014.9.21	1301	27.4	452	81.95	250	138.2
B2	2014.9.28	1300	27	445	79.08	330	180.6
B3	2015.5.22	1454	7.2	212	68	150	137

续表

井号	下井日期	泵挂（m）	产量（m^3/d）	总运行时间（d）	泵效（%）	转速（r/min）	日耗电（kW·h）
B4	2015.6.1	1409	13.3	202	76	250	280
B5	2015.7.19	1300	23.7	154	79	300	160
B6	2015.10.26	1300	27.4	55	67.2	240	240

5）工艺特点

（1）实现无杆采油，杜绝杆管磨损。

（2）节能效果明显。

（3）地面设备简单，占地面积小，安全风险小。

（4）全密封井口无漏油隐患。

（5）解决汛期水淹停产问题。

3. 液压抽油机举升工艺

液压抽油机是针对低渗透油田单井产量低，采用传统游梁式举升成本高的问题而研发的，可以降低单井一次性投入，实现经济有效生产。

工艺原理：液压抽油机系统由主机、液压站和电控箱三个独立单元构成，工作时由液压站的液压泵向主机的液压缸提供动力驱动，通过液压活塞的伸长和收缩带动活塞连杆及滑轮上下往复运动，提升液体，可实现一台液压站带动 2 口井生产。地面采用动滑轮结构进行生产，易实现长冲程。

考虑到“一拖二”型液压抽油机（图 2-84）采用滑轮方式生产，地面设备重心偏于井口，特别是在中深井，悬点载荷较大时，易造成地面设备倾倒。因此，对其进行了改进和完善，将地面设备直接坐于四通上，并与井口对中，形成适合于中深井的井口直联式液压抽油机系统（图 2-85）。

图 2-84　“一拖二”型液压抽油机

图 2-85　井口直联式“一拖二”型液压抽油机

1)“一拖一”型液压抽油机

驱动原理：液压油经液压泵出口至换向阀，由换向阀反复换向实现主机上行和下行。“一拖一”型液压站：长 3240mm × 宽 2250mm × 高 2200mm。

技术参数(五型)：

(1)油泵最大排量为 25L/min。

(2)油泵额定耐压为 31.5MPa。

(3)油泵输入功率为 5.5kW。

(4)主机高度为 3314～3964mm。

(5)最大悬点负荷为：50kN。

(6)最大冲程为 1300mm。

(7)最大冲程对应冲次为 4 次 /min。

2)“一拖二”型液压抽油机

双机联动时两台主机下腔连通，换向阀出口 A 和 B 分别接两台主机上腔。工作时一台主机上行，另一台下行。单机工作时，换向阀出口 A 和 B 分别接单台主机的上腔和下腔，通过开关截止阀即可实现。“一拖二”型液压站(图 2-86)：长 1900mm × 宽 1700mm × 高 2100mm，较“一拖一”系统体约降低至原来的 1/2。

3)工艺特点

(1)重量轻，占地面积小，便于安装。

(2)冲程、冲次可以无级调节。

(3)节省投资。

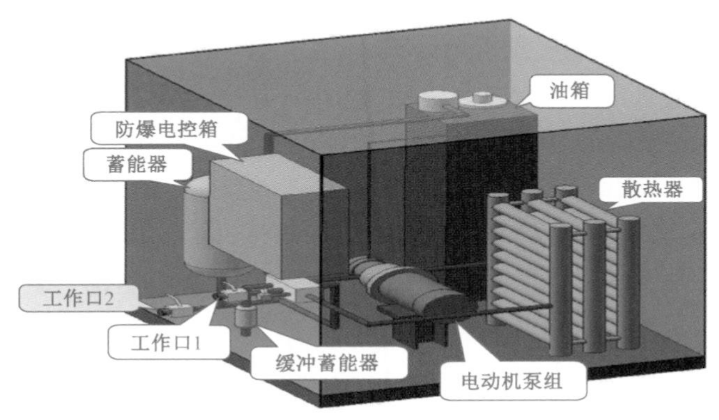

图 2-86 “一拖二”型液压站

4. 预置电缆智能分层注水工艺技术

预制电缆智能分层注水工艺技术是集高效测调、实时监测、远程控制、数字化管理等功能于一身的新型注水工艺技术，为油藏地质提供长期、连续、实时井下监测数据，并解决了大斜度井分层注水测调试成功率低、效率低等难题。

工艺组成：由一体化智能配水器、过电缆封隔器、地面控制箱、上位机管理系统等核心部分和钢管电缆、电缆卡子等辅助部分组成。工艺管柱如图 2-87 所示。

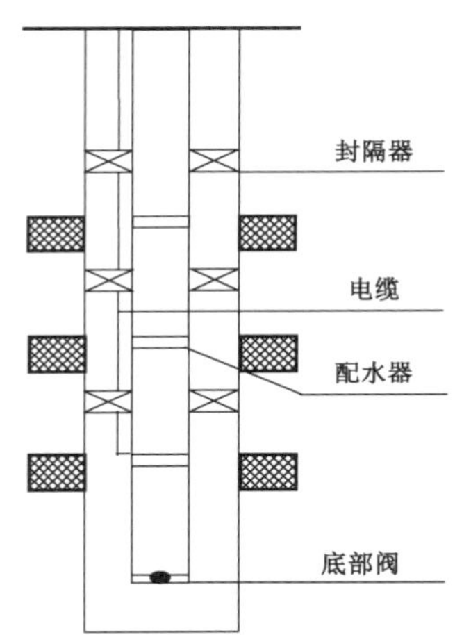

图 2-87 预置电缆智能分层注水组成示意图

技术原理：依靠一体化智能配水器实现注水参数的监测和流量的闭环控制，通过钢管电缆与地面控制箱双向通信以及地面控制箱与远程控制系统终端无线双向通信，实现地面指令下达、井下数据接收与流量调控、井下数据回传等功能。

1）一体化智能配水器

一体化智能配水器结构如图 2-88 所示，由上接头、电动机传动总成、流量检测和处理器、堵塞器、流量计、两路压力检测器、出水口和下接头等组成。

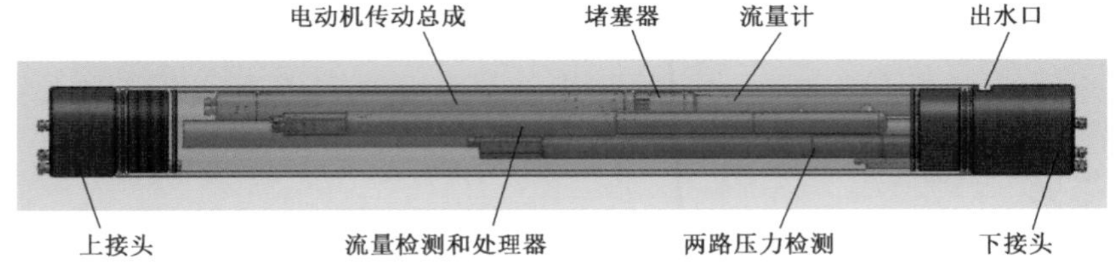

图 2-88 一体化智能配水器结构示意图

流量传感器：采用涡街流量计，其原理是在所测流体的通道内设计流体以产生卡曼旋涡，旋涡产生的频率与流量在一定范围内呈线性关系，检测卡曼涡街的频率可得到流量数据，其特点是压力损失小，稳定性高（都为固定元件），量程范围大，但需要一段的稳流场。

压力传感器：采用溅射薄膜式压力传感器，具有体积小、耐压值高、工作稳定、功耗小等优点，初步确定测量范围为0～60MPa，精度为0.1级。由于井下空间有限，不便于安装压力测量补偿电路板，为了提高压力测量精度，在检测电路中设计简单的硬件补偿模拟电路。

温度传感器：井下温度随着深度的增加而提高，但在一定的井深，温度波动量较小，同时温度对流量影响较小。因此，对温度传感器要求较低，采用微处理器自带的温度传感器即可实现功能。

堵塞器：堵塞器是井下调节流量的关键部件，选用高纯度陶瓷为原材料，以提高堵塞器的强度和寿命。同时，采用高精度模压技术，制造成定型的堵塞器。

执行电动机：工艺中不仅要求井下减速执行电动机体积小，还要提供足够大的扭矩，需选用低速高扭矩减速电动机，并设计精密的机械传动总成，选定电动机外径为28mm，扭矩为8N·m。

技术参数如下：

（1）长度为1698mm。

（2）钢体最大外径为110mm。

（3）最小内通径为42mm。

（4）耐温85℃。

（5）耐压30MPa。

（6）流量测试范围为5～100m^3/d。

（7）压力测试范围为0～60MPa。

2）过电缆可洗井封隔器

主要用于过电缆条件下封隔地层，不占用主通道实现钢管电缆的预置，封隔器侧腔留出预置电缆空间。施工时将电缆先预置在腔内再通过水下高压单芯电缆接头对接，结构如图2-89所示。可洗井逐级解封过电缆封隔器与传统的Y341-114封隔器功能一样，具体体现为坐封、解封及洗井功能。

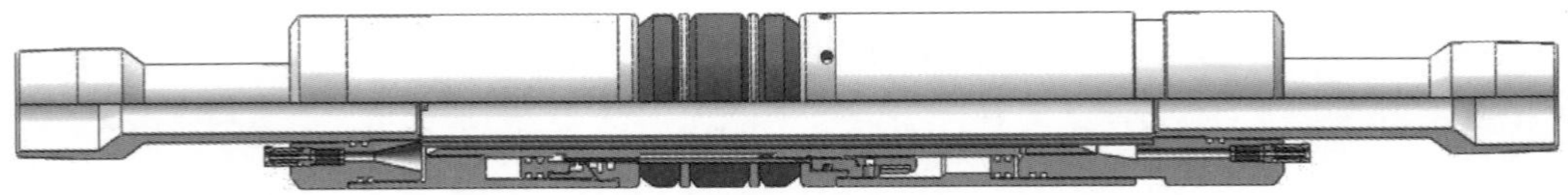

图2-89　过电缆可洗井封隔器示意图

技术参数如下：

（1）长度为1200mm。

（2）钢体最大外径为110mm。

（3）最小内通径为46mm。

（4）坐封压力为15～18MPa。

（5）洗井开启压力为0.5MPa。

3）地面控制箱和上位机管理系统

实现地面指令下达、井下数据接收、数据管理等，并通过钢管电缆为井下配水器提供动力电（图 2–90）。系统工作时，进行自定义周期闭环测调及调配工艺数据回传存储，无须人工参与；当需要根据地质要求更改各层注入量时，可通过上位机管理系统重新设定。

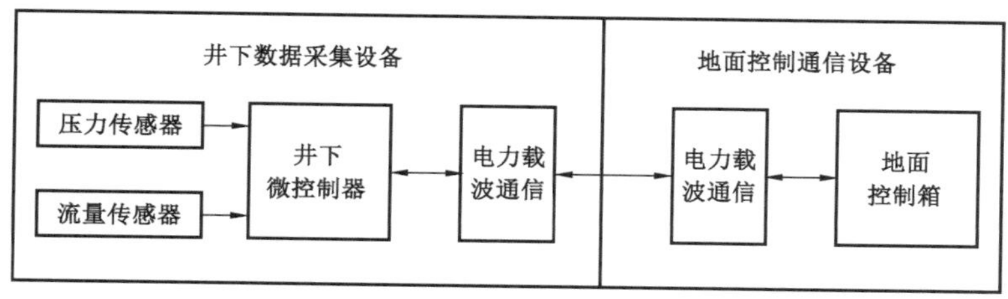

图 2–90 系统通信原理示意图

技术优势：

（1）适应于各类复杂井筒分层注水井。

（2）测试、验封、调配操作都无须动用测试车。

（3）提供长期、连续、实时井下“无干扰”数据。

（4）多层段同步、自动测调各层流量。

（5）电动机驱动功耗和能力不受限，可连续调配和有效处理堵塞器遇堵等问题。

5. 桥式同心可调联动分层注水技术

桥式同心可调联动分层注水技术由桥式同心注水工艺管柱与配套测试工艺组成，利用机电一体化技术，实时测量注水井井下各层段的注水状况，并根据各层段的渗透性能，通过地面控制器来调节各层的注入量。

注水工艺管柱，由桥式同心可调配水器、Y341 逐级解封封隔器、底部阀组成，工艺管柱见图 2–91。

测试工艺采用同心测调联动工艺，由地面控制系统、电缆绞车、井口防喷系统、电缆、同心电动测调仪组成。

技术原理：将管柱下至井下设计位置，油管内施液压释放封隔器后，地面电缆连接电动测调仪，下到井下最后一级配水器下部油管内，打开测调仪支撑臂后，依次上提至各级配水器上方，再下放与配水器定位对接，实时打开各级配水器水嘴，上提测调仪至油管内收回支撑臂。提出测调仪，开始注水。管柱验封时，下入电动验封仪，从下到上依次对各级封隔器进行实时验封。水量测调时，下入电动测调仪与配水器定位对接，实时测调待测层位水量，直至层段水量合格。

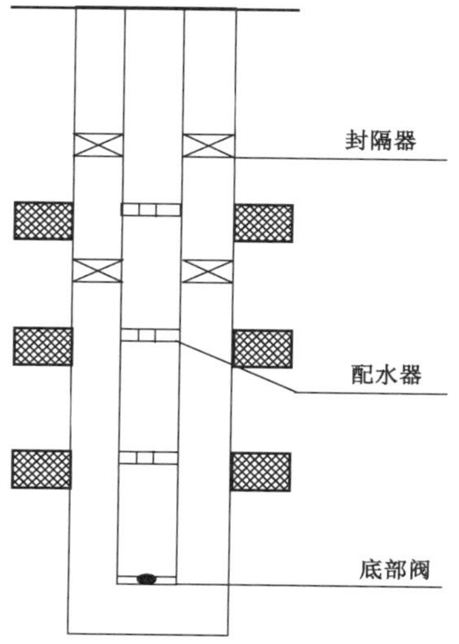

图 2–91 桥式同心注水管柱图

1）桥式同心配水器

桥式同心配水器由配水器主体、水嘴调节套、防砂套等组成。主体布有桥式通道，水嘴开度连续可调，可实现无级配水，技术参数如下：

（1）长度为550mm。

（2）钢体最大外径为108mm。

（3）最小内通径为46mm。

2）Y341逐级解封封隔器

Y341逐级解封封隔器采用逐级解封机构，不设解封销钉，解封时的上提力作用在本级封隔器，不通过中心管向下一级封隔器传递。可以反洗井，用于封隔注水层段，技术参数见表2–30。

表2–30　Y341逐级解封封隔器技术参数

长度（mm）	外径（mm）	内径（mm）	坐封压力（MPa）	工作压力（MPa）	工作温度（℃）	洗井阀开启压力（MPa）	解封载荷（kN）
985	110	50	18	25	120	0.5	30

3）地面控制仪

地面控制仪主要由过流保护、控制线路、信号处理、采集线路、通信线路以及电缆补偿等组成，完成对井下测调仪的供电控制、上传信号的处理、采集和井下测调仪的通信。

4）同心电动测调仪

同心电动测调仪主要由控制部分、测量部分及定位对接机构组成。根据地面控制仪的指令，调控井下层段流量的大小。

技术特点：

（1）管柱坐封后不用捞投水嘴，开度连续可调，水量地面直读，不受配水级数限制，可实现多层段配注。

（2）同心配水管柱结构，仪器不卡井，对接快，电动机扭矩大，测调时间短。

（3）具有桥式通道，测试时不影响下一层段的注水。

（4）使用可洗井Y341逐级解封封隔器，管柱密封率高，工作寿命长，施工作业风险低。

适用条件：井深小于3000m、井斜小于60°的$5^{1}/_{2}$in无套损、无套变的注水井，尤其适宜浅井区块的5段以上精细注水，以及中深井区块的分层注水。

截至2016年6月，在中深井地区现场试验30口井，平均1.6天完成测试，较常规测试缩短3.4天，测试效率提高60%以上。

6. 异型管地面分层注水技术

异型管地面分层注水技术由地面和井下两部分组成，技术原理图如图2–92所示。

地面部分通过套管大四通上部的三级悬挂器分别悬挂外层油管、中层油管和内层油管，井口集成恒流定量配水器(配水芯子可更换,水嘴持续可调)。

井下部分是利用可钻桥塞作为封隔器,与不同规格尺寸的油管配合,通过插管插接,密封油套环形空间,分隔注水层段。

现场桥塞坐封可采用管柱液压坐封与电缆坐封两种方式。可根据井深等具体情况进行择优选取。

技术原理:施工作业时,用电缆连接坐封工具,分别将三只桥塞下入井下设计位置完成坐封,起出电缆及坐封工具。再从外到内依次下入三层油管,每层油管下部连接扶正器、密封插管(含限位接头),插入对应桥塞内部形成密封,油管上部悬挂在对应的悬挂器上。密封插管与桥塞采用泵间隙配合、橡胶密封和聚四氟乙烯密封组合密封方式。

这样,从上到下形成三条独立的注水通道,地面通过相应的恒流定量配水器可分别向上部层段、中间层段及下部层段实施注水,从而实现地面分层注水。

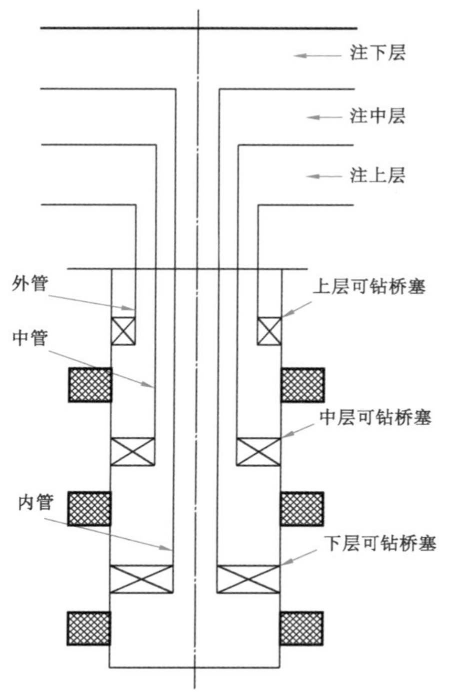

图 2–92　异型管地面分注技术原理示意图

1)地面分注系统

实现井下各段油管悬挂密封及水量测试,技术参数如下:

(1)工作压力为 25MPa 和 35MPa。

(2)上部悬挂器螺纹连接方式为 1.315inTBG。

(3)中间悬挂器螺纹连接方式为 $2^{7}/_{8}$inUPTBG 变 $2^{3}/_{8}$inTBG。

(4)下部悬挂器螺纹连接方式为 $3^{1}/_{2}$inUPTBG。

2)可钻桥塞

采用可钻材料设计桥塞,增加内密封机构,与密封插管配合形成注入通道,实现注水层段有效分隔,技术参数见表 2–31。

表 2–31　可钻桥塞技术参数

外径(mm)	内径(mm)			坐封压力(MPa)	层间耐压(MPa)	工作温度(℃)
	一级桥塞	二级桥塞	三级桥塞			
114	92.1	68	40	15	35	120

3)密封插管

上部连接油管,下端插入桥塞内部形成有效密封,技术参数见表 2–32。

表 2-32　各层油管密封插管技术参数

类别	外径（mm）	内径（mm）	总长度（mm）	连接方式
外管密封插管	92.1	80	2050	$3^1/_2$inUPTBG
中管密封插管	68	52	2000	$2^3/_8$inTBG
内管密封插管	40	27	2067	1.315inTBG

技术特点：

（1）验封、测试在地面进行，操作简单，单层注水量精确，可随时满足地质方案需求。

（2）桥塞设计电缆坐封与管柱坐封两种坐封方式，利于选择。

（3）密封插管与桥塞准确对接、密封可靠。管柱密封性能好、寿命长。

（4）桥塞性能稳定，作业时不用起出桥塞，清检时仅起下不同管径油管清检即可，作业效率高。

（5）桥塞关键部件选用可钻削非金属材料，易钻扫，避免卡井风险，安全性高。起不出时可小修直接扫钻，保证井筒畅通，避免大修风险，延长注水井寿命。

适用条件：井深小于 3000m、井斜角小于 20° 的 $5^1/_2$in 无套损、无套变的注水井，以及位于草原、稻田等低洼地带雨季及道路返浆地区的注水井。

截至 2016 年 6 月，在中深井地区现场试验施工 3 口井，地面管柱验封、水量测试均正常，注水状态平稳。

六、低品位资源油藏能量补充技术

目前吉林油田大量低渗透难采储量亟待开发动用，如何有效进行能量补充是制约高效持续开发的关键。国外对低品位资源油田开发时能量补充方式主要开展了室内实验和模拟研究，通过数值模拟分析了低品位油藏不同驱替方式下（水驱、气驱、水气交替）的开发效果和注气开发的可行性。国内已实施区块基本采用注水的方式进行能量补充，其他能量补充方式仍处在室内模拟实验阶段，矿场试验规模较小，实施效果较差。目前吉林油田开发特点表现为投产初期产量高，枯竭式开采导致递减快，针对这一现象，急需寻求有效的能量补充方式，为低品位资源有效开发提供技术保障。

1. 前置蓄能压裂技术

前置蓄能压裂技术针对常规注水收效差、不见效及井网不完善区域油井，以前置滑溜水压裂的方式增加储层改造体积，补充地层能量，从而达到提高单井产量及稳产水平的新兴技术。

1）技术原理

前置液阶段泵注大量滑溜水，滑溜水滤失性好，充分接触储层岩石，增加了地层弹性能量，提高了单井稳产能力；携砂液阶段泵注压裂液携带支撑剂形成主裂缝通道进行压裂作业，压裂后关井焖井，滑溜水与地层中的原油和地层水发生乳化、置换，使储层岩石润湿性由亲油向亲水转变，待井底压力扩散后开井生产，地层水、压裂液携带原油产出，从而提高单井产量。而传统常规压裂追求压裂液返排率，防止压裂液与原油乳化，压裂后破胶液返排让出通道后，原油方可产出。滑溜水蓄能压裂技术原理如图 2–93 所示。

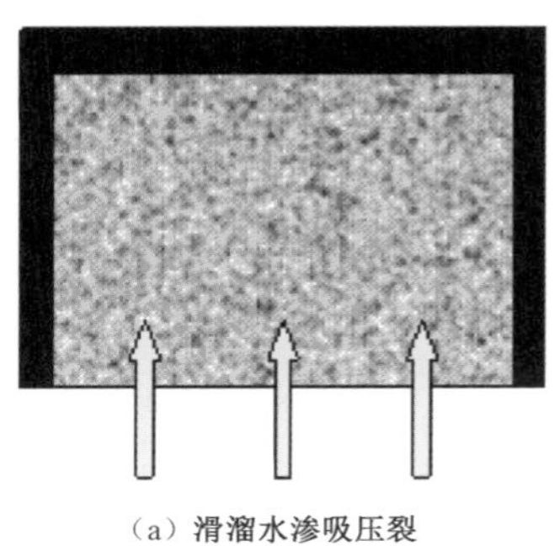

（a）滑溜水渗吸压裂

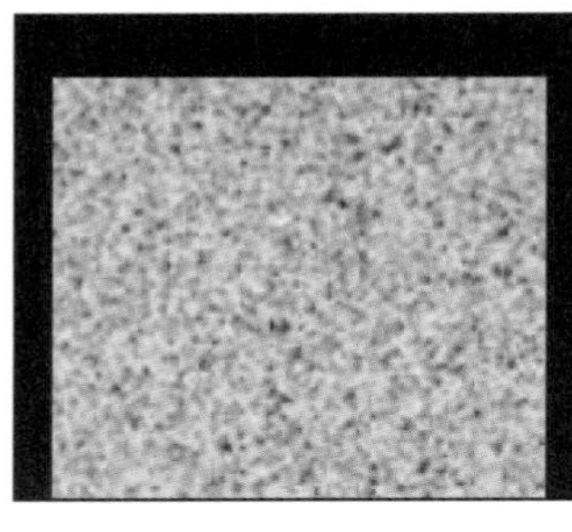

（b）乳化、置换原油焖井

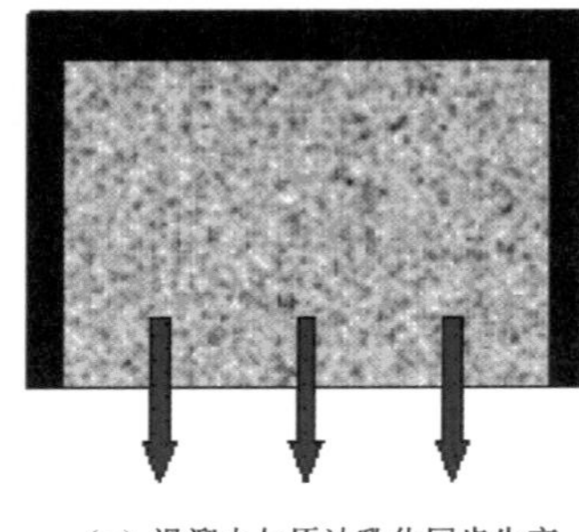

（c）滑溜水与原油乳化同步生产

图 2–93　滑溜水蓄能压裂技术原理图

2）技术要点

（1）滑溜水性能。

滑溜水是指在清水中加入极少量的减阻剂、表面活性剂和黏土稳定剂等添加剂的一种压裂液，又称为滑溜水压裂液。添加剂（主要包括减阻剂、表面活性剂和黏土稳定剂）尽管含量较低，却发挥着重要作用（表 2–33）。

表 2–33　滑溜水压裂液中主要添加剂

添加剂名称	含量（%）	作用
减阻剂	0.1	降低压裂液流动时摩擦系数，从而降低压力损耗
表面活性剂	0.2	降低压裂液的表面张力并提高其返排率
黏土稳定剂	0.2	帮助地层黏土保持稳定，防止井壁坍塌并减少地层伤害

目前滑溜水压裂液属于新型压裂液，吉林油田通过前期现场实践并借鉴国内外其他相关压裂液的技术指标，参考 SY/T 6376–2008《压裂液通用技术条件》、SY/T 5107—2005《水基压裂液性能评价方法》，结合实验室性能评价手段，确定滑溜水压裂液相关技术要求（表 2–34）。

表 2–34　滑溜水各项指标

项目	指标
表观黏度（mPa·s）	≤ 5
表面张力（mN/m）	≤ 28
界面张力（mN/m）	≤ 2
接触角（°）	≥ 40

项目	指标
与地层水配伍性	无沉淀或絮凝
黏土防膨率(%)	≥ 80
减阻率(%)	≥ 50
岩心渗透率损害率(%)	≤ 20
放置稳定性	常温下存放 10 天不出现聚合物颗粒聚沉或者分层

(2)储层敏感性。

弱水敏地层有利于压裂,提高压裂液用液规模,同时滑溜水黏度低,可以进入天然裂缝中,迫使天然裂缝扩展到更大范围,大大扩大改造体积;反之,强水敏地层,大规模滑溜水泵入,弊大于利。

(3)滑溜水液量优化。

从物质平衡理论上讲,滑溜水液量越大,单井改造体积及地层压力上升幅度也相应增加,从而获得更好的效果。但是,液量与效果并非线性关系,而且实际生产施工也需要限制压裂液量即压裂规模。因此,从经济角度考虑,压裂液液量存在优化值。根据吉林油田三类区块基础数据,模拟不同总液量下的蓄能压裂改造效果。

① 红岗、大安致密性储层区块。

模拟总液量 0~5000m^3/min,计算红岗、大安致密性储层区块的液量与体积压裂效果的关系,模拟参数见表 2-35,结果见图 2-94。

表 2-35 致密性储层区块地质、工程输入参数

水平最小主应力(MPa)	41	水平最大主应力(MPa)	50
储层厚度(m)	10	杨氏模量(GPa)	32
泊松比	0.20	压裂簇数	2~3
平均簇间距(m)	20	排量(m^3/min)	10
压裂液黏度(mPa·s)	10	总液量(m^3)	0~5000

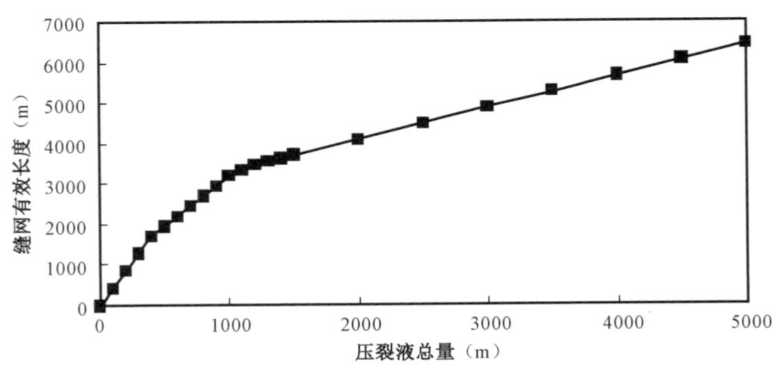

图 2-94 致密性储层不同总液量下的压裂效果

模拟计算显示，致密性储层随压裂液增加存在两个趋势减缓的拐点，当单段压裂液总量达到 400m^3 左右时，趋势第一次减缓，当单段压裂液用量达到约 1100m^3 时出现第二次减缓趋势拐点。继续增加压裂液会使得体积压裂效果更好，但改造效果增加的趋势减缓。因此，在平均 10m^3/min 排量下，单段压裂 1200m^3 以内的压裂液用量经济性相对较好。

② 伊通盆地敏感性储层区块。

模拟总液量 0～5000m^3/min，计算伊通盆地敏感性储层区块的液量与体积压裂效果的关系，模拟参数见表 2-36，结果见图 2-95。

表 2-36　敏感性储层区块地质、工程输入参数

水平最小主应力（MPa）	40	水平最大主应力（MPa）	52
储层厚度（m）	10	杨氏模量（GPa）	35
泊松比	0.19	压裂簇数	2～3
平均簇间距（m）	20	排量（m^3/min）	10
压裂液黏度（mPa·s）	10	总液量（m^3）	0～5000

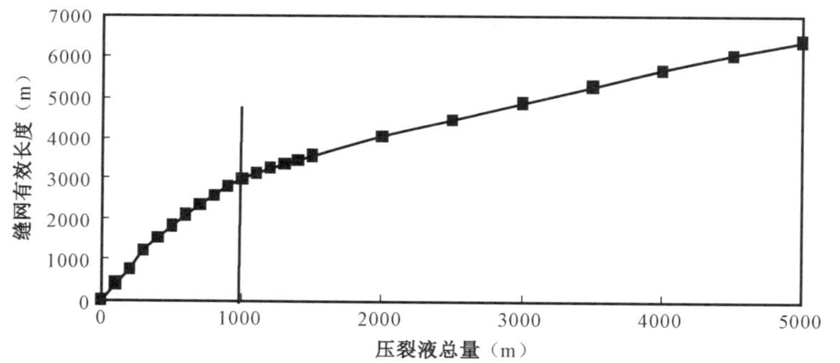

图 2-95　敏感性储层不同总液量下的压裂效果

分析计算表明，敏感性目标区块单段压裂液用量达到约 1000m^3 时出现趋势减缓拐点，继续增加压裂液时改造效果增加的趋势减缓。从经济性角度来看，在平均 10m^3/min 排量下，单段压裂 1000m^3 以内的压裂液用量经济性较好。当追求改造效果要求较高、对经济性要求较为宽松时，可以继续增加单段压裂液用量，形成更加复杂的裂缝网络。

③ 大情字井区裂缝性储层。

模拟总液量 0～5000m^3/min，计算裂缝性储层区块的液量与体积压裂效果的关系，模拟参数见表 2-37，模拟结果见图 2-96。

模拟计算显示，裂缝性储层同样存在两个趋势减缓的拐点，当压裂液总量达到 500m^3 左右时，趋势第一次减缓；目标区块单段压裂液用量达到约 1300m^3 时出现第二次明显减缓趋势拐点。继续增加压裂液会使得体积压裂效果更好，但改造效果增加的趋势减缓。因此，在平均 10m^3/min 排量下，单段压裂 1300m^3 以内的压裂液用量经济性相较之后更好。

表 2-37　裂缝性储层区块地质、工程输入参数

水平最小主应力（MPa）	40	水平最大主应力（MPa）	50
储层厚度（m）	10	杨氏模量（GPa）	25
泊松比	0.23	压裂簇数	2～3
平均簇间距（m）	20	排量（m^3/min）	10
压裂液黏度（mPa·s）	10	总液量（m^3）	0～5000

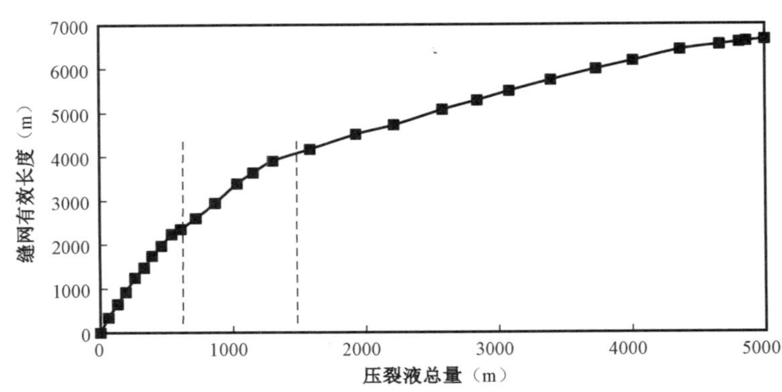

图 2-96　裂缝性储层不同总液量下的压裂效果

（4）液量经济优化。

采用滑溜水进行体积压裂时，红岗、大安致密性储层存在两个趋势减缓的拐点，当压裂液总量达到 400m^3 左右时，趋势第一次减缓；目标区块单段压裂液用量达到约 1100m^3 时出现第二次明显减缓趋势拐点。在针对该区块进行压裂时，较小规模压裂（例如直井单层压裂）用液量可以控制在 500m^3；大规模体积压裂单段用量控制在 1300m^3 时较为经济。

伊通盆地敏感性目标区块单段压裂液用量达到约 1000m^3 时出现减缓趋势拐点，继续增加压裂液时改造效果增加的趋势减缓。因此，从经济性角度来看，体积压裂单次压裂控制 1000m^3 的压裂液用量经济性较好。

大情字区裂缝性储层随压裂液增加同样存在两个趋势减缓的拐点：单段压裂液总量达到 500m^3 左右时，趋势第一次减缓；当压裂液用量达到约 1300m^3 时出现第二次减缓趋势拐点。大规模体积压裂时控制 1300m^3 的压裂液用量经济性相对较好。

3）工艺应用情况

（1）勘探评价致密油领域。

勘探评价致密油领域井区地层压力较高，结合前置蓄能压裂，地层留存液体多、能量足。2014—2015 年，勘探评价致密油领域 13 口采取蓄能体积压裂井投产后全部自喷，平均自喷 172 天，2 口常规压裂井（乾 246 井、查平 1 井）压裂后抽油机生产（表 2-38）。

表 2-38　致密油领域常规压裂与蓄能压裂投产方式对比

井号	压裂方式	自喷时间（d）	投产方式
乾 246	常规瓜尔胶压裂	0	抽油机
查平 1	常规瓜尔胶压裂	0	抽油机
查平 2	滑溜水蓄能压裂	217	自喷
查平 3	滑溜水蓄能压裂	293	自喷
查平 4	滑溜水蓄能压裂	206	自喷
查 59	滑溜水蓄能压裂	341	自喷
乾 247	滑溜水蓄能压裂	289	自喷
让 70	滑溜水蓄能压裂	364	自喷
乾平 20	滑溜水蓄能压裂	165	自喷
乾平 13	滑溜水蓄能压裂	78	自喷
乾 246-22	滑溜水蓄能压裂	70	自喷
查 58-3	滑溜水蓄能压裂	58	自喷
乾 246-23	滑溜水蓄能压裂	56	自喷
强 246-19	滑溜水蓄能压裂	35	自喷
查 48-9	滑溜水蓄能压裂	66	自喷

（2）油田开发领域。

2013—2015 年，油田开发领域相继应用 94 口井，分布于致密油藏、裂缝性油藏和敏感性油藏，储层有效改造体积是常规压裂的 4 倍以上，压裂后效果是常规压裂的 2～3 倍。

2. 化学法吞吐增产技术

化学法吞吐增产技术主要是通过向低渗透、特低渗透储层注入不同流体，利用注入介质与原油发生物理、化学变化，改善油品性质，同时注入的流体能够提高地层压力，实现低渗透、特低渗透储层能量补充的目的。吉林油田目前开展的化学法吞吐增产技术主要有 CO_2 吞吐和表面活性剂吞吐两类技术。

1）CO_2 吞吐技术

（1）增产机理。

结合 CO_2 特性，用于 CO_2 吞吐增产的主要机理有膨胀及降黏、改善水驱效果、近混相吞吐及增加储层弹性驱动能量。

① 原油体积膨胀及降黏。

地层中的 CO_2 在一定压力条件下，一方面能够溶于原油，使原油体积膨胀，提高地层压力水平以及原油膨胀力水平，增大原油内部结构之间的孔隙体积，使原油在介质孔隙内的流动更加畅通有效；另一方面，CO_2 在原油中的溶解能显著降低原油黏度(图 2-97)，改善原油表面张力，提高渗流能力，而且原油体积随 CO_2 溶解量的增加而增加。以新木庙 134 区块扶杨油层 CO_2 应用潜力室内实验评价结果看，在地层压力条件下(12.9MPa)，CO_2 溶解度为 125m^3/t，体积膨胀系数为 11%，黏度下降 70%，CO_2 使原油膨胀，导致"轻质油"采收率大大增加。

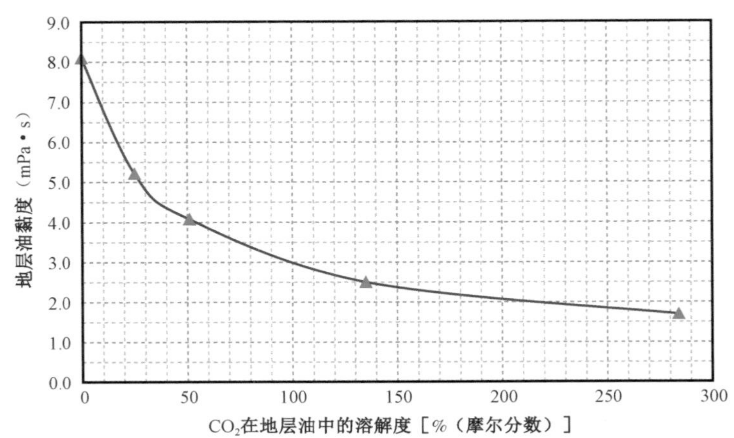

图 2-97 地层中 CO_2 溶解度与黏度的变化关系

② 改善水驱。

CO_2 注入油层后，不仅能降低原油的黏度，而且由于 CO_2 在水中的溶解度，可使水的黏度提高 20～30%，进一步减少油水流度比。此外，CO_2、水的混合物略带酸性，HCO_3^- 浓度可以增加 20%～30%，与地层基质相应地发生反应，提高储层渗透率，疏通油流通道。

因此，CO_2 吞吐能有效增强水驱效果，直观反应是降低启动压力。借鉴黑 59 区块实验结果，启动压力降低，渗透率从 0.7mD 降低到 0.2mD，说明 CO_2 能够进入微小孔隙与喉道，新增可采储量，达到提高采收率的目的。

③ 近混相压力吞吐。

混相吞吐是在地层条件下，原油中轻质烃类分子被 CO_2 萃取到气相中，形成富含烃类的气相和溶解 CO_2 液相(原油)两种状态，初期萃取原油的轻质组分 C_1—C_5，随着地层压力的逐渐升高，萃取组分逐渐升高，可达到 C_7—C_{15}，直至实现混相，萃取物超过 C_{20} 及以上。

④ 溶解气驱。

在注入过程中，CO_2 溶于原油，实现膨胀降黏，随着焖井及生产，油藏压力降低，原油中的 CO_2 就会从原油中分离出来，产生气体驱动力。

(2) CO_2 吞吐选井原则。

低渗透储层开发以压裂改造开发为主，储层裂缝发育，非均质性强，CO_2 吞吐利用率低，无法实现最佳的措施效果。因此，为了保障 CO_2 能够与原油充分接触，提高利用率，根据前期试验的经验，初步明确适合 CO_2 吞吐的选井选层原则：一是油藏特征，油藏封闭性较好，层间非均质性不强；二是物质基础，注采井网完善，地层压力保持水平(60%～80%)，采出程度低（20%～40%）；三是开发特征，地层压力、混相压力差小，有利于形成混相，气体溶解降黏。

（3）工程设计参数。

① 注入压力。

注入压力越高，越易实现 CO_2 在原油中的溶解，降低原油黏度，在现有的工况条件下尽量提升注入压力。现场开展小型测试，测试不同注入工艺条件下的 CO_2 摩阻，根据 CO_2 相态测算不同压力条件下的静液柱压力，折算井底压力，确保井底压力小于地层破裂压力。

②注入量。

注气时存在两个相反的作用机理：一个是 CO_2 对油的蒸发萃取及体积膨胀作用，另一个是 CO_2 将油推离井底的作用，两者对增油量的作用相反，最终效果取决于两者的综合作用。借鉴国内 CO_2 吞吐的经验，直井或定向井主要以椭球体模型（图 2–98）进行计算。

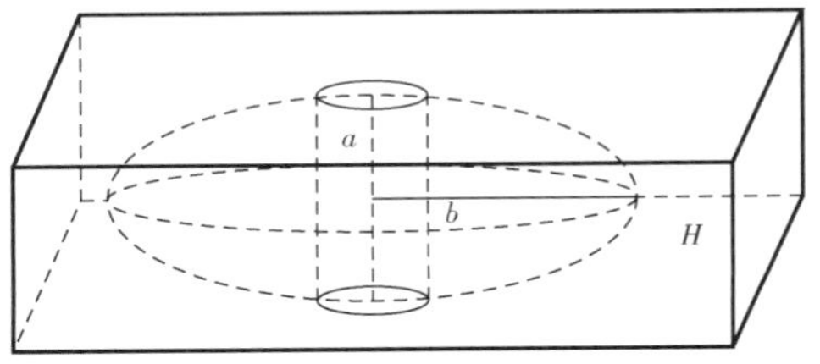

图 2–98 定向井吞吐设计模型：椭球体模型
（a，b—处理半径；H—生产段长度）

$$V=4\phi P_v \pi a b^2/3 \tag{2-16}$$

式中 V——地层条件下的注入量体积，m^3；

ϕ——孔隙度，%；

P_v——经验体积系数（0.2～0.4）；

a，b——处理半径，m。

模型中，单井注入量根据油藏渗透率、模拟油藏范围、处理半径、油藏孔隙度、经验系数等参数决定。

作用半径的确定：a 为短轴，b 为长轴，表面活性剂横向作用于半径。根据油藏渗透率确定泄油半径，高渗透油藏 20～30m，中等渗透油藏 15～20m，低渗透油藏 10～15m，选择中等渗透油藏取值范围的高值，约为 20m。

经验体积系数根据地层压力和亏空程度综合判断，一般取值 0.2～0.4。

③ 井筒工艺设计。

工艺设计主要有三个方面：一是常规井口及管柱，油套环空注入，适合低压低速注入；二是常规井口更换高压设备，提高注入压力等级 16MPa，适合高速高压注入；三是注采一体化工艺管柱，结合产液剖面等测试，确定实施层位，进行分层吞吐，使 CO_2 针对性更强，利用率提高。该技术优点是一次作业可实现分层注入，合采或分采。

④ 地面注入工艺。

CO_2 吞吐试验地面注入工艺主要有两种模式：一是柱塞泵低速注入，注入速度为 3～5m^3/h，注入压力上限 16MPa；二是千型泵高速注入，注入速度为 0.5～1.5m^3/min，注入压力上限 70MPa。

（4）矿场试验。

CO_2 吞吐技术在吉林油田扶余油层、高台子油层和萨尔图油层三大主力油层现场应用

130 井次，有效率 70%，平均单井增产 60t，累计增产 0.8×10^4t，见到较好的增产效果，在目前低油价环境下低渗透油田具有较好的应用潜力及前景。

2）表面活性剂吞吐技术

低孔隙度、低渗透率、低丰度的“三低”油田，采用枯竭式开发方式，地层能量下降快，无后续能量补充，为了提高开发效果，开展表面活性剂吞吐技术研究，探索致密储层的有效开发方式。主要增产机理是通过注入大量的流体，逐渐恢复地层能量，通过毛细管力的自吸作用与基质中的原油发生置换反应，依靠表面活性剂的界面活性，降低油水界面张力，改变岩心的润湿性，降低原油黏度，改善油水流度，随着开井泄压生产，使置换出的油与部分注入液一同采出，实现补充能量、增产的双重目的。

通过前期试验，确定的吞吐技术的选井原则以低渗透储层为主，储层非均质性差异小，井筒剩余油富集，保障后续注入流体能够在近井地带形成聚集，与原油充分接触，实现置换及化学降黏的作用。

表面活性剂吞吐技术在中低渗透储层先导性试验 4 口井，单井注入量 2000m^3，注入压力上升幅度 10～15MPa，地层能量大幅度提高，投产后液面上升，产油量增加，累计增产 300t，有效期 9 个月，技术研制与应用成功。通过对枯竭式开发储层补充地层能量，增加了可采储量，提高了采收率，具备推广应用价值。

3. 复合脉冲水气交替技术

复合脉冲水气交替技术针对常规注水注不进、注气易气窜问题，通过增稠剂与渗析剂联合作用，扩大波及体积，增加洗油效率，有效补充地层能量，提高油藏的开发水平。

1）复合脉冲水气交替技术机理

复合脉冲水气交替技术综合了水气交替、周期注采、液体渗析、气体增稠等技术优点，通过发挥协同效应，最大限度地对基质进行能量补充。水、气交替注入形成油、气、水三相流动，注入的水和气在多孔介质中具有较大的界面作用力，在一定程度上减少了相对渗透率，增加了流体通过高渗透部位的流动阻力，迫使流体流动路径发生变化，部分进入低渗透层，驱出低渗透层中未动用的原油。脉冲式通过不断改变注入水气的量、方向及采出量造成波动压差，改变流体原有渗流通道，扩大波及效率，从而增加驱油效率。在水中加入渗析剂，可以有效地降低油水界面张力，改变岩石润湿性，从而降低低渗透孔喉的渗流阻力，通过自发渗吸作用进入小的孔喉，从而达到剥离油膜、提高采收率的目的。在注入的气体（如 CO_2）中加入少量的增稠剂，增加 CO_2 的黏度，达到降低流度、削弱黏性指进和窜流的目的，扩大波及体积，改善基质驱油效率。

2）水气交替技术

水气交替技术主要是增加了流体进入低渗透层的概率，将低渗透层内部的剩余油驱替出来。水气交替驱油效果的影响因素主要包括段塞尺寸、水气注入比、注入速度、时间周期及交替注入次数。在前期注水条件下，对于混相驱段塞尺寸越大，驱油效果越好，然而对于非混相驱，段塞存在一个临界值，高于或低于这个临界值都不能获得较好的驱油效果。当采用相对较低的水气注入比时，降低了注入气的黏度，影响流度比，从而导致前缘不稳定，尤其是低渗透裂缝性油藏，由于裂缝渗透率高，而基质渗透率低，注入的液体和气体极易发生指进现象，通常在明确水气交替注入段塞尺寸的情况下，通过改变气水比进行实验可以得到最优的水气比。采用相对较高的注入速度时，使得地面注入压力较高，不仅导致注入流体易沿裂缝发生窜流和绕流现象，无法降低剩余油饱和度，而且较高的注入速度还容易造成流体过早突破，导致驱油效果变差和含水上升较快。通常在注入段塞尺寸和注入比确定的情况下，结合油田的实际情况，通过实验模拟得到最佳的注入速度。通常交替注水、注气的时间周期对采收率的影响相对较小，若周期太短，则采收率增加不明显；若周期较长，则可以减少施工耗费，一定程度上节约了成本。交替注入次数对采收率的影响较为明显，通过研究表明，采收率随交替注入次数的增加而增大。

3）液体渗析技术

液体渗析主要是通过降低油水界面张力，改变岩石润湿性来剥离低渗透孔隙内的剩余油，进而提高采收率。其中，界面张力是垂直通过两相界面上任一单位长度，与界面相切的、收缩的力。如图 2-99 所示，一个油滴滴在水面上，三种界面张力 $\sigma_{2,3}$，$\sigma_{1,2}$ 和 $\sigma_{1,3}$ 达到平衡时，液滴形状稳定。对于原油开采来说，油水界面张力低，原油易于流动。在合适的环境条件下，渗析剂具有降低油水界面张力的作用，即降低残余油滴的毛细管阻力，极大地提高了毛细管数，使残余油饱和度降低，大幅提高了原油采收率。

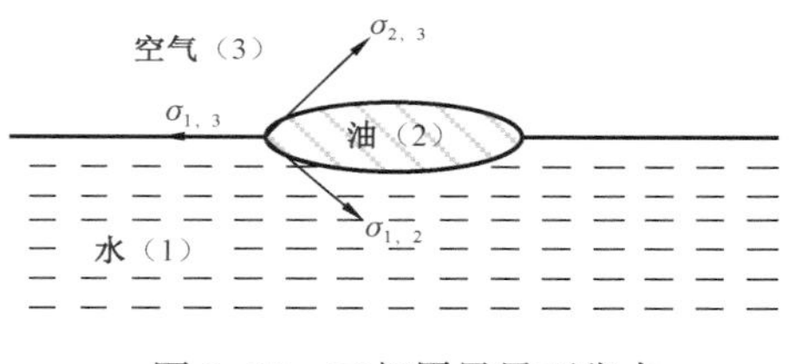

图 2-99　三相周界界面张力

润湿性是两种流体同时存在时，某一种流体在固体表面铺展或黏附的倾向。当两种非混相流体与固体表面接触时，通过确定界面张力或润湿角，就可以定量分析润湿性。岩石的润湿性对石油采收率的影响是通过岩石对油和水的润湿性差异引起的。有的油层岩石亲油或偏亲油，如图 2-100（a）所示；有的亲水或偏亲水，如图 2-100（b）所示。对于亲水油层，注入水易沿着岩石孔壁流动，容易发生卡断；对于亲油油层，油与岩石表面的附着力阻碍油在岩石表面流动，使水容易窜流，形成孤立的油块或油膜等残余油形式。渗析剂可以沿着油滴与岩石表面进入，在亲油表面吸附，使岩石表面的润湿性由亲油变为亲水，表面变成亲水后，油滴将不能再在岩石表面吸附（图 2-101）。经过渗析剂的吸附，岩石表面的润湿性变为亲水（或亲水性变强），被剥离的油滴不能在岩石表面吸附，从而达到提高洗油效率的目的。

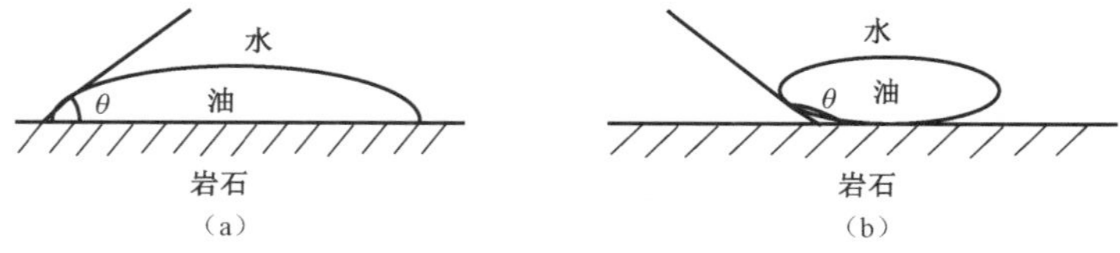

图 2-100　油和水对岩石表面的选择性润湿

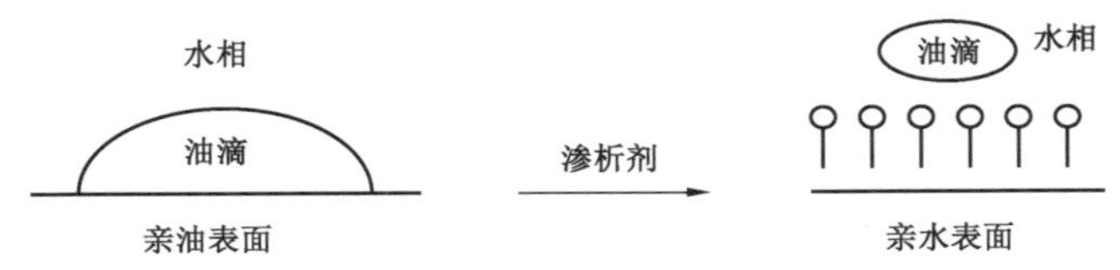

图 2-101　渗析剂改变岩石润湿性机理示意图

渗析剂不会增加地层流体的黏度，具有更高的相对分子质量，与原油接触时不会发生乳化现象，不会造成乳堵和聚合堵等伤害。因此，水中加入渗析剂驱油是一种安全、可靠的技术。

4）气体增稠技术

由于气体黏度与原油黏度相差很大，造成流度比不理想，将导致气体过早突破和波及效果差，对水气交替开发效果非常不利。流度比是驱替液与被驱替液流度的比值，流度比的大小直接影响驱替液的波及体积。如何有效控制和调节流度比是提高采收率的方向，目前比较好的方法是提高气体的黏度。增稠剂可以增加气体的黏度，降低流度，进而减小气体与原油的流度比，达到削弱黏性指进和窜流的目的，有效扩大波及体积，从而改善驱油效果。通常油溶、水溶等高分子聚合物在 CO_2 中溶解性差，不能作为有效增稠剂。Beckman 将疏 CO_2、分子间存在"π—π"堆叠作用的苯基嫁接到氟化聚合物上，得到一种经典的 CO_2 增稠剂（PFAST），但价格昂贵且有环保问题，无法实际应用。经过研究发现，非氟的、在 CO_2 中溶解性好的小分子聚合物增稠剂，通过苯基之间的"π—π"堆叠形成相对分子质量极高的大分子结构，提供溶液黏度；通过改善混合熵，有助于聚合物的高柔性、高自由体积、较弱的溶质间相互作用；通过改善混合焓，提供聚合物和 CO_2 之间特殊的溶质与溶剂间相互作用，将是直接 CO_2 增稠技术的发展方向。

通过复合脉冲式的水气交替，发挥各自优势，实现驱替介质补充能量和提高置换率，从而达到大幅度提高采收率的目的。

七、低品位资源集约化建井地面工艺技术

1. 多井串联冷输集油技术

多井串联冷输集油技术应用具有投资少、能耗低、易于操作等优点，是地面系统站外优化简化主要关键技术（图 2-102）。单井冷输集油优选玻璃衬里钢管，管线埋深 2.0m，不保温，采油井口及立管保温，优选产液量高、含水高的油井作为端点井，就近串联产液量低的油井进计量间，平均 2～5 口井串联入计量间，增加集油管内的流动液量，提高油井产液进计量间温度，避免管线凝冻。井口缠绕电伴热带提高油井出口温度，计量间内井口来液经过换热器升温后入翻斗分离器，确保冬季翻斗分离器正常计量，井口投加流动改性剂改善原油流动状态，井口投球管线定期清蜡等保驾措施。串联井产液量不大于 20t/d；集油管径选用 DN50，串联井产液量大于 20t/d；集油管径选用 DN65。

油井常温输送规模化应用区块，部分扩边新建油井管线设计为掺水和集油管线深埋

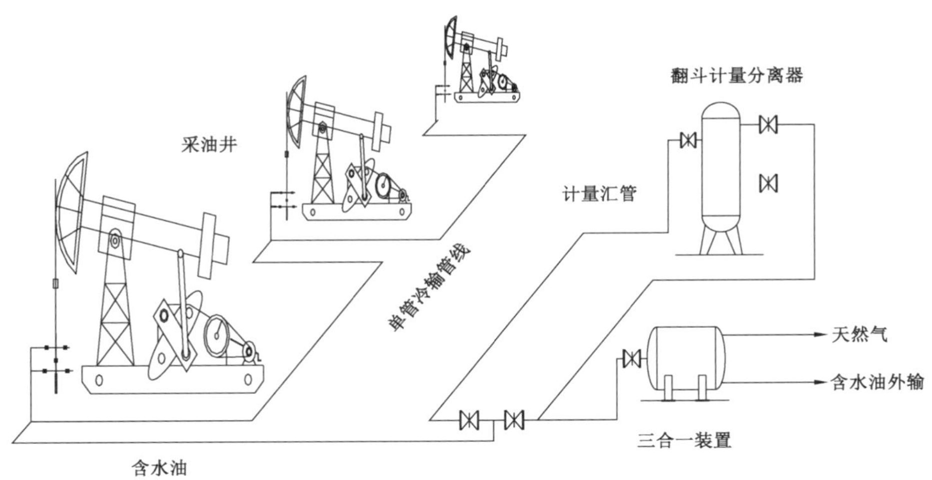

图 2–102　多井串联冷输集油工艺流程示意图

2m，掺水管线保温，集油管线不保温，开发初期冬季掺水、夏季停掺，待含水率升高后完全停止掺水，顺利转为油井常温输送流程生产。掺水时间为每年 11 月上旬到下年 4 月下旬，总运行期约为 6 个月，可根据气候变化适当提前或推迟。若以地温为参照数据，以地温 10℃为界，小于 10℃开始掺水，大于或等于 10℃后停掺输水。

吉林油田位于东北高寒地区，冬季环境温度低，单井产液量低，气油比低，井口出油温度低，大胆突破油田加热输送或伴热输送的传统技术思路，实现了含水原油低于原油凝固点进计量间，节约了工程投资，大幅度降低了集输能耗，集输自耗气达到 $10m^3/t$，接近国内先进水平，其中扶余油田油井常温输送技术是中国石油天然气集团公司重点推广的优化简化技术。目前已总结出各油田常温输送工艺边界条件，油井井口回压不大于 1.5MPa，集输吨油自耗气达到 $10m^3/t$。目前吉林油田共有 5692 口油井采用冷输集油流程，占总井数的比例为 33.49%，随着技术的进步和油井采出液综合含水率升高，单井冷输集油工艺推广应用空间更大。

2. 注水稳流配水技术

实现稳流配水的主要设备由高压流量计、高压调节阀、执行机构和控制器集于一体，实现闭环计量和控制的系统（图 2–103）。可在流量范围内任意设定流量，也可自动调整流量，保证平稳精确的注水，降低工人的劳动强度；结构紧凑，节省空间，操作方便，显示直观；具有电流、脉冲和标准 485 接口，可以与计算机双向通信，实现远程控制。在使用过程中，用户通过设定键设定流量值，控制器把实际流量值和设定值进行比较。若不符合设定要求，控制器就会发出调节指令，驱动电动机正旋或反旋调节阀门，使瞬间流量值接近或等于设定值，具有流量阀位的自适应功能、调节响应快等技术特点。

相对于传统配水间工艺（图 2–104），现场操作人员数量得到较大限度的节省。通过控制器发出的指令，瞬时流量接近设定值，实现稳流配水，并且很准确地计量配水水量；通过控制室终端系统，利用标准 485 接口，将每个配水间的配水水量、压力上传到采油厂，便于采油厂宏观控制。

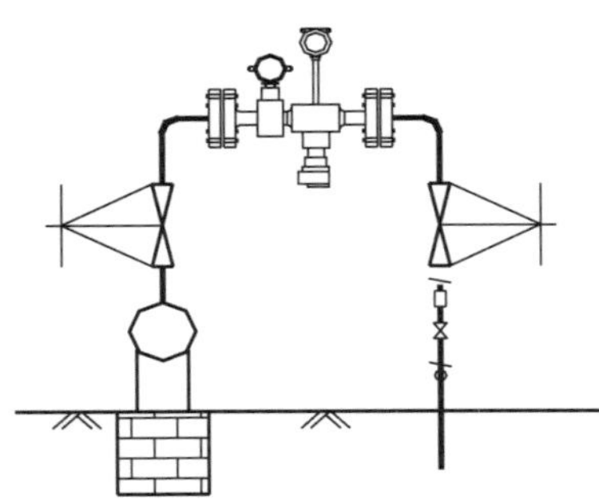
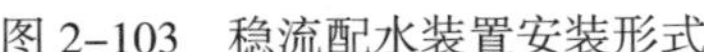

图 2-103　稳流配水装置安装形式

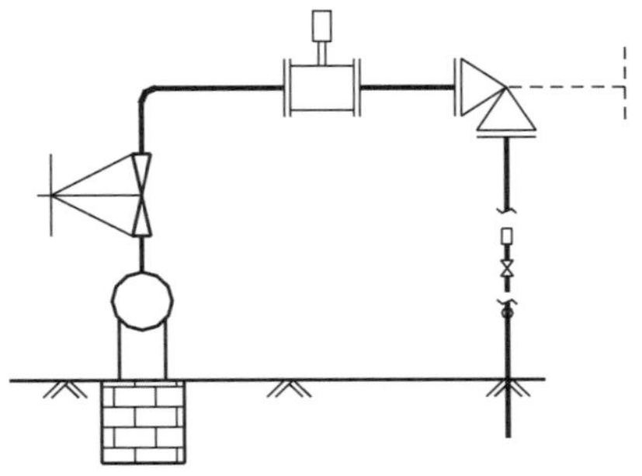

图 2-104　传统配水阀组安装形式

3. 油井多通阀自动倒井计量技术

多通阀主要用于油田计量站的自动选井阀组，通过电动执行机构的工作，实现多井管路与一台计量装置的开关自动切换，可进入生产汇管或计量汇管（图 2-105、图 2-106）。多通阀装置结构紧凑，适合橇装，简化计量站集输流程，可实现橇装化无人值守的计量站，可实现现场手控选井与远程自动控制选井，使用灵活、安全可靠，起到代替大量原有阀组的作用，使计量流程大大简化。

目前油井多通阀倒井技术已广泛应用于红岗和新立油田冷输计量间，现场应用效果良好，多通阀自动倒井技术满足了低品位资源油井单井产量低、计量周期长的生产需求。

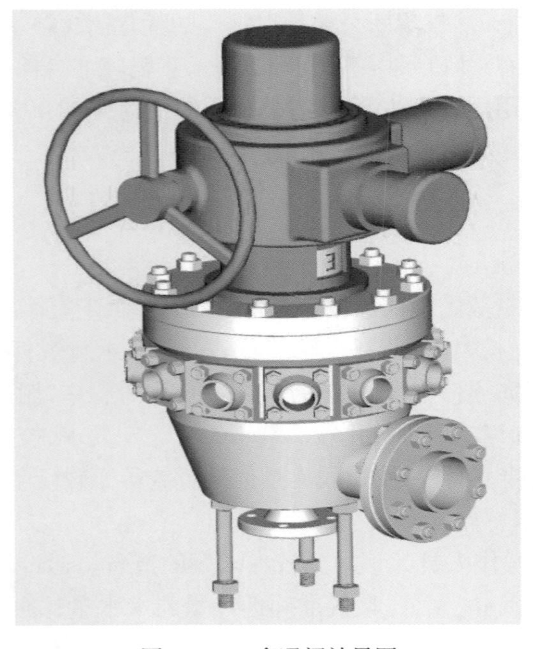

图 2-105　多通阀效果图

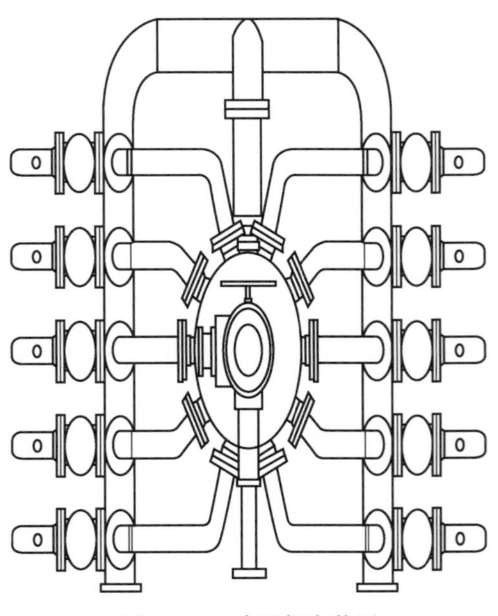

图 2-106　多通阀安装图

4. 接转站密闭集输及处理工艺技术

目前吉林油田各接转站已全面应用推广密闭集输及处理工艺技术，取消站内储油罐，将站内工艺流程由开式流程改造为密闭流程，站外来液入三相分离器（或三合一装置）进行油、水和气初步分离（图 2–107）。分离出的伴生气经除油器和干燥器处理后作为加热炉燃料气；分离出的污水经掺输泵和掺输加热炉提压和升温后去站外掺输；分离器出的低含水原油经外输泵和外输加热炉提压和升温后外输至联合站进行深度脱水处理。

接转站工艺流程实现密闭集输和处理后，简化了工艺流程，减少了工艺设备，满足生产，方便管理，节约了一次性工程投资，大幅度降低了油气损耗，减少了生产能耗。

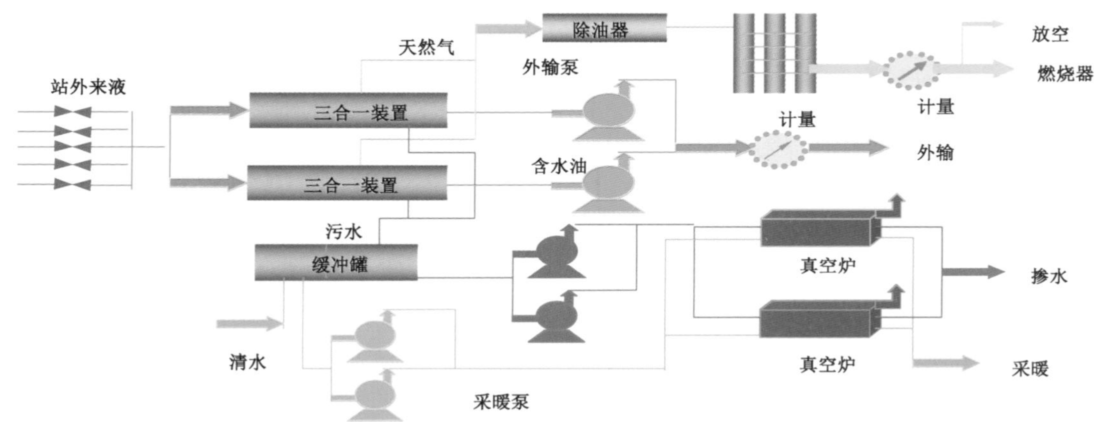

图 2–107　密闭接转站集输及处理工艺流程示意图

5. 一体化装置集成技术

通过独立研发、联合研制和直接引进等多种方式，形成了 25 项技术先进、集成度和自动化程度较高、具有较好应用前景和经济效益的一体化集成装置（表 2–39），并在工程中得到了应用，取得了较好效果，基本满足了生产需求。橇装老化油蒸馏脱水装置如图 2–108 所示。

表 2–39　一体化集成装置研发情况统计表

序号	装置名称	替代常规装置
1	伴生气自然冷却除油装置	除油器、干燥器
2	一体化注水装置	小型注水站
3	密闭单井集油一体化集成装置	常规高架开式单井拉油罐
4	燃料气计量调压装置	燃料气计量表、调压阀
5	柱上变电站装置	常规变配电装置
6	三甘醇脱水橇	常规天然气脱水装置
7	单井天然气分离计量装置	单井集气站

续表

序号	装置名称	替代常规装置
8	单井天然气换热分离计量装置	单井集气站
9	CNG 调压计量卸气装置	CNG 卸气站
10	注醇橇	注醇泵、注醇泵房
11	三甘醇脱水橇	常规天然气脱水装置
12	污水装车橇	污水泵、污水泵房
13	压缩机注入橇	压缩机、压缩泵房
14	组合式加药装置	加药系统
15	污油污水回收装置	常规污油污水回收系统
16	燃料油供油装置Ⅰ型	常规燃料油系统
17	冷输换热计量橇	换热器、翻斗计量分离器
18	油气混输增压橇	油气混输泵、泵房
19	接转站掺输加热橇	换热器、翻斗计量分离器
20	接转站分离干燥外输橇	分离器、干燥器、外输泵
21	接转站外输橇	外输泵、外输泵房
22	接转站掺输橇	掺输泵、掺输泵房
23	接转站采暖加药橇	采暖泵、加药泵及泵房
24	接转站计量阀组橇	计量阀组、计量仪表
25	橇装老化油蒸馏脱水装置	加热、蒸馏、分离、缓冲、提压装置

图 2-108　橇装老化油蒸馏脱水装置

6. 标准化设计技术

已全面完成中小型站场定型图、模块图、通用图标准化设计工作，基本覆盖了主要油气田类型和地面工程中小型站场的相关专业，并基本形成了系列化，推动了吉林油田标准化设计工作快速、规范开展。

截至2015年底，油气、水、电、建、机械、自控、暖通等专业共完成定型图、模块图255套，通用图16套，配套标准化设计经济指标488项（估算指标298项，概算指标93项，预算指标97项）。其中，标准化油气混输增压装置定型效果图如图2–109所示，标准化掺输计量间定型效果图如图2–110所示。

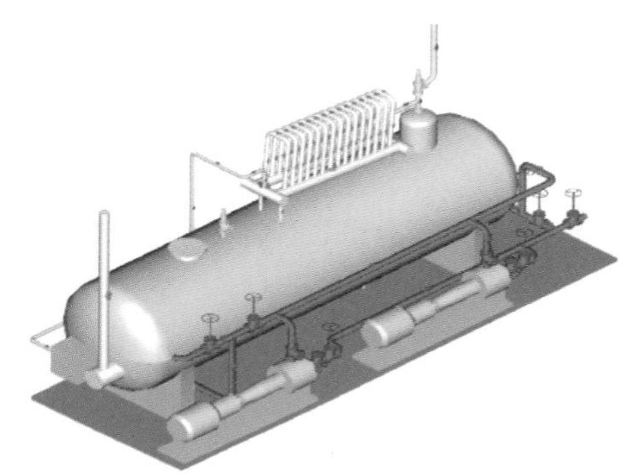

图2–109　标准化油气混输增压装置

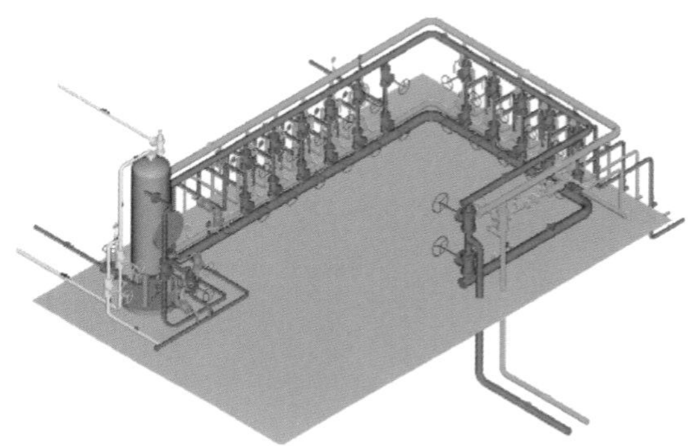

图2–110　标准化掺输计量间

7. 物联网技术

根据中国石油《油气田地面工程数字化建设规定》《油气生产物联网系统建设规定》要求，以采油厂油气田开发生产管理的业务流程为主线，通过自动检测控制、安全防护、自动保护，通信网络、数据交换等技术手段，实现井场、站、管道等生产过程实时监控，由站场监控中心、作业区生产管理中心、采油厂生产调度中心分级监控管理，用来提高生产效率、减员增效，为油气田数字化管理提供基础数据。

各站场生产过程控制系统设置以“生产运行数据自动采集、生产过程自动监控、生产场所智能防护、紧急状态自动保护，达到小型站场无人定岗值守、大中型站场少人集中监控，油气田统一调度管理”为原则。生产管理采用中心控制室安装的SCADA系统对井、站、管线进行监控管理。

（1）平台井场单井采用功图量油、视频监控、电子巡井技术，无人值守，实现了中心控制室远程监控（图2–111）。

（2）计量间、配水间无人值守，计量间设置RTU控制系统，无线接收远程中心控制室命令同时将数据上传，控制多通阀手/自动选井、翻斗量油。RTU同时检测集油汇管温度、压力、回油单环温度、配水间汇管压力、单井压力流量等参数无线自动上传。

（3）计量间、配水间、井场设置高清红外摄像机，全天候监控生产运行状况，实现了闯入报警、视频信号无线上传（图2–112、图2–113）。

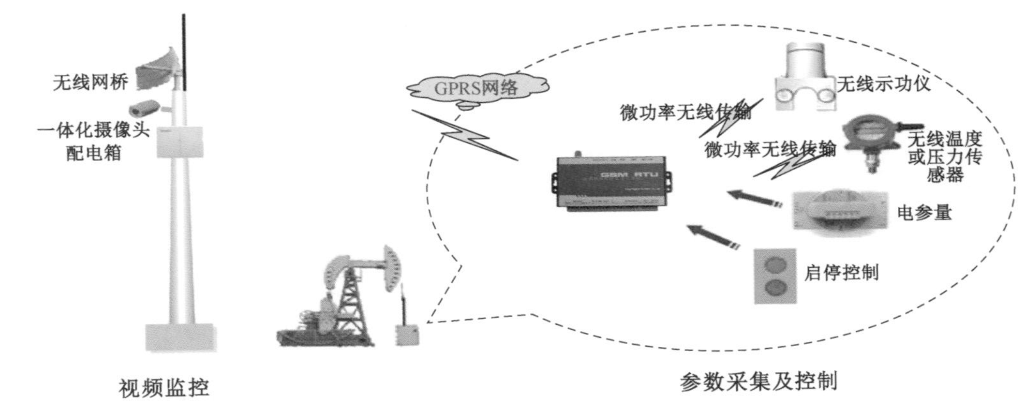

图 2–111　井场物联网系统示意图

图 2–112　配水间物联网系统

图 2–113　计量间物联网系统

（4）联合站（或采油队部）中心控制室安装 SCADA 系统操作站、服务器、工业以太网等，通过网桥无线接收井场、站数据及视频信号，进行显示、存储（图 2–114）。

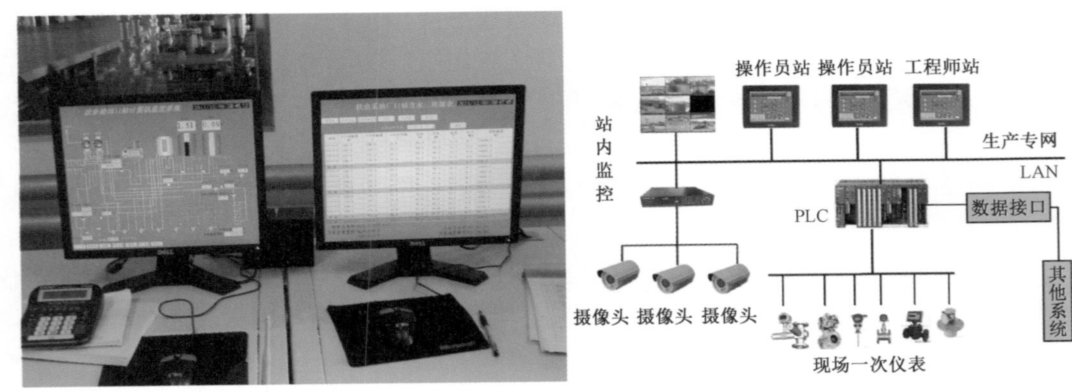

图 2–114　站场物联网系统

8. 工厂化预制技术

模块化预制、组装化施工是油田地面工程建设缩短施工周期、提高工程质量、降低工程投资、提高油气田开发综合效益的有效手段。目前吉林油田建设公司已形成基地预制、移动式预制工作站、现场预制施工相结合的方式，在完善以金属结构车间、防腐车间的预制基地建设的基础上，着力开展简易移动式预制工作站、现场预制场地规范化建设。压力容器工厂化预制如图 2-115 所示。

努力提高预制的深度和广度，深入开展模块化建设，根据标准化设计系列图集，开展标准化施工制度化建设，建立和完善了标准化施工管理体系，修订了与标准化施工相适合的各项管理办法，完善了部分模块化预制和组装化施工工艺标准、作业指导书、施工工法以及施工作业操作规程等技术资料。建立轴测图管理机制，施工前利用 CAD 软件绘制场站、计量间的轴测图，发给施工班组标识焊缝，便于焊缝质量的责任追究。压力管道模块化预制如图 2-116 所示。

图 2-115　压力容器工厂化预制图

图 2-116　压力管道模块化预制图

第三章

低品位资源有效开发持续融合技术创新管理模式先导试验

第一节 新立Ⅲ区块集约化井丛效益建产试验区

吉林油田新立采油厂Ⅲ区块（简称新立Ⅲ区块）处于湿地保护区，为典型的低渗透油藏，常规开发单井平均产能较低，产能建设投资高，经济效益差。为了应对低油价和资源劣质化，吉林油田率先在新立Ⅲ区块开展地质、工程多专业一体化大井丛开发试验，开发效果、效益提升比较显著。常规低渗透油藏实践非常规开发理念，采用集约化大平台建井模式，集成地质工程一体化设计、井群缝网改造、蓄能压裂和高效多功能地面工程技术等非常规做法，单井日产平均提高33%，内部收益率由13.8%上升到17.8%，实现了降低产能建设投资、降低开发生产成本，提高单井产量，提高区块采收率的试验目标。

一、试验区概况

1. 新立Ⅲ区块试验区概况

新立Ⅲ区块位于新立油田东部，发育有三条近南北向正断层，开采目的层为扶杨油层，油藏类型为低渗透裂缝性构造岩性油藏，储层以细砂岩、粗粉砂岩为主，储层物性差、非均质性严重，分9个砂岩组，26个小层，油砂体面积小，分布不稳定。主力油层为8号、14号、16号小层，油层中部深度为1304m。平均单井砂岩厚度40.9m，平均有效厚度9.2m，平均孔隙度14.4%，平均渗透率12.8mD，原始含油饱和度55%，原始地层压力12.2MPa，饱和压力9.6MPa。

该区原油密度0.85～0.87t/m^3，原油黏度一般为16～28mPa·s，凝固点为28℃～35℃，含硫一般低于0.1%，一次脱气气油比平均为37m^3/t，原油体积系数平均为1.111。天然气为溶解气，相对密度为0.7038，甲烷含量为81.02%，乙烷含量为4.91%，丙烷含量为5.04%，丁烷含量为2.37%，氮气含量为5.55%，二氧化碳含量为0.16%。

新立Ⅲ区块调整区（6–10排）1983年投入开发，最初采用反九点面积注水井网，经过多次加密调整，1997年之后井网调整为134m排距线状井网，油井距离224m、水井距离335m；新立Ⅲ–2区域（10排以北）2000年投入开发，采用300m反九点面积注水井网。到2015年

12 月，Ⅲ区块综合含水 77.1%，采出程度为 25.7%，采油速度 0.91%。

2. 存在问题及潜力分析

（1）新立Ⅲ区块北部受地面原因制约，注采井网不完善，具有完善井网及向北外扩的潜力，尤其是北部外扩区（Ⅲ –2）采出程度仅为 12.21%，远低于区块标定最终采收率值 28%，具备外扩的潜力。

（2）区块具有调整的物质基础。调整区含油面积 4.0km^2，石油地质储量 361.9 × 10^{4}t，储量丰度为 90.8 × 10^{4}t/km^2。截至 2013 年 12 月底，累积采油 91.39 × 10^{4}t，采出程度 25.3%，最终采收率为 42.5%，具有调整的物质基础。

（3）近几年新立采油厂Ⅵ区块在油水排加密调整取得较好效果，统计水井排加密井投产第 4 个月日产油 1.1t，油井排加密的井投产第 4 个月日产油 1.35t。为新立Ⅲ区块下步继续调整提供依据。

（4）调整区油水井井况逐年变差，套变严重及大修未成井增多，14 口井已被迫停井，严重影响产能发挥。2010—2012 年，老区油井更新 41 口，产量比更新前老井高 0.8t，含水降低 14.5%，投产第 4 个月日产油 1.5t，更新效果较好。调整区具有更新的潜力。

二、试验区方案优化设计

试验区油藏方案编制以低渗透油田开发 3 个重新认识为指导，打破常规建产方式，采取非常规理念、构建开发新模式，一体化部署、工厂化实施、多专业联合攻关、先进适用技术集成应用，努力实现低渗透油藏“提产、提效、降成本、降投资”开发新模式，立足示范先行，寻求低品质储量的有效动用新途径。

1. 油藏工程方案

（1）开展油藏地质研究，突出方案交互优化。

通过地震工区连片处理、构造解释，断层与原构造对比有 108 处发生了变化，新增加 95 处、减少 13 处。通过分析 21 口井裂缝监测资料，人工裂缝方向主要为 NE75° ～80°，与砂体展布方向基本一致。

单砂体横向变化快且窄，单砂体宽度为 129～306m，平均 217m；单砂体注采井网完善程度很低，有注无采、有采无注型砂体比例达 54.3%。

水驱规律再认识研究改变了固有东西向裂缝方向为见水见效方向的认识，综合单砂体精细刻画、水驱前缘监测、取心井资料认为，注水见效优势方向为北东向，即砂体展布方向。应用监测、密闭取心和油藏工程等方法，剩余油在平面上分布在油水井排井间、注采不完善型、断层边部，纵向上，主力层剩余油相对富集。

应用油藏认识成果建立适合大井丛建产设计的地质模型，构建油藏、钻井、压裂一体化设计方法，开展立体布井、工厂化钻井、区块整体改造设计。

（2）发挥井网作用、建立注采关系，最大限度提高区块采收率。

井网设计：新立采油厂老区 1996—1997 年由 300m 反九点井网调整为 134m × 224m 的

线性井网后地层压力逐步恢复并保持在原始地层压力附近、采收率提高(8% 以上),说明 134m × 224m 线性注水井网是适应老区地质条件的,试验区内部仍采用该井网。

外扩区充分考虑水驱控制程度、单井控储量、缝控储量、压裂改造能力、能量补充与经济效益的相关性,实现各参数最优化,确定 134m × 167m 反七点井网。

(3)油藏方案优化。

根据油藏特点和井况,确定总体调整方式。南部以油水井更新为主;中部水井排加密油井初期按照采油井投产,后期转注提高水驱受效方向,提高水驱储量控制程度;北部扩边区采用反七点法井网方式部署。

利用数值模拟技术优选水井超前注水 + 油井快速蓄能的方案,目的是较短时间内使油井储层孔隙压力实现快速提升、附近补充,又不把近井地带的油推得太远以利于回采,降低油井投产含水率,实现集团压裂效果。

(4)试验区油藏方案部署。

试验区共部署开发井 92 口,其中,油井 79 口,水井 13 口,配套转注 7 口井,配套转抽 1 口井。新井设计单井日产油为 1.2t/d,总建产能 2.84×10^4t,平均单井设计井深 1400m,总进尺 12.88×10^4m。

(5)试验区投产投注方案优化。

① 油井投产方案。

A. 选取两组典型对比井吉 30–26 井(压裂蓄能)与 28–22 井(注水蓄能)、吉 24–24 井(压裂蓄能)与新 201.1 井(注水蓄能)开展前期注水蓄能与压裂前蓄能压裂两种试验对比。

B. 吉 28–26 井开展 CO_2 蓄能压裂试验。

C. 与水井连通较好的层常规压裂,与水井不连通的层蓄能大规模压裂。

② 水井投注方案。

A. 水井储层发育较好的层复合射孔。

B. 水井储层发育差的层压裂后注水,改善吸水能力。

③ 超前注水方案。

选取两组典型对比井吉 30–26 井与 28–22 井、吉 24–24 井与新 201.1 井开展前期注水蓄能与压裂前蓄能压裂两种试验对比。

④ 生产期注水方案。

A. 考虑水井钻遇、油井连通及动用情况,确定分层注水方式(2～3 段)。

B. 对物性较差的水井,采取压裂投注方式,提高水井吸水能力。

C. 同时参考新井分层测压资料,确定层段注采比(初期 1.2)。

D. 根据预测新井单井产量及预测注采比,确定初期设计单井日注量为 25～30 立方米;投产后根据动态变化及时调整方案。

⑤ 监测方案。

A. 压前压力监测。

本次用数值模拟方法确定最终合理的注水量,注水蓄能后压力达到 1.05 倍原始地层压力时方案最优，投产前的注水过程中需严格监测地层压力变化。选取6口井进行跟踪监测，首先射孔之后安排分层测压，落实各小层的原始地层压力；蓄能后再测压，掌握地层压力变化情况，确定压裂投产时机。

B. 生产期油藏监测方案。

为保证投产后实现高效注水开发与持续稳产，需监测地下压力变化、单层注入、采出状况，做好油藏监测资料录取分析工作。

2. 钻井工程方案

（1）概述。

吉林油田新立Ⅲ区块调整区化肥厂排污区苇塘钻采地面受限，吉林油田为充分动用难采储量，明确采用平台井方式开发，钻井工程本着效益开发、节约公共资源的原则，综合考虑钻、采、压、地面要求，由最初4个平台优化为2个平台，分别为48口井、39口井平台。通过平台井方案优化、优快钻井配套技术完善、钻井液无害化处理技术应用，生产作业管理模式优化，安全、优质、快速完成两个大平台井施工。综合节约钻前征地、土方修垫、地面建设等费用1000多万元；整体平均钻井周期达到设计工期，确保平台施工进度；实现钻井现场施工“不挖坑、不落地、零污染”，为环境敏感区致密油藏开发提供技术保障；通过大平台工厂化作业模式，实现了调整区及地面受限油藏高效开发。

（2）地质情况。

新立Ⅲ区块地面为沼泽，平均水深1.5m，该区块共部署87口井，全部为定向井，开发目的层为扶杨油层，油藏类型为低渗透裂缝性构造岩性油藏，以细砂岩为主，油砂体面积小，分布不稳定，垂深在1350米左右。该区块自开发以来，经过分层布井、加密调整、注水驱油等增产措施的应用，油田综合含水大、产层水淹严重，地层压力复杂，多套压力系统共存，安全密度窗口窄，导致钻井过程中存在井涌、井漏等问题，影响安全快速钻井。受钻井投资和水平位移延伸极限的限制，从周边陆地上采用大位移井或水平井技术难以满足该区块油藏整体效益开发需求，因此，选择建造人工井场实施大规模丛式井组的方式进行开发。

（3）井场面积优化技术及钻机施工顺序。

施工井场钻井、采油、压裂地面受限，井场占地、钻机数量、井场排布等平台方案综合优化涉及难度大。平台方案优选需要对井场占地、钻机数量、井场排布等进行综合优化设计，最大限度减低井场占地，节约投资，提高建产速度，满足后期采油、压裂等施工作业需求。吉林油田公司为充分动用难采储量，钻井工程本着效益开发、节约公共资源的原则，综合考虑钻、采、压、地面要求，由最初17个平台经过6次优化，最终优化为2个平台，分别为48口井、39口井，其中1号平台设计部署48口井，共四排，单排井数12口，排间距55m，同排井间距5m。2号平台设计部署39口井，共3排，单排井数13口。多部钻机资源共享，节约占地费用，井优化井场面积，2个平台井场面积仅为45100平，如果按照常规单井井场面积4900平计算，87口井共需要426300平，可见发挥了平台井节约征地的优势。通过系统优化大平台井场排布，井场面积由9.4万优化为4.51万平，土方量由25.85万方降低至13.45万方，综合节约征地、土方修垫、地面建设等费用1000多万元。两个平台采用7部钻机正反向施工，钻井、测井、固井工序互不干扰的原则，不会因为其中一部钻机复杂情况而影响其他钻井正常施工。为探明储量，控制井优先施工，同时满足后期井同步施工。以平台中心为原点，靶点呈圆周辐射分布，最大靶点位移达到1000m，平台总体控制面积达到50000m，创亚洲陆地单个平台井数最多纪录。

（4）井身结构及钻头、钻具优化。

①优选合适的井身结构，保证快速施工。

前期施工井试验二开采用全井ϕ228.6mm、ϕ215.9mm井身结构，实现一趟完钻。综合对比：全井ϕ228.6mm井身结构存在下部井段机械钻速较慢等问题；全井ϕ215.9mm井身结构存在上部井段缩径，循环压耗大，岩屑清洁效果不好等问题。通过进一步优化完善，优选采用ϕ228.6mm、ϕ215.9mm复合井眼井身结构，有效解决上部井段井眼缩径，下部井段钻速慢等问题（表3–1）。

表3–1　不同井身结构井钻完井周期对比

序号	井号	井身结构（mm）	钻井周期（d）	完井周期（d）	完钻井深（m）
1	吉24–020	228.6	12.5	14.6	1528
2	吉+12–018	215.9	10.4	11.5	1560
3	吉12–018	复合	8.7	11.3	1570

②优选钻头序列，优选钻具组合和螺杆钻具。

针对二开复合井眼井身结构，开展钻具组合优化设计，优选满足下部215.9mm井眼快速钻进的钻具组合。在钻开油气层前100m，起钻更换钻头时，根据井眼轨迹控制情况，将上部造斜钻具组合优化为“光杆”钻具组合，减小钻具最大外径，降低井下摩阻，通过钻压、转速等钻井参数的优选控制，提高下部井段钻井速度（图3–1）。

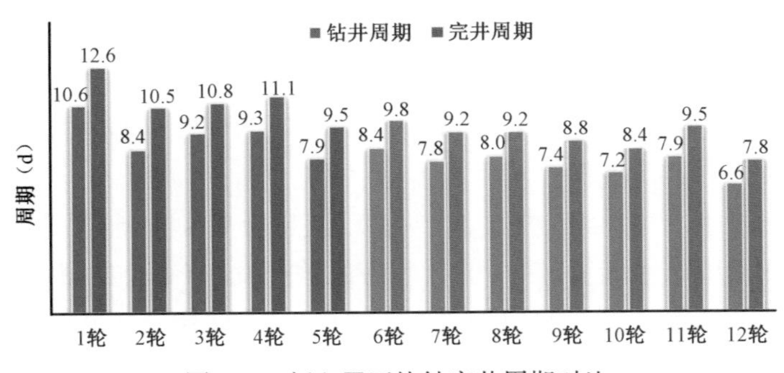

图3–1　新立Ⅲ区块钻完井周期对比

（5）井眼轨迹防碰绕障。

施工井周围老井多，井间防碰绕障问题突出，井眼轨迹控制难度大。在剖面设计及钻井施工中需要考虑平台井井身结构、造斜点、造斜率、水平位移等因素，科学优选井眼轨迹，实现施工井与平台内井之间、老井之间防碰；施工井相邻井口间距只有 5m、造斜点选择受限，增加了井眼轨迹控制的难度。采用老井、新井数据优选井身结构，做好防碰扫描工作。克服造斜率不同、轨迹垂深、轨迹防碰距离不同，需要采用不同造斜率多次验证，以及平台井数多，目的层位移局限造成造斜点选择余地小等困难，从方案上优化井身结构及剖面，达到最优防碰扫描目的；现场施工中实时跟踪井眼轨迹参数，持续优化剖面设计，满足现场实际防碰扫描需要。平台整体剖面根据地质部署及井口排布情况，通过井眼轨迹参数优化、防碰绕障技术应用，克服平台井周围老井多，平台剖面优化难度大等问题，优化形成两个大平台剖面优化设计，为平台井实施提供技术保障。

① 对平台井眼轨迹进行整体优化设计，为防碰施工提供整体指导。

整体优化设计按照以下原则进行：

A. 根据靶点分布，合理调配井口，首先力争井眼轨迹在平面上不交叉；

B. 纵向上优选造斜点，同排井采取中间井造斜点深、两边井造斜点逐渐变浅的方式，井间造斜点错开 20m，排与排之间造斜点变化趋势相同；

C. 统一采用“直—增—稳”轨道剖面类型，统一造斜率在 5.5° /30m 左右，保证井间轨迹在垂向上有较好的一致性，避免垂向交叉。

② 合理选择、标定和使用 MWD 工具，确保井眼轨迹测量精度。

MWD 工具是定向井井眼轨迹控制施工所需的关键工具，决定着大平台施工井眼轨迹防碰能否成功。由于井数密集、靶区精度要求高，在 MWD 工具准备和使用方面采取以下措施：

A. 选用近期已校验过的探管，入井之前进行地面联机检查，确保施工过程中的测量精度；

B. 施工过程中，密切关注重力、磁场强度、磁倾角等反映测量精度的参数变化，及时发现测量过程中的干扰情况，确保 MWD 测量结果准确有效；

C. 使用合理的测量间距，造斜段测斜间距 10m，稳斜段测斜间距缩短至 30m，确保井眼轨迹测量和计算精度；

D. 采用静态采集、动态传输测量模式提高测量精度，消除钻具震动对测斜数据的影响；

E. 施工结束后，与钻井队的电子单点测斜工具测量结果进行比对，验证 MWD 的测量结果；

F. 为电缆测井提供独立电源，控制电缆下放、上提速度，减少测量干扰。

通过采取这些措施，两个大平台只有前期施工的 5 口位移超过 600m 的井与测井存在较大偏差，另有 6 口井靶心距在 30m 以内。

③ 优化降摩减阻措施，满足井眼轨迹施工需要。

A. 使用加重钻杆代替钻铤，降低钻具在大斜度井段的下放摩擦阻力，有利于滑动钻进时钻压施加与定向工具面稳定，为定向控制奠定良好基础；

B. 合理确定滑动钻进与复合钻进的比例，严格控制井眼曲率，力求井眼轨迹平滑；

C. 造斜初期保持实际造斜率略大于设计造斜率，以保证实际最大井斜角低于设计最大井斜角，有利于钻进、测井和下套管作业；

D. 井斜角超过 20° 之后逐步提高钻井液润滑性能；

E. 控制机械钻速，保证足够钻井液循环时间，旋转划眼破坏岩屑床，达到井眼清洁的目的；

F. 坚持定期短程起下钻，必要时进行通井作业，保证井眼畅通，减小井壁阻力，以利于定向精确控制。

④ 个性化分段进行井眼轨迹防碰扫描，确保防碰施工安全。

对于大平台周围 85 口老井部分连斜数据缺失的情况，采用保守估算方法获得最安全的最近距离；在扫描计算方法上，对于井斜角小于 20° 井段采用水平面法扫描，对于井斜角大于 20° 井段采用最近距离法扫描，其结果更为准确，更能有效指导现场施工。同时，根据 MWD 测量误差和井眼轨迹控制误差进行适当修正，采用 5m 步长进行轨迹精细防碰扫描，确保了施工过程中平台井之间、平台井与老井之间的井眼防碰安全。

⑤ 做好各项基础性技术措施，为防碰施工创造良好条件。

A. 精确控制钻机整拖距离、整拖方位，严格按照天车、游车、转盘“三点一线”标准安装；

B. 表层采用塔式钻具组合轻压吊打、防斜打直，每 100m 进行单点测斜，井斜角严格控制在 1° 以内；

C. 实时进行轨迹预测、实时进行轨迹控制方案调整，加密防碰井段测点；

D. 做好钻具紧扣、螺杆高边刻印等基础工作，保证定向系统不出错误，轨迹按照预期顺利，新立Ⅲ区块 48 口、39 口井 2 个大平台周围有老井 80 多口，部分老井测井连斜数据不全，前期整体剖面优化克服老井多，测斜数据少，防碰难度大等问题，优化形成平台整体剖面设计，实现扩边井最大位移 1000m，满足地质开发要求。

剖面优化以平台外围井位打大位移井，平台内部井位打小位移井为原则，针对目的层垂深 1300～1400m，优选造斜点在 240～360m 之间，同排井造斜点由外向内逐井加深 20m，通过造斜点、造斜率等轨迹参数优选，满足平台井之间及与老井间的防碰绕障问题，同时通过整理优化论证，有效减小钻井施工摩阻，降低平台整体施工难度。新立Ⅲ区块 48 口井平台水平投影情况如图 3-2 所示。

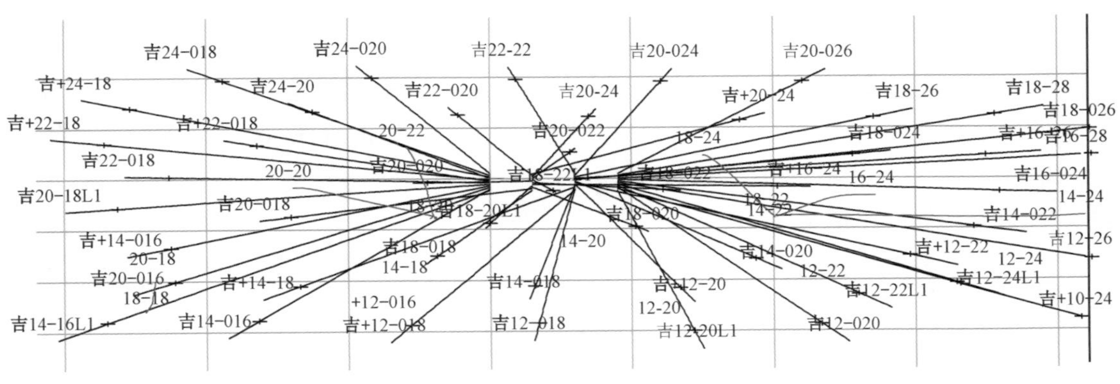

图 3-2 新立Ⅲ区块 48 口井平台水平投影图

现场施工实时优化，逐井完善剖面设计，实现井网剖面可调、可控，解决待钻井与老井、待钻井与新完成井之间防碰绕障问题，满足防碰绕障施工需要。

（6）钻井液技术措施。

① 地层情况复杂。

地层压力系统复杂，钻井施工井涌、井漏等复杂情况增加钻井施工难度。Ⅲ区块上部地层存在黑帝庙油层，多年开采及注水造成压力分布失衡，存在异常压力地带；目的层扶杨油层采油、注水，导致地层压力不均，同时断层多、压力圈闭等造成钻井无法准确平衡地层压力，影响钻井安全。临井合理泄压的同时，采用“一井一策”的原则合理确定钻井液密度及性能，满足复杂地层的需要。

② 技术措施。

A. 通过钻井液性能优化、参数优选及合理选择密度范围，保证了复杂地层钻井顺利施工。针对地层压力复杂，多套压力系统共存，安全密度窗口窄，导致钻井过程中存在井涌、井漏等问题，现场按照“一井一策”原则，针对各井地层压力情况，科学合理确定钻井液密度、性能等参数，通过加入合适的外加剂来提高调整井井涌、井漏复杂情况处理能力，保证安全快速钻井（表 3–2）。

表 3–2　钻井液密度确定原则

井段	48 平台密度控制（g/cm^3）	39 平台密度控制（g/cm^3）	复杂情况
350 ～ 450m	不低于 1.35	不低于 1.35	黑帝庙浅气层水层
650 ～ 850m	不低于 1.40	不低于 1.40	葡萄花油层出水
油层前	不低于 1.60	不低于 1.50	扶杨油层出水
进入油层	不高于 1.70	不高于 1.60	加入地层承压剂，防止漏失

B. 通过环空返速、泵效、钻头水马力、比水功率等指标对比，开展水力参数优化设计，有效降低循环压耗，保证高密度钻井液下钻井液水力清洁效果。同时应用低滤失控制技术，合理控制钻井液失水，创造良好井眼环境。地面循环系统采用四级固控清除，保证固控设备使用效率，满足井涌、井漏、钻井液处理及维护要求。

3. 采油工程方案

油田开发是一项庞大而复杂的系统工程，因此，在油田投入正式开发之前，必须编制油田开发总体建设方案，作为油田开发工作的指导性文件。采油工程方案是总体方案的重要组成部分和方案实施的核心。

（1）采油工程方案编制思路及总体要求。

① 压裂方面。

根据Ⅲ区块三个平台地面和地下井网，按照集中压准作业、工厂化压裂施工、统一压后管理原则，发挥平台压裂效果，提高作业效率，突出整体效益。并根据实际完井地下井网，优化单井压裂设计。

② 举升方面。

根据Ⅲ区块三个平台部分油井井斜角大、井底位移较长，必须保证投产后免修期的需要，方案设计采用抽油机有杆泵成熟配套举升方式，对于下泵深度井斜角超过 25° 油井应用防斜泵工艺。合理优化举升工艺参数，设计上本着“长冲程、慢冲次、适当泵径”的基本原则，并采取有效的防磨技术措施。

③ 注水方面。

Ⅲ区块大平台部分水井井斜角大、井底位移较长，油藏要求注水分 3～4 段，主体采用成熟配套的井下偏心分注工艺，配套斜井专用封隔器等技术措施，同时在部分井开展预置电缆智能分层注水工艺现场应用试验。

④ 控制投资方面。

在技术路线优化的基础上，优化方案投资构成，有效控制采油工程方案投资。坚持采用先进成熟技术，在主体工艺技术及设备的选择上，力争一步到位，满足开发全过程的需要，不搞重复建设投资。

（2）完井工艺优化设计。

① 完井工艺设计的原则。

合理的完井工艺应该根据油田开发方案的要求，既充分发挥各油层段的潜力，又为一些井下作业措施创造良好的条件。因此，完井工艺在整个油田开发过程中，应具有以下作用：

A. 油气层与井筒之间应具有尽可能大的渗流面积，能够充分发挥油层产能，使油气入井的阻力最小；

B. 起到封隔油气水层，有效地防止油气窜层，消除层间干扰；

C. 完井工艺技术应能有效地控制油层出砂，保证井壁稳定，确保油井能够长期生产；

D. 完井工艺技术为油层改造等各项措施提供良好的应用条件。

② 油层段套管设计。

A. 油层套管尺寸确定。

生产套管规格的选择要考虑到油水井生产全过程，满足采油、注水、增产措施等因素的要求。选择方法是先根据油井开发期内产量情况及增产要求，选定合适的油管，根据与油管匹配的套管关系选择合适的套管尺寸。确定Ⅲ区块油管采用 $2^7/_8$ 英寸及 $3^1/_2$ 英寸两种尺寸油管是合理的，由此选择与之相配套的套管尺寸为 $5^1/_2$ 英寸，以满足生产过程中维修、测试、井下作业等需要。

B. 油层套管强度设计。

新立Ⅲ区块方案油水井设计选择钢级 P110、壁厚 9.17mm 的 $5^1/_2$ 英寸套管作为油层段套管。油层段套管下入深度从油层顶界以上 150m 向下至井底。上部套管及其他完井技术设计遵循钻井方案。

（3）射孔工艺方案设计。

射孔完井是目前国内外应用最广泛的完井方法，特别是对中、低渗透油田而言，油井射孔后进行压裂改造已成为一般的完井程序，射孔不再是以单纯地打开油层、提高射孔后产能为目的，而应该是要充分考虑到射孔后油层改造的具体需要，为油层改造提供一个良好的外部条件，提高储层改造效果。

① 射孔工艺的选择。

目前吉林油田常用的射孔工艺主要有油管输送射孔工艺、电缆输送射孔工艺，通过对两种射孔工艺的适应性分析，结合Ⅲ区块大平台定向井井身结构具体情况，依据《中国石油天然气股份有限公司勘探与生产工程监督现场技术规范》关于射孔工艺选择原则的规定，设计如下：对于井斜角小于等于 30° 的井采用电缆传输；对于井斜角大于 30° 的井采用油管传输压力起爆工艺。

② 射孔参数设计。

A. 压裂投产投注油水井射孔参数（表 3–3）。

射孔枪使用 102 型射孔枪，射孔弹采用 102 系列射孔弹，弹型为 DP44RDX32–1；采用 16 孔 /m、60° 相位角、螺旋布孔方式。

B. 不压裂直接投产投注的油水井射孔参数。

主体采用复合射孔工艺，射孔枪使用 102 型射孔枪，射孔弹采用 127 射孔弹，弹型为 DP46RDX43–1；采用 16 孔 /m、90° 相位角、螺旋布孔方式。

表 3–3　油水井射孔工艺设计分类

序号	投产 / 投注方式	井斜	射孔工艺	射孔枪弹
1	压裂	小于等于 30°	电缆传输射孔	102 枪、102 弹
		大于 30°	油管传输射孔（压力起爆）	
2	不压裂	小于等于 30°	电缆传输复合射孔	102 枪、127 弹
		大于 30°	油管传输复合射孔（压力起爆）	

（4）储层压裂改造工艺设计。

根据Ⅲ区块平台井地面和地下井网，按照集中压准作业、工厂化压裂施工、统一压后管理原则，发挥平台压裂效果，提高作业效率，突出整体效益。根据实际完井地下井网，优化单井压裂设计，提高Ⅲ区块平台效益产能。

① 压裂规模优化。

根据压裂目的层的厚度、隔层遮挡能力、渗透率及小型压裂测试结果，软件计算确定扩边井及油井排蓄能压裂前置液采用 $4m^3/min$，其他转向压裂井压裂液排量（2.5～3.5）m^3/min。根据渗透率的大小、油层厚度、施工规模的大小，依据裂缝模拟结果并结合压裂效果统计分析及经验确定砂液比。渗透率大于 10mD、油层厚度大于 5m 的层，砂比 33%～40%；渗透率小于 10mD、油层厚度小于 5m 的层，砂比 30%～35%。

② 压裂材料优化。

Ⅲ区块油层温度在 60°～70℃之间，针对扩边区，前置液应用滑溜水，加密区及扩边区冻胶液选择 0.3% 低浓度羟丙级胍胶。根据Ⅲ区块储层闭合压力值 25MPa，支撑剂采用

20～40 目 28MPa 石英砂。

③ 压裂管柱。

压裂工艺根据压裂层段需求，分层压裂采用 2～3 层压裂工艺。根据不同压裂方式及规模，选用 350 型或 700 型压裂井口，$2^7/_8$ 英寸、$3^1/_2$ 英寸 N80 油管 +K344 封隔器管柱结构；地面管线采用 $3^1/_2$ 英寸 N80 高压管汇锚定；喷砂器选用滑套体喷砂器。封隔器避开套管接箍、水力锚卡在套管无变化靠近上封隔器位置，喷砂器与下封隔器相连接，下封隔器位置在油层下部 1 ± 0.5m 处。

④ 压裂液返排处理。

采取压裂液集中返排、集中储运、集中处理的运行模式，压裂返排液再利用技术，以返排液不落地、重复利用、成本最低的原则，由采油厂选择最适宜的压裂液处理去向。

（5）机采举升工艺设计。

① 举升方式设计。

通过进行有杆泵（抽油机）、电潜往复泵、地面驱动螺杆泵及水力射流泵喷射采油等多类举升方式从工艺成熟度、对大平台井的适应情况、地面配套装置、初期投资及维护费用、管理运行等方面综合分析，方案设计采用抽油机举升。

② 抽油泵选择。

依据 ϕ38mm 泵和 ϕ32mm 泵在不同工作参数组合下泵排量范围，并以该区块老井平均稳定日产液及新井初期产液情况为主要参照。为保障大平台油井投产后免修期需要，泵径设计本着“长冲程、慢冲次、适当泵径”的基本原则，Ⅲ区块油井设计采用泵径 ϕ38mm 抽油泵，对于下泵深度井斜角超过 30° 油井要求采用专用斜井泵。以区块地层压力、饱和压力及周围生产井生产动态与流压保持水平及应用节点系统分析软件进行泵挂敏感性计算，确定油井泵挂垂深，根据不同油水井井斜情况，确定泵挂实际深度。

③ 抽油机设计。

本着“长冲程、慢冲次、适当泵径”的基本原则，适当降低抽油工作制度，确定选择 8 型抽油机（CYJ8-3-37HB），冲程可达 3m，从而满足举升排液需要。部分油井设计采用双驴头双井抽油机，提高设备和能源的利用率，综合节电率可达 30%-50%。

④ 机采配套技术设计。

A. 井斜角低于 25° 井用 $2^7/_8$ 英寸 N80 油管，井斜角高于 25° 井用 $3^1/_2$ 英寸 N80 油管，应用井段为从造斜点（平均 200m）以上 50m 至泵上，降低抽油杆与油管的接触压力。同时采用聚乙烯内衬管，提高接触面的光滑程度，降低摩擦系数。

B. 全井使用镍基合金防磨接箍，提高接箍抗磨蚀能力。

C. 油井全部配套防洗井污染采油装置。

D. 油井全部配套使用双凡尔防渣器。

E. 油井全部采用高效旋流防砂器防砂。

（6）注水工艺设计。

油藏方案要求Ⅲ区块北水井分 3～4 段注水，井口注入压力 15MPa，单井最大注入量

$30m^3/d$。

① 方案设计采用井下偏心分层注水工艺技术，采用斜井专用封隔器，实现封隔器有效密封。部分井设计进行预置电缆分层注水工艺技术试验。

② 注水管柱设计。

A.Y341 斜井专用封隔器 + 可双重测试配水器作为主体分注管柱，采用 N80 级 $2^7/_8$ 英寸纳米涂料油管作为注水管柱；

B. 可洗井逐级解封过电缆封隔器 + 电缆直控智能配水器满足预置电缆地面智能控制工艺，过电缆封隔器的内衬管设计为两体结构，中间预留电缆通道实现钢管电缆的预埋。

③ 根据区块油层埋深情况，方案设计注水管柱下入深度 1426～1617m。

4. 地面工程方案

Ⅲ区块地面建设在满足生产需求的前提下尽量实现优化简化，降低一次性工程投资，降低运行费用，方便生产。

（1）井场平面布置。

大平台新建标准化集油配水间、污水回收箱、一体化油井热洗集成增压装置、箱式变电站、环保厕所、防爆射灯、视频监控等设施，力求简洁美观，满足生产需求、降低投资（图 3–3）。

图 3–3　井场平面布置图

（2）油气集输系统。

单井集油采用多井串联冷输流程，8～12 口油井串联入间，同时敷设计量管线。1 号和 2 号大平台各新建新建计量间，新建 2 条 DN65/100 支干线均接至已建 14# 间。支干线采用掺输流程，充分利用的基础上做适当调整。12# 间至 13# 间敷设集油复线 DN200、13# 间至 14# 间敷设掺水复线 DN100。

（3）注水系统。

结合集输系统，在 1 号和 2 号大平台各新建十二井式配水间 1 座，间内设常规分水器、配水阀组。新建配水间内计量水表采用远传水表，水表数据远传至该平台附近仪表值班室内。新建已建阀池敷设注水干线复线至14#间，$\phi159\times12$无缝钢管2.2km。新建2座配水间支干线引自新建注水干线复线。新立联合站新建输水系统，将剩余污水输至212注水站回注。

（4）供配电系统。

采用2座箱式变电站直接电缆供电。优化简化设计，降低建设工程投资24万元。同时合理布局，减少井场周边线路及设备，为油井检修作业提供足够空间。1号大平台新建500kV·A的6kV/0.4kV箱式变电站2座，2号大平台新建400kV·A的6kV/0.4kV箱式变电站2座，电源均引自新立2#井排和4#井排。

（5）仪表部分。

平台各设仪表值班室1座，在每座仪表值班室安装RTU1套，采集多通阀控制器信号，翻斗量油信号显示并上传。为多通阀至自带控制箱敷设控制电缆。每个平台井场安装网络型摄像机2台，信号传至仪表值班室显示并上传。视频信号、RTU信号通过无线网桥传至远方监控中心监控。队部或厂部终端部分，远方监控终端安装工控机一台，通过网桥接收2个平台信号，实现实时监控。

（6）道路部分。

新建2.4km水泥硬化道路，满足生产需求。

三、实施效果分析与评价

1. 单井产量、井网控制程度、区块采收率明显提高

试验区单井日产油量比设计提高0.5t，调整后井网控制程度提高4.3%，区块采收率提高8.3%，试验区开发效果得到大大改善。Ⅲ区块共投产投注新井92口，其中，油井79口，水井13口，初期（2015年7月）平均单井日产液10.1t，日产油2.0t，含水80.0%。截至2016年6月，74口可评价井平均单井日产液8.3t，日产油1.6t，含水80.3%。

油井排效果最好，产量最高，达到了挖潜油井间剩余油的目的，初期日产液6.7t/d，日产油2.2t/d，含水66.9%。截至2016年6月，日产液6.1t/d，日产油2.0t/d，含水68.5%。新井稳产形势较好。

水井排初期产量略差于油井排，达到了初期挖潜水井间剩余油的目的，初期日产液11.2t/d，日产油1.7t/d，含水84.9%；截至2016年6月，日产液11.6t/d，日产油1.4t/d，含水88.1%。水井排4口新井出现快速水淹的状况，下步择机转注，增加区域水驱受效方向，提高开发效果。

扩边井初期由于动用油水同层，新井投产含水较高，初期日产液9.6t/d，日产油1.4t/d，含水85.8%。截至2016年6月，日产液6.2t/d，日产油2.0t/d，含水68.5%。北部扩边井封堵油水同层后产量回升稳产形势较好。

更新井初期产量较低，初期日产液9.5t/d，日产油1.2t/d，含水87.1%。截至2016年6月，日产液9.5t/d，日产油1.1t/d，含水88.6%，整体产量稳定。

2．工程技术优化设计合理，现场应用成功率、符合率高

（1）压裂工艺。

建立了区块整体压裂设计理念，实现了由“单一主裂缝与井网匹配”向“缝网系统与复杂井网相协调模式”的转变，实现“砂体、井网、缝网”匹配，为效益建产创造良好条件。结合油藏特点和地质需求，优化压裂工艺及施工参数，实现裂缝参数与井网匹配，突出井网的调整与完善，提高新、老井产量和注水开发效果；开展工厂化作业和同步、拉链压裂施工，提高压裂效果和作业效率；压裂调剖一体化，回收压裂返排液进行调剖，实现清洁环保施工。

① 转变常规压裂做法，建立了平台井整体压裂优化设计模式。

平台整体优化、单井个性化设计，集成应用缝网、深穿透及转向压裂工艺，实现裂缝与井网匹配，提高水驱控藏程度；平台整体压裂、同步 / 顺序施工，利用缝端应力干扰，提高裂缝复杂程度；优选高性能压裂液体系，实现蓄能、渗析和原油置换，利于产量提升及压后集中排液。

② 方案设计参数有效实施，压裂成功率与设计符合率高。

③ 拟合裂缝参数与设计参数吻合度高，压裂方案实施标准高。

④ 工厂化压裂施工方法有效提高了施工效率、降低压裂成本。

平台井同步 / 顺序压裂施工，有效调整 10 个井组注采关系，施工效率提高 200%，压裂成本降低 250 多万元。

⑤ 少数井层缝内转向特征不明显、同步压裂没达到设计预期，需要持续优化暂堵工艺参数设计、压裂工艺参数设计。

（2）机采举升工艺。

① 转变常规举升设计做法，建立了平台井大斜度条件下有杆泵举升优化设计模式。

② 针对不同井斜条件分类优化泵挂等举升参数，现场投产实施符合程度高。

③ 量化分析并针对性应用防磨技术对策，有效保障大平台免修期取得较好效果。

（3）注水工艺。

注水井方案设计考虑到井斜影响封隔器密封寿命问题，采用了自扶正可洗井注水封隔器配套双通路偏心配水器分注工艺。自扶正可洗井注水封隔器工具设有钢球扶正机构，封隔器座封时首先钢球胀出与套管内壁形成支撑，然后压缩胶筒形成密封，保证工具在斜井、水平井使用时胶筒密封效果。但在应用过程中大斜度水井仍然存在投捞测试困难、测试成功率低的问题。针对大斜度井应用偏心分注技术存在的问题，设计开展预置电缆分层注水实时监测与控制技术现场试验。

3．百万吨建产投资、示范区建产投资、吨油运行成本明显下降

试验区投资回报率 17.84%，比常规建井提高 4%，单井产量比邻近Ⅳ区块提高 7.07%，缝控储量增加 1.0%，井网控制程度提高 3.5%；示范区百万吨建产投资下降 16.05%，吨油运行成本明显下降。

第二节　乾 246 致密油水平井开发建产试验区

同常规低渗透油藏相比，致密油藏开发难度更大，主要表现在致密砂岩储层具有岩性致密、低孔低渗、圈闭幅度低、自然产能低等典型特征；注水开发时注入井压力高，注入流体很难到达油井，油井不受效，注采井间难以建立有效的驱替压力系统，单井产量低，产量递减快。为了探索致密油层水平井体积压裂开发新模式，示范和引领致密油低品位资源的持续效益开发，开辟了吉林油田乾安采油乾 246 区块（简称乾 246 区块）水平井开发建产试验区。

一、试验区概况

乾 246 区块位于吉林省松原市乾安县境内，东与两井油田让Ⅱ区块相连，北为查干泡，西南为乾安采油厂。区内地势平坦，地面条件较好，地面海拔 130m～160m。太平川至大安铁路、松原至长岭公路从该区通过，交通十分方便。依托两井油田让Ⅱ区块，基础设施健全，经济地理条件优越。区域构造位于松辽盆地南部中央坳陷区长岭凹陷东北部，东接华字井阶地，西邻红岗阶地。

本区开发层位为泉头组四段（扶余油层），地层厚度 110～130m，地层具有由南西向北东方向逐渐变薄的特点，油层顶面埋深 1640～2110m。泉四段沉积时期为水进过程，发育的沉积相为三角洲相，纵向上Ⅳ—Ⅱ砂组中下部发育三角洲平原亚相，Ⅱ砂组上部、Ⅰ砂组水体进一步加深，逐渐过渡到三角洲前缘亚相。泥岩的颜色从紫红色过渡到灰绿、灰、深灰色。受沉积演化条件影响，本区砂体平面上多呈条带状分布，顺物源方向砂体延伸较远，横切物源方向砂体侧变较快。

试验区主力小层为泉四段扶余油层Ⅰ砂组 1 号、2 号小层，砂体自西南向北东方向呈条带状，纵向上叠加连片分布，分布面积较广，一般发育 2～4 个单砂层，砂岩厚度一般 4～6m，单层砂岩厚度 1～4m。Ⅰ砂组储层平均孔隙度为 8.57%，平均渗透率为 0.16mD。

本区泉四段Ⅰ砂组油藏类型为大面积分布的岩性油藏，原油性质较好，地面原油密度一般 0.837～0.867t/m^3，平均 0.854t/m^3；地面原油黏度（50℃）一般 9.6～23.6mPa·s，平均 16.6mPa·s；含蜡量一般 12℃～33℃，平均 24.0%；含胶质平均 16.0%；含沥青质平均 0.8%；含硫量平均 0.04%；凝固点一般 24℃～38℃，平均 32℃；初馏点平均 123℃。地层水总矿化度分布范围一般 10452.1～46244.9mg/L，平均 24809.6mg/L；钾钠离子含量一般 2089.6～13703.9mg/L，平均 7457.9mg/L；氯离子含量一般 1299.2～4899.2mg/L，平均 2812mg/L；碳酸氢根离子含量一般 1343.7～28842.9mg/L，平均 12805.5mg/L；pH 值范围 7～8.5，水型以 $NaHCO_3$ 型为主。依据实测油层温度、压力资料分析，本区泉四段油层顶面埋深一般 1644～2113m，油层中部埋深 1800～2200m。油层温度一般 80℃～100℃，油层平均地温梯度 4.35℃/100m。油层压力一般 18～23MPa，压力系数 1.04，属于正常的温度、压力系统，油藏驱动类型主要为溶解气驱和弹性驱。

乾246区块内1口直井和6口水平井试采时间较长，这几口井钻遇油层情况大体相当。直井试采初期平均日产油1.8t，产量低、递减快，39个月累产油仅1041.4t；小规模体积压裂水平井初期平均日产油6.9t，第40个月日产油2.9t，累产油4624t；大规模体积压裂水平井初期平均日产油23.4t，第18个月日产油9.8t，累产油6417t。从动态特征反映来看，直井投产产量低，不具备效益开发条件；水平井比直井开发效果好，尤其是大规模体积压裂水平井自喷周期长，自喷期阶段累产高。

二、试验区方案优化设计

1. 油藏工程方案

试验区油藏工程方案是在扶余油层Ⅰ砂组采用整体水平井开发的理念指导下，根据实际地质特点，针对扶余油层Ⅰ砂组Ⅰ类甜点开展的水平井油藏工程设计。

针对致密油的特点，油藏工程方案设计应遵循以下原则："以储量动用最大化为原则，以经济效益为约束，以井网与改造程度相匹配为重点。"在保证储量和效益的前提下，致密油采取常规方法难以动用的特点决定了必须采用非常规的方式开发，而矿场试验也证明水平井大排量体积压裂改造能够大幅度提高产量。因此，针对致密油能否实现产量提升、效益过关，储层条件是基础，油层改造是核心，油藏工程设计应围绕"发挥油层改造最大化"开展工作，实现地质与工程一体化，实现井网与改造程度相匹配，保障产量最大化、效益最大化。

本次应用水力裂缝监测资料、储层砂体刻画成果、岩心资料、测井资料，应用油藏工程方法、数值模拟方法、类比法、经济评价等方法，对水平井方位、水平段长度、井排距等参数进行油藏工程方案优化设计，同时对井网形式、产能水平、能量补充方式等进行论证。

（1）水平段方位。

乾246区块查平3井、乾188-43井、乾246-14井水力裂缝监测资料、岩心观察、阵列声波各向异性测井、泉四段顶面地震曲率预测和地应力预测等资料表明，最大主应力方向为近东西向。水平段垂直于裂缝（天然裂缝及水力裂缝）方向部署，相同水平段长度形成的裂缝延伸面积最大，动用储量最多。因此为保证体积压裂工艺最大程度的增加泄流面积，乾246区块水平井水平段方位确定为近南北向。

（2）水平段长度。

为提高单井控制储量，保持较高的产能水平，应适当增加水平段长度，水平段长度设计主要参考以下几个因素：

① 砂体形态对水平段长度的要求。

乾246—让70区块扶余油层Ⅱ砂组上部—Ⅰ砂组为三角洲前缘亚相，水下分流河道微相，砂体在平面上呈条带状发育，单砂体宽度一般140～1200m，平均520m，储层非均质性强，油层呈不连续状分布，南北向水平井长度应该兼顾多个渗透性单砂层，以确保水平井注采关系的完善和单井控制储量规模。

② 水平段长度与单井产能。

利用数值模拟对乾 246 区块扶余油层的水平段长度与单井累产、采出程度和采油速度情况进行模拟，结果显示：在一定储量面积内，随着水平段长度增加，前期采油速度增大，后期采油速度相当，单井累产单调递增，采出程度逐渐增加，但在水平段达到 800～1000m 后采出程度增加幅度减缓。

③ 水平段长度与动用储量关系。

根据前文所述，乾 246 区块为满足效益开发需求，需要设计水平段 840～1120m，才能达到效益产能，综合考虑确定水平段长度 1000m。

④ 水平段长度与净收益和收益增量关系。

数值模拟研究表明，随水平段长度增加，水平井的产量增加，净收益增加，大于 1000m 后增幅减缓。收益增量随水平段长度增加而减小，水平段大于 1000m 后受钻机换型、压裂段数增加等因素影响，收益增量已很小，在 1000m 水平段长度情况时效益最大。

综合以上因素，设计水平段长度 1000m，水平段方位为南北向，结合储层发育及地面状况，在保证单井动用储量的基础上灵活调整。

（3）井距、排距确定。

① 压裂水平井动用规律确定井排距。

根据前文所述，确定乾 246 区块极限井距为 550～650m，极限排距为 165 ～ 245m。

② 数值模拟法确定井、排距。

在排距为 200m，水平段长为 1000m 的情况下，分别设计了井距为 300m、400m、500m、600m、700m 等 5 个方案，对 5 个方案枯竭式开发指标进行预测对比，综合考虑，推荐选用 500m 井距。在井距为 500m，水平段长为 1000m 的情况下，分别设计了排距为 50m、100m、200m、300m、400m、500m 等 6 个方案，对 6 个方案枯竭式开发指标进行预测对比，综合考虑，推荐排距为 200m 左右较为合适。

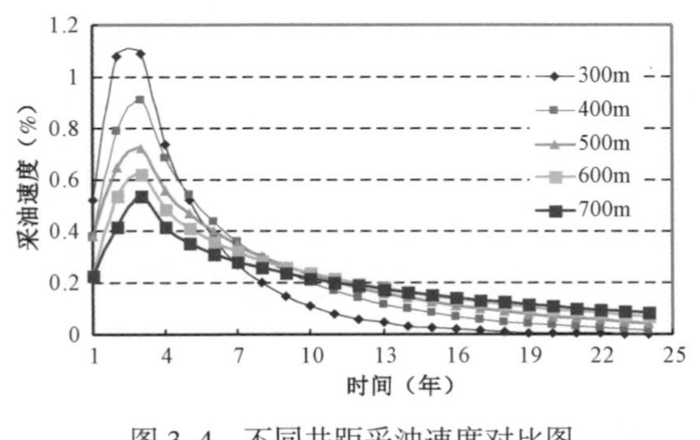

图 3-4　不同井距采油速度对比图

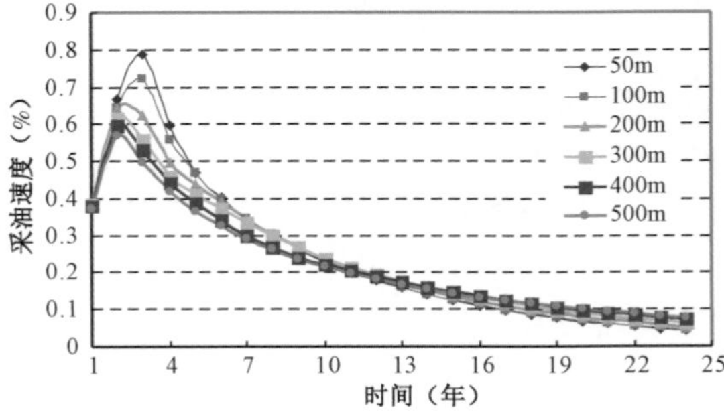

图 3-5　不同排距采油速度对比图

综合考虑油藏工程方法、砂体展布与裂缝扩展长度关系、数值模拟结果等结合储层发育特征、地面条件等因素，以 500m 井距、200m 排距为基础灵活调整。

（4）水平井井网形式。

根据国内外水平井开发案例分析成果，结合本区油藏特点，在乾 246 井区内设计了平行和交错两套井网方案，井距 500m、排距 200m，在研究中充分考虑体积压裂技术对油井的增产效果，利用数值模拟方法对 2 套方案枯竭式开发指标进行预测对比，从模拟结果来看，平行井网采油速度稍高于交错井网，总采出程度相差不大，但是平行井网稍高，因此本方案推荐选用平行井网。

（5）产能确定。

水平井单井产能确定有别于直井，试验区单井产能的确定主要采用类采油速度法。

水平井产能受地质、工程等多方面因素影响，经验公式、类比等方法预测水平井产能，常常因为油藏条件、水平井钻遇效果、投产方式等影响难以准确预测。因此，在大量统计分析的基础上，总结形成了类采油速度设计单井产能。类采油速度法设计产能的基础是油藏相近、投产方式相同的水平井稳定产能与该井动用储量有很好的相关性，即不同水平井动用单位储量可以得到相应的产能水平，这样就避开了公式法的适用限制和类比法中水平井钻遇状况差异的影响，可以相对准确预测水平井的产能水平。依据乾 246 区块水平井动用储量与产能较好的对因关系，求取 5 口井平均产量与动用储量相关系数的平均值，根据研究区储层有效厚度、水平段长度、水平井钻遇率等参数，设计在动用有效厚度 6.7m，动用水平段长度 1000m，油层长度 700m 时，第二年水平井产能 6.0t/d。

（6）能量补充方式及注采参数研究。

能量补充在油田开发中具有非常重要的作用，目前国内外对于致密油水平井能量补充还没有成熟的技术手段，仍处于摸索、攻关阶段。在调研分析国内致密油区块能量补充开发实践的基础上，针对乾 246 区块的具体情况，采用经验统计法、数值模拟等方法，进行枯竭式、平注平采、直注平采、二次蓄能压裂、CO_2 吞吐等能量补充方式对比研究，结合经济因素和矿场实际情况，得出以下几点初步认识：

① 枯竭式开发后期递减规律和产量剖面不明确，预测采收率低，但目前初期产量较好，可操作性强；

② 无论采用何种井网方式注水补充能量，对乾 246 井区采收率提高幅度有限；

③ 与枯竭式开发相比，二次压裂蓄能方式可小幅提高采收率，但二次压裂在现场实际施工测算经济成本高，经济效益差，可操作空间小；

④ 与枯竭式开发相比，CO_2 吞吐可大幅提高乾 246 井区采收率，经过几个轮次的吞吐，可提高采收率 4%～5%，目前 CO_2 吞吐增油效果需要矿场试验验证。

因此推荐初期枯竭式开发，后期 CO_2 吞吐作为乾 246 区块的能量补充方式，并开展 CO_2 吞吐等能量补充矿场试验。

（7）水平井部署。

通过储层综合评价及渗透性储层刻画技术应用，优选有效厚度大于 6m 的乾 246、查平 1、查平 3、乾 220、查平 4 等井区进行开发规划部署，2015 年针对乾 246 区块扶余油层 Ⅰ 砂组整体规划部署水平井 80 口，采用沿河道方向平行井网，井距 500～600m，排距 200m，水平段长度 1000m，设计单井产能 6.0t/d，第一批优先部署实施水平井 45 口。

2. 钻井工程方案

致密油藏资源品味差、产量低、开发难度大，无法实现效益开发。要保持吉林油田持续健康的发展，必须攻克致密油藏开发无效益的难题。2012 年以来，针对致密油藏开发面临难点问题，吉林油田大力推广应用水平井技术，在提高致密油勘探开发效果方面已取得一定效果。通过小井眼长水平段水平井钻完井及体积压裂技术应用，实现了致密油藏开发技术可行，但是钻井周期长、成本高、经济效益差，无法规模推广。因此，2015 年吉林油田针对如何提高致密油开发效益、降低钻井成本、保证安全钻井等方面进行了方案优化设计，并进行了开发试验。

（1）水平井钻井技术难点分析。

① 地层分布复杂，安全钻井难度大。

乾安致密油地区上部嫩江组大段泥岩发育，稳定性较差，钻井过程中易水化膨胀，导致井壁垮塌，下部青山口组硬脆性泥岩发育，易发生脆性掉块和裂缝性漏失。

② 地层可钻性差，钻井周期长。

乾安 246 地区南部埋藏较少，地层岩石硬度高，部分地层属于钙质胶结，机械钻速较慢，2012 年水平段平均机械钻速 2.48m/h，2013 年水平段机械钻速 3.61m/h。钻井时间过长，导致井壁长期侵泡易发生井下复杂情况。

③ 长水平段摩阻、扭矩大，轨迹控制、井眼清洁难度大，完井管柱下入难度大。

乾安致密油地区均采用长水平段水平井开发，水平段长度 1000m 左右，埋深 2000m 左右，水垂比 1：2。水平段长携岩困难，后期摩阻扭矩较大，轨迹控制难度加大，完井管柱下入难度大。

④ 油层薄着陆及轨迹控制难度大。

乾安 246 致密油区块储层埋藏深度一般在 1900～2200m，埋藏深度变化大且标志层少、着陆难度大，目的层厚度小且变化快，提高储层钻遇率难度大。

（2）钻井方案优化设计。

① 井身结构优化设计。

前期施工时为保证安全钻井且满足裸眼滑套完井需要，采用三开小井眼井身结构，下入技术套管封固上部不稳定地层（嫩江组），总体呈现工期长，成本高的特点，且裸眼滑套完井方式不利于后期改造，无法实现资源的效益开发（表 3–4）。

表 3–4　乾安致密油水平井 3 口小井眼钻头次序

开钻次序	井深（m）	钻头尺寸（mm）	套管尺寸（mm）	套管下入层位
一开	352	393.7	273	四方台
二开	（80°　）2050	228.6/215.9	177.8	泉四段
三开	井底	152.4	114.3	泉四段

2015 年为保证效益开发，通过对钻井液体系进行优选、完善二开井壁稳定技术等保障措施，将井身结构优化为二开浅表套井身结构，缩短了钻井周期，降低了钻井投资，同时满足后重复改造的需求表 3-5。

表 3–5　乾安致密油水平井二开钻头次序

开钻次序	井深（m）	钻头尺寸（mm）	套管尺寸（mm）	套管下入地层层位
一开	352	393.7	273	四方台
二开	井底	215.9	139.7	泉四段

② 钻井液体系优选。

钻井液优选的总原则是保证二开浅表套水平井安全钻完井，同时具有成本低，易处理的特点，密度优选上以满足浅表套井控安全为主。

乾 246 区块二开浅表层套管水平井，最大难点是如何保证易塌易漏地层井壁稳定。通过分析，青一段地层属于中硬脆性泥页岩，伊 / 蒙混层和伊利石含量较高，裂缝和微裂隙丰富，在清水中浸泡容易解理碎化，而且该区采用二开井身结构，裸眼段长，因此加强钻井液封堵性和抑制性是解决井壁失稳的关键，同时配合合理的密度，实现力学稳定。根据前期研究成果及现场施工井眼，将进入青山口后的密度设计为 1.25～1.35g/cm^3，以达到力学稳定并保证安全钻井的目的。

根据乾安地区致密油分布情况以及不同区块地层特征，开展钻井液配套技术研究，方案优选了钾铵基聚合物钻井液体系，配合抗复合盐、褐煤树脂、酚醛树脂以及低黏 PAC，同时考虑抗 CO_2 侵，实现了低失水、强封堵、强抑制的目的。A. 乳化沥青，要求软化点在 70° 左右，与青山口地层低温匹配，封堵青山口裂缝；B. 快速封堵剂，沥青类处理剂，软化点 100°，可过 80 目晒布振动筛，主要提高青山口节理发育地层承压能力；C. 酚醛树脂，改善泥饼质量，辅助提高封堵和降低高温高压虑失量。

钻井液配方：土 + 纯碱 + 钻井液用聚丙烯腈—聚丙烯酰胺型复合铵盐 + 聚丙烯酸钾 + 抗复合盐降滤失剂 + 钻井液用防塌封堵剂乳化沥青 + 低荧光井壁稳定剂 + 乳化剂 + 白油 + 润滑剂 + 井壁稳定减阻剂 + 褐煤树脂 + 酚醛树脂。

通过室内性评价表明，该钻井液体系具有良好的流变性及抑制性，失水低，可以满足乾安地区较稳定地层井壁稳定需要（表 3–6 和表 3–7）。

表 3–6　钻井液体系流变性能数据表

体系	性能	AV（mPa·s）	PV（mPa·s）	YP（Pa）	Gel（Pa/Pa）	PH	API 失水（mL）
聚合物	常温	32	24	8	1.5/3	8	2.8
	100℃ /16h	33	25	8	2/4	8	3.0

表 3-7　聚合物体系整体抑制性能评价

体系	0.5h	1h	2h	3h	降低幅度
清水	0.36	0.49	0.68	0.77	—
聚合物体系	0.22	0.30	0.34	0.37	-51.95%

注:取 10g 乾安青山口组过 100 目岩粉,测定 3h 岩心膨胀量(mm)。

③ 提速提效技术。

A. 钻头优选。

对钻头设计参数,钻头稳定性、适应性进行分析,以形成适应该地区地层特性的钻头个性化设计参数。a. 切削结构:圆形切削齿优化为多功能、圆形混合排布。b. 布齿:增加后背齿。c. 采用深内锥设计,提高水力清洁效果。d. 增加保径长度,提高稳定性。

乾 246 区块北部地层岩石可钻性 3～4 级,南部地区埋藏深可钻等级达到 6～7 级,初期使用采用 215.9mm 5 刀翼 16mm 齿(进口复合片)PDC 钻头,虽然效果比过去有一定提高,但为进一步提高钻速,对水平段钻头进行了再次优选(图 3-6)。

(a)刀翼、19mm复合片双排齿PDC钻头

(b)刀翼、16mm复合片双排齿PDC钻头

图 3-6　PDC 钻头优化设计

结合地层特点优选出北部地区使用 4 刀翼、19mm 复合片双排齿 PDC 钻头,在原有钻头基础上优化后倾角,提高力学平衡,增加钻头稳定性,增加钻头攻击性,强攻击性保证在托压较严重的水平井钻进中钻头更容易吃入地层。南部地区采用 5 刀翼、16mm 复合片双排齿 PDC 钻头。经过在乾 246 区块钻头试验,单只钻头进尺 905m,平均钻速 8.63m/h,平均机械速度提高了 33.56%,提速效果显著。

B. 钻具组合优化设计。

为进一步提高钻进复合率、提高钻井速度,对钻具组合进行优化设计。根据前期乾 247 井应用情况,本方案设计采用稳平钻具组合(图 3-7 和表 3-8)。

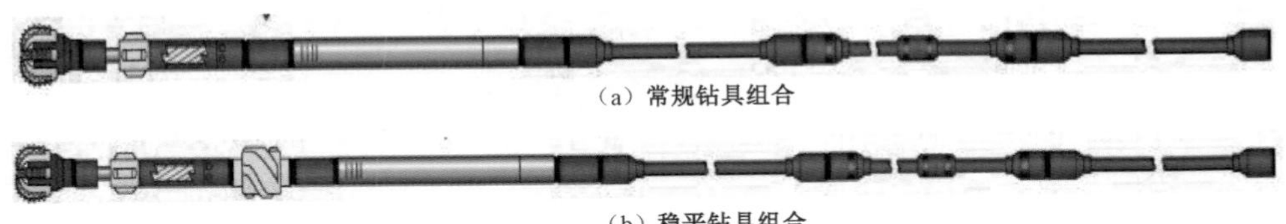

(a)常规钻具组合

(b)稳平钻具组合

图 3-7　钻具结构图

表 3-8　钻具组合设计

井段	钻具组合	主要目的
直井段	稳平钻具组合 +MWD	解放钻压、及时纠斜，提高钻速
造斜段	常规钻具组合 +MWD	确保螺杆钻具造斜能力满足设计要求
水平段	稳平钻具组合 + 近钻头	提高钻速，提高油层钻遇率

C. 采用近钻头地质导向工具提高轨迹控制精度、钻遇率及钻井速度。

传统的 LWD 仪器零长较长，伽码、电阻率在 11～13m，MWD 一般在 18m 左右，不利于定向施工。而且由于零长较长，钻遇薄油层时易出层，给后期安全施工埋下隐患。

近钻头导向工具零长短，伽码、电阻率、近钻头井斜都在 3m 左右，且可以测量上下方位伽码、电阻率，能第一时间对储层变化做出判断，可以有效提高储层钻遇率与水平段复合率，降低后期施工难度。2013 年近钻头导向工具在乾安黑帝庙油层应用 9 口井，取得了良好的效果。与常规定向相比试验区块砂岩、油层钻遇率均取得提高。平均砂岩钻遇率由 90.03% 提高到 92.84%，平均油层钻遇率由 67.49 提高到 82.22%，水平井钻井周期 22.4d 缩短至 18.2d，因此方案确定采用近钻头导向工具进行水平段导向施工。

④ 完井技术方案优化。

应用漂浮固井技术，通过在套管串结构中加入漂浮接箍，利用漂浮接箍与套管鞋中间套管内封闭的空气或低密度钻井液的浮力作用，来减小套管下入过程中井壁对套管的摩阻，以达到套管安全下入的目的。应用漂浮固井可以下入更多的扶正器，提高套管的居中度；可以下入更大外径的扶正器；旋转自导式浮鞋可以更好地引导套管下入；特殊设计的新型半刚性扶正器，可以减小下入阻力和侧向力（表 3-9）。在下套管的过程中，如果出现遇阻，自动调整偏心角度，引导套管的安全顺利下入。

表 3-9　扶正器安放原则

井段	安放原则	主要目的
直井段	每 4 根套管 /1 只半钢性扶正器	提高套管居中度，保证固井质量
造斜段	每 2 根套管 /1 只半钢性扶正器	降低套管侧向力，降低下套管摩阻，保证固井质量
水平段	每 1 根套管 /1 只半钢性扶正器	提高套管居中度，保证固井质量
	漂浮接箍上下 /1 只半钢性扶正器	防止管柱弯曲，保护漂浮接箍

漂浮下套管工艺与常规下套管工艺相比不需要增加额外设备，不需要改变套管组合，采用常规的固井工艺，应用简单，同时对比常规固井成本持平甚至略少。实际应用效果证明，漂浮固井技术可以实现套管高效安全下入，节约作业时间，降低成本，应用效果明显。

（3）小结。

通过各种技术方案优化，2015 年施工的 34 口井浅表二开水平井，平均钻井周期 27d，比 2014 年降低 37.5%；完井管串安全下入率 100%，固井合格率 100%；平均砂岩钻遇率 90.14%，平均油层钻遇率83.61%。实现了钻井技术可行、钻井成本大幅降低的目的,满足了效益开发需求。

3. 采油工程方案

(1)油层保护技术措施。

继续选用勘探、评价井阶段应用效果较好的射孔液,确保储层伤害的最小化,即选用浓度2%～3%的KCl溶液或前期探井、评价井同层位生产的地层水作为射孔液。压裂过程中,前置液阶段采用滑溜水压裂,滑溜水中加入防膨助排剂降低储层伤害,同时在主加砂阶段选用速溶增稠剂压裂液体系,通过室内防膨试验及岩心渗透率恢复试验表明,防膨效果达到85%以上,岩心渗透率恢复率达到85%以上,起到了降低伤害的作用。

(2)完井设计。

从满足试油作业、举升工艺及举升排量的需求,油井在后续作业及生产过程中油管尺寸须选择$2^7/_8$英寸油管。根据Brown实验推荐的油管直径与油层套管直径的对应关系,结合后期油井维修、测试等的配套工艺的要求,选用$5^1/_2$英寸规格(即外径139.7mm套管)的油层套管。

由于乾246区块油藏埋藏较深,地层应力大,相关地层参数与让53区块近似,借鉴让53区块设计及实际应用效果,油层段套管选用139.7mm、P110钢级、壁厚9.17mm套管,生产8年无套变井,因此同样从经济适应的角度出发,本次方案乾246区块油层段套管设计采用P110钢级、壁厚9.17mm套管,同时,设计油层段套管下入深度为从油藏顶界以上150m至人工井底。此外,为满足油井套管压裂的需求,要求油层套管整体能满足60～70MPa的抗内压需求。因此油层顶界150m以上至井口也需应用P110钢级套管,壁厚选用7.72mm,以满足压裂时高施工压力需求,套管外径仍采用139.7mm。为满足后期各项作业,尤其是分段压裂的需求,要求固井水泥返高到油层顶部以上300m,并保证固井合格率达到行业标准。

定面射孔技术是针对水平井体积压裂提出的特殊布弹方式的射孔技术,射孔后在垂直于套管轴向同一横截面的内壁圆周上形成多个孔眼,圆周上多个孔眼排布可形成沿井筒横向的应力集中,能够有效控制裂缝走向,降低地层破裂压力,同时,裂缝走向沿井筒横向扩展,避免段与段之间压裂裂缝的交叉串通,达到提高缝网系统的完善程度,提高产能的目的。并且通过前期先导试验取得初步认识,即定面射孔起裂压力和压裂施工压力明显低于螺旋射孔。因此,方案中设计水平井均采用定面射孔工艺,射孔结合快钻桥塞压裂工艺实施,使用95枪,95弹,弹型DP40RDX-1,孔密12孔/m,邻孔夹角60°,API混凝土靶穿深726mm,孔径10.2mm;第一段定向定面,第二段以后定面不要求定向。

(3)储层改造设计。

① 施工排量设计。

体积压裂目的是增大改造体积和形成复杂裂缝网络,通过提高施工排量可提高压裂裂缝净压力,增加缝内净压力和提高压裂裂缝复杂程度,根据储层渗透率、厚度及岩石力学参数计算,保证裂缝净压力大于两向水平主应力差值,并附加岩石抗张压力,优化得出各区块实现缝网最低排量值，建立实现复杂缝网设计原则。

通过排量与压力分析，根据渗透率、厚度及岩石力学参数计算，实现缝网临界排量 12m³/min，并通过测试压力分析证实；同样，通过排量与缝网长度分析，缝网有效长度随排量上升先增加后趋于稳定，临界排量 12m³/min，并通过现场监测结果证实。因此，结合室内数模和现场实践，乾 246 区块实现缝网的临界排量为 12m³/min。

② 单段液量设计。

液量是增加储层改造体积关键因素，大液量有利于提高累产及采收率，从物质平衡理论上讲，体积压裂压裂液液量要求大排量。因此排量越大改造体积也相应增加，从而获得更好的效果。但是，液量与体积压裂改造效果并非线性关系，因此，从经济角度考虑，压裂液液量存在其优化值。

通过液量与缝网长度关系分析，单段液量增大，缝网有效长度先急速增加，随后增长减缓，单段合理液量 1000～1300m³，该认识已通过裂缝监测结果证实；同时，通过液量与地层压力关系分析，模拟液量与地层压力上升关系，1300m³ 液量可使地层压力提高 1.5MPa 以上，并通过现场测压得到证实。因此，结合液量与缝网长度、地层压力的关系证明，单段合理用液量 1000～1300m³。

③ 单段砂量设计。

借鉴红 90–1 区块水平井不同加砂规模试验结果，砂量越大，产液、产油能力都强，但结合经济效益存在一个合理范围。乾 246 区块水平井通过模拟 1300m³ 液体、30～50m³ 支撑剂的裂缝长度与铺砂浓度，为实现储层导流能力需求，水平井单层合理砂量应为 40m³。

④ 水平井段、簇间距设计。

通过渗透率与渗流距离关系分析研究，乾 246 区块致密油渗透率 0.1～0.5mD，驱动压力 20MPa 时，年渗流距离为 30～40m，因此确定合理段间距为 70～90m，缝长 240～310m。

通过水平井段间距数值模拟，水平井多段缝间存在应力干扰，随段间距下降，缝间干扰明显增加，段间距 60～80m 时存在一定裂缝干扰，优化段间距为 70～90m。此外，诱导应力致使裂缝扭曲延伸，增加裂缝复杂度；簇间距过小（如 20m 时）会造成过度扭曲，裂缝易于失效，导致裂缝汇合反而影响了压裂效果。确定合理的簇间距为 30m 左右。

通过井下微地震监测分析，体积压裂裂缝带宽与排量呈线性关系，查平 3 井与乾 270 井、271 井裂缝监测结果表明，施工排量达到 12m³/min 排量时，带宽 75～95m，因此，段间距设计为 70～90m 是合理的。

⑤ 支撑剂选择。

结合应力分析、考虑水平井复杂裂缝、长期裂缝导流能力，支撑剂选用 3 种支撑剂：A.40～70 目 69MPa，体积密度 ≤ 1.75g/cm³，该支撑剂在闭合压力 69MPa 下，铺置浓度为 5kg/m² 时，破碎率小于 8%；B.30～50 目 52MPa，体积密度 ≤ 1.7g/cm³，该支撑剂在闭合压力 52MPa 下，铺置浓度为 5kg/m² 时，破碎率小于 6%；C.20～40 目 52MPa，体积密度 ≤ 1.7g/cm³，该支撑剂在闭合压力 52MPa 下，铺置浓度为 5kg/m² 时，破碎率小于 8%。

⑥ 压裂液选择。

压裂液体系坚持有利于实现压裂改造、降低储层伤害的原则，通过前期研究、室内评价和现场应用，形成了具有低伤害、低表面张力、渗吸、置换的滑溜水体系和冻胶压裂液体系，满足致密油藏压裂改造需求。

⑦ 压后排液管理。

鉴于致密油蓄能压裂大液量注入地层，为合理利用注入液量增加的地层能量，满足水平井长时间稳产的需求，压后自喷阶段采用小制度（4～6mm）控液放喷，达到保持地层能量，实现一定水平长期稳产为目标。初始压力大于12MPa的水平井，开井制度为2mm油嘴，然后随压力下降逐步放大油嘴生产，初始压力在7～12MPa的水平井，开井制度为3mm油嘴，然后随压力下降逐步放大油嘴生产。放喷期间，在井口压力大于6MPa前，要求连续放喷；在压力小于6MPa以后，如果部分井出现压力下降过快，即单日井口压降大于1MPa，需进行短时间的关井，关井时间约2～4d。

（4）举升工艺设计。

以发挥产能为前提，坚持举升主体工艺技术优化组合，坚持针对性个性化十防配套技术，实现投资控制。方案动态设计、动态调整、及时评估，坚持设计实施评价一体化。

① 采油方式优选。

依据产能预测情况，单井产能为50m^3左右的产液水平，根据不同采油方式推荐方法，选择抽油机举升是最成熟，最经济可行的举升方式。

② 泵挂设计。

从探井评价井生产实践看，该区块泉四段油层原油溶解气含量高，且含一定量的CO_2，为控制CO_2的产出，要求开发井控制流压大于饱和压力生产，借鉴让27井高压物性数据资料，邻区泉四段原油饱和压力为5.1MPa，结合乾246井长期生产以来，产量和流压变化规律（流压小于6MPa后产量逐步降低），初步设计合理流压为5.5MPa，则合理泵挂垂直深度为1600m，后期结合清检作业及油井供液情况，可适当加深泵挂。此外，由于水平井井身结构的特殊性，对举升会造成影响，因此从举升的角度出发，要求1600m以内，井斜角小于30°，若能实现造斜点深度大于1900m则更有利于后期采油生产。

综合分析，乾246井让70区块作为致密油开发试验区，目前为充分发挥溶解气能量，水平井泵挂下至1600m，后期可结合清检作业，根据供液情况加深泵挂生产，但深度不超过1900m。

③ 抽油泵设计。

抽油泵的选择要求满足油井不同生产时期排液的需要，即满足排液期和含水稳定期的生产需求，根据产液量预测情况，水平井排液期产液能力为50m^3左右，水平井采用44mm泵，4.2m×6次/min的工作制度，可满足排液需求。此外，由于致密油藏油井产液递减快，一般油井后期（半年至1年时间后）产液水平降至排液期一半甚至更低，因此，为保证油井长期处于较高的泵效生产，方案要求后期可以结合清检作业，根据现场实际需求将泵径调整为38mm或32mm。

④ 抽油机设计。

抽油机机型的选择主要决定于井下杆柱及液柱的静载荷和往复运动的动载荷。从节能角度出发，为提高抽油机载荷利用率，初期设计时可按载荷利用率≤ 95% 的上限来选择抽油机。水平井泵挂深度为 1600m，采用 44mm 泵，此时抽油机悬点最大载荷为 7.76t（校核），抽油机最大扭矩为 44.33kN· m。选用 10 型抽油机可满足载荷需求，型号为 CYJ10-4.2-53HF，配套 22～30kW 节能型电机。

⑤ 十防配套技术设计。

免修期十防配套技术措施：水平井造斜点以下为重点防磨井段，从提高免修期角度出发，水平井下部油管采油聚乙烯内衬油管，设计应用 700m。

该地区地层水矿化度高，需要采取对应的技术措施，因此需应用泄油双凡尔防渣器防渣、防腐耐磨泵防腐，同时管理上配套周期化学加药预防油管内、外壁及套管内壁腐蚀，采用防砂管防砂。

（5）能量补充设计。

根据油藏工程方案部署，能量补充总体安排 3 套方案进行对比，采油工程配套方案中针对不同的能量补充方案进行工业配套设计。

① 枯竭开发能量补充设计。

按照枯竭式开发方案，井网部署中无能量补充的井位及补充方式，地层能量补充主要是利用压裂大规模注入的液量，然后通过关井蓄能、控液放喷等方式来实现。

通过前期探井关井蓄能先导试验对比表明，查平 3 井等采用间喷的求产方式，效果比较不错，试油和试采产能水平较高，而且，百米砂岩的采油强度也处于高水平。查平 2 井等采取了短关井的措施，效果中等，乾 247 井长时间关井（27d）效果不理想，因此可采用间喷和短关井的方式进行蓄能。

② CO_2 吞吐工艺。

注入时机不以井口压力为标准，需以累产气液量为准，当累产气液的地下体积大于注入压裂液体积时，需注入吞吐。每轮次注入量需大于采出量，保证有效补充地层能量。采用传统公式及经验法综合计算，木平 4 井开展 CO_2 吞吐取得较好的应用效果，参照该井设计注入量，强度 2.02m^3/m，推算致密油储层用量，设定首轮吞吐用量 800t；根据每轮吞吐后采出程度，调整之后 2～4 轮次的注入量。

地面最佳注入压力需大于 CO_2 与该地区原油的混相压力和注入环空摩阻减去注入液柱的静液压力之差，通过测试，CO_2 与该地区原油的混相压力在 24MPa，通过计算，注入压力低于 13MPa 实施常规吞吐，注入压力大于 13MPa 时，地层压力大于 24MPa，实现混相吞吐。

③ 直井注水工艺。

按照注水方案，部署 36 口直水井，形成直注平采井网，按照该方案针对 Ⅰ 砂组，注水直井采用单层混注工艺。注水井口采用 5000psi[1] 标准注水井口，注水管柱采用纳米涂层油管，配备可洗井封隔器，保证上部套管不承压，同时在井口直接控制配注量。

[1] 1psi=6894.75Pa。

（6）油井生产动态监测。

① 常规生产资料录取要求。

生产过程中录取项目主要包括：工作制度、井口压力、产量与油气比、含水、动液面、示功图、砂面等资料，严格按照油田开发资料录取要求取全取准各项资料，并做好分析记录。同时为求取本区稳定产能和动态变化规律，确定合理的工作制度和产量剖面，选择不同排量、不同加液量的2～3口水平井开展试井工作，要求采油厂根据情况做稳定或不稳定试井。

② 后评估资料录取要求。

根据方案后评估需求，需要录取的项目主要包括：分层地层温度、压力，地层水、原油性质、压前压后表皮系数、压裂裂缝形态特征、注水、产液剖面，油井IPR录取、注水井水质等。

4. 地面工程方案

（1）油气集输系统。

由于乾246区块原油凝固点高，不宜冷输生产，但根据现场实际情况，本次方案在已建井中选出相对比较集中的2～4口井，做冷输集中拉油试验。

以某一口井为集中拉油点，在该井场布置单井罐和水箱，产液通过管道进入单井罐，单井罐放水进水箱。根据油井分布距离不同，可以采取以下3种方式进行生产：

① 采用单管冷输流程，管材采用玻璃衬里无缝钢管，管线埋深 –2m，不保温。

② 采用投球冷输方式，新建定时自动投球装置和智能收球装置。管材采用无缝钢管，管线埋深 –2m，保温。

③ 采用井口电加热的方式，井口新建防爆电加热器。管材采用无缝钢管，管线埋深 –2m，保温。

（2）注水系统。

由于乾246区块距离已建注水系统较远，新建注水井考虑采用一体化注水装置供注水。一体化注水装置设计参数：注水规模120m^3/d，可辖带2～3口井。

一体化橇装注水装置具有工艺优化、功能集成、自动化程度高、可长期无人值守、可整体搬运、便于安装、减少施工周期、运行安全可靠、占地面积少、可搬迁重复利用等优点，改变了以往建站的模式，并与油田标准化设计、数字化建设相结合，适应了吉林油田开发建设的需要，能够有效控制开发成本，促进了管理方式的转变和管理水平的提高。

三、实施效果分析及评价

1. 实施情况

截至2016年4月，乾246区块共完钻水平井34口，投产21口。通过加强水平井优化部署与地质导向，水平井取得了比较理想的砂岩和油层钻遇率，平均单井水平段长度1004m，砂岩钻遇率91%，油层钻遇率79%。

2．实施效果

综合有效厚度、渗砂厚度、砂岩厚度、孔、渗、饱等地质参数和水平井钻遇过程中气测、岩屑显示级别等现场参数，对水平井单井储层开展综合评价。优选不同类别油层长度、对应电阻率、动用厚度为主要参数，确定不同类别参数储层对产能的贡献，归一化处理求取个参数权重，以水平井综合指数与拟合水平井产量相匹配，完成水平井综合评价分类，评价指数 P 值的计算公式如下：

$$P=0.3\times L_1+0.5\times L_2+0.2\times H \tag{3-1}$$

式中 L_1——不同类别长度，m；

L_2——不同类别长度 × 电阻，Ω·m；

H——叠合动用油层厚度，m；

$L_1=\sum A_{Ⅰ}\times L_{Ⅰ}+\sum A_{Ⅱ}\times L_{Ⅱ}+\sum A_{Ⅲ}\times L_{Ⅲ}+\sum A_{Ⅳ}\times L_{Ⅳ}$；

$L_2=\sum A_{Ⅰ}\times L_{Ⅰ}\times RT+\sum A_{Ⅱ}\times L_{Ⅱ}\times RT+\sum A_{Ⅲ}\times L_{Ⅲ}\times RT+\sum A_{Ⅳ}\times L_{Ⅳ}\times RT$；（$A_{Ⅰ}$、$A_{Ⅱ}$、$A_{Ⅲ}$、$A_{Ⅳ}$不同类别权重系数）。

通过对水平井综合指数的计算，结合目前水平井的动态分析，综合指数 $P>0.4$ 的水平井，平均单井日产 >6t；综合指数 $0.4>P>0.2$ 的水平井，平均单井日产 >4t；综合指数 $P<0.2$ 的水平井，平均单井日产 <4t。因此，把综合指数 $P>0.4$ 的水平井划归为Ⅰ类，把综合指数 $0.4>P>0.2$ 的水平井划归为Ⅱ类，把综合指数 $0.2>P$ 的水平井划归为Ⅲ类。

完钻水平井于 2015 年 8 月份开始陆续投产，目前共投产 21 口，全部自喷生产，并利用油嘴控制放喷速度，目前处于排液期或自喷生产阶段，表现为见油快、井口压力大，采用大规模滑溜水体积压裂后能量较充足。其中代表井 Q1、C1、Q2 井生产时间相对较长，动态规律相对正常，平均累产油 848t，揭示本区具备较好的开发潜力。通过对水平井综合分类评价，结合生产动态规律，明确各类水平井动态特征：

Ⅰ类水平井：动态特征为液量降、含水降、产油升、压力稳定，见油快，初期日产油增幅快。该类井共计 12 口，第 4 个月平均日产液 41.9t，日产油 3.7t，含水 89.3%；第 6 个月平均日产液 50.1t，日产油 6.9t，含水 84.8%，经济效益好。

Ⅱ类水平井：动态特征为液量缓降、含水慢降、产油稳升、压力稳定，见油较快，初期日产油增幅较大。该类井共计 7 口，第 4 个月平均日产液 57.5t，日产油 4.6t，含水 91.9%；第 6 个月平均日产液 67.8t，日产油 4.7t，含水 91.8%，返排期长，动态规律需要进一步跟踪评价。

Ⅲ类水平井：动态特征为液量降、含水高、产油量低、压力快速下降，见油慢，自喷期产油量增加慢。该类井 1 口，第 4 个月平均日产液 51.1t，日产油 1.5t，含水 96.5%；第 6 个月平均日产液 25.5t，日产油 1.6t，含水 93.9%，经济效益差。

3．取得认识

（1）水平井钻遇油层段长度与阶段累产成正比关系。

钻遇油层长度大，动用储量大，则阶段累计产量油高。CP3 井油层长度 628m，CP2 井油层长度 409m，CP3 井阶段累计产量油 5867t，CP2 井第 15 个月阶段累计产量为 3050t，CP3

井累计产量高出近一倍;Q3 井钻遇油层长度为 669m, Q4 井钻遇油层长度为 1043m, Q3 井第 4 个月日产液 19t/d,日产油 1.2t/d,含水 92%, Q4 井第 4 个月日产液 47t/d,日产油 6.2t/d,含水 82%,产量差异明显。

(2)水平井油层含油性越好,油井产量越高。

统计新投产的 20 口井,初期日产油与油层电测电阻率、CO_2 含量有一定关系,一般油层电性指标好,则初期产量高。如 Q5 井和 QP1 井,两井水平段长度、钻遇砂岩情况、录井显示以及压裂参数等条件基本相同, Q5 井目的层段电阻值 25Ω·m,自然伽马 95API, QP1 井目的层段电阻值 15Ω·m,自然伽马 80API,二者电性指标差异明显。Q5 井投产第 3 个月日产液 52t/d,日产油 14t/d,含水 72%, QP1 井投产第 3 个月日产液 71t/d,日产油 3.1t/d,含水 95%,二者产量差异较大。水平井不同显示级别储层对产量贡献存在差异,水平井钻遇油层的显示级别越高,产量越好,本区水平井油斑级显示长度越大,初期产量一般均较高。

(3)油层改造程度越好,油层产量越高。

统计 12 口水平井初期采油强度与段簇间距、单段加液量加砂量、破裂压力等关系结果显示,水平井初期产量与段簇间距、单段加液量相关性好,与加砂量关系不明显。

段簇间距越小,储层改造越充分,水平井产量越好。如 Q6 井与 QFP1 井,两井其他指标相近,只是 Q6 井段间距 66m、簇间距 30m, QFP1 井段间距 54m、簇间距 20m,差异明显。Q6 井投产 7 个月,最高日产油 3.8t/d,含水 92%, QFP1 井投产 5 个月,最高日产油 9t/d,含水 82%,产量差异明显。

单段加液量大或排量大、液量足的井,见油早、产量好。如 Q7 井与 QFP2 井,两井其他指标相近,只是 Q7 井排量 $9m^3$,加液量 $15787m^3$, QFP2 井排量 $12m^3$,加液量 $16464m^3$,差异明显。QFP2 井见油时间、产量明显好于 Q7 井。

(4)工作制度影响产量剖面变化。

统计研究区投产井不同油嘴水平井返排率与含水率、单井累产油的关系,结果显示,随着返排率的增加,含水率有下降趋势,并且油嘴越大,含水率越低;单井累产油随着返排率的增加显著增大,且油嘴越大,累产油增加越明显。

4. 试验总结

(1)储层预测技术在本区具有较强实用性,复波特征针对薄砂体能够指导水平井部署与导向,储层预测技术吻合率较高,完钻开发井油层钻遇率高 80%。

(2)多参数结合的甜点优选目标区较准确,完钻水平井钻遇主河道砂体,油层厚度大,与甜点评价平面分布相对吻合。

(3)投产井整体效益较好,34 口井 70 美元油价内部收益率 6.09%(单井投资 1786 万元)。其中Ⅰ类水平井产量 7.5t,内部收益率 6.7%(单井投资 1928 万元);Ⅱ类水平井产量 6.1t,内部收益率 1.56%(单井投资 1886 万元)。

(4)开发井动态与探井存在较大差异,主要原因在于工作制度改变较大。开发井动态特征表现为压力高,含水居高缓降,高产期延后。控制生产压差,对地层能量保持有利,可能不利于发挥置换作用，影响油相流动，但生产时间短，后期动态规律不明确。合理的工作制度，快速排液，有利于降低含水，获得较高产量，但需注意后期压力控制，延长油井自喷期。

（5）探井、评价井及开发试验井主体采用 P110 钢级，壁厚 9.17mm，外径 139.7mm 套管完井，同时配套油管传输射孔工艺（第一段射孔）及泵送桥塞—射孔联作工艺（第二段以后各段射孔），射孔工艺成功率达 98%，爆破率达 95% 以上，满足了后期工程技术的各项需求，并保证了井筒的完整性和稳定性。

（6）乾 246 区块离已建集输、注水系统和供配电系统较远，新建油井采用单井罐生产、定期汽车拉运，注水系统采用橇装注水工艺生产，满足了生产需求，降低了工程投资。地面工程采用标准化、规模化采购及工厂化预制，地面工艺设计工期缩短 30%，施工工期缩短 15%，新井时率提高 5%，规模化采购率达到 85%，预制化率达到 80%，工程投资及运行成本同比降低 5%，劳动定员减少 4%，占地面积减少 4%。

第四章

持续融合技术创新管理模式低成本开发实施管理办法和实施细则

第一节　持续融合技术创新管理模式低成本开发实施管理办法

持续融合技术创新管理模式低成本开发主要包括方案设计、现场实施、跟踪调整、组织保障及技术提升等全方位一体化过程管理，涵盖油藏工程、钻井工程、采油工程及地面工程4个技术领域。

一、油藏工程实施管理办法

（1）持续融合技术创新管理在低成本开发中，要以油藏工程理论为指导，油田地质研究为基础，油藏各专业充分发挥协同优势，大力攻关、试验和推广新技术、新方法，优化方案设计内容，努力实现降本增效，使油田达到较高的经济采收率。

（2）在油藏评价和油田开发过程中，持续深化油藏认识，充分应用先进的技术手段，落实效益开发甜点区，控制开发实施风险，搞好油藏工程方案设计和实施，做好动态监测和跟踪调整工作，确保油田高效开发。

（3）加强低品位开发资源分类评价，优选效益甜点，合理设计产能水平。

① 加强储量评价，细分地质单元，深化成藏模式研究、微构造刻画、储层展布规律及微观渗流特征研究，加强流体识别、产能水平及递减规律、经济效益等精细研究和评价，分类排队，逐块落实资源潜力，优选效益开发甜点区，科学部署与实施，提高低品位储量动用程度。

② 加强老区构造精细解释、综合开发效果评价、剩余油分布规律研究、井网适应性研究，整合“二次开发和三次采油”技术，部署高效井位、完善注采井网、挖掘局部剩余油，提高老区开发效果。

（4）地质工程一体化研究，加强技术的持续创新与融合能力，尤其要加大开发地震技术的研究与应用，精细构造解释，精细薄层砂体和扇体的识别与预测；加强以特低、超低渗透油藏储层“七性”关系评价，指导钻井、压裂等工程技术的优化设计，满足地质需求，从方案源头上降低低品位储量开发风险；加强砂体、井网、压裂缝网匹配关系研究，根据工艺技术现状优化井排距，根据油层变化整体优化压裂参数设计，实现全藏改造、全藏驱替，提高开发效果。

（5）油藏工程方案是油田开发方案的重要组成部分，主要内容包括：概况、油田地质研究、开发原则、开发方式、开发层系组合、井网部署及监测系统、开发指标预测及经济评价、多方案的经济比选及综合优选和实施要求。

（6）积极采用新技术，如水平井、特殊结构井开发方式设计理念与方案，对水平井油藏工程设计内容不断优化，努力提高水平井的油层钻遇率，优化压裂段间距与簇数，明确产能水平及递减规律及适应性评价。

（7）油藏工程方案设计要着重做好低品位资源在新工艺技术条件下的油田生产能力及产量剖面的预测。油田生产能力指方案设计井全面投产后，在既定生产条件下的稳定年产量。具体要求是：

① 要充分考虑超低、特低渗透储层物性和流体性质对产能的影响，分析储层物性（特别是渗透率、饱和度、空隙度）、流体物理性质（特别是地面、地下原油黏度）以及稠油、高凝油的流变性等；挥发油和凝析气应做相图分析。

② 依据测试、试油、试井、试采、先导性矿场试验等资料，确定在人工补充能量方式下的分层系和单井产能。

③ 充分考虑先进的水平井及直井缝网压裂技术、开发期蓄能压裂、CO_2 能量补充等技术应用，依据先导性矿场试验、室内实验资料，合理确定油层产能水平及递减规律。

（8）开发过程中按照“系统、准确、实用”的原则，安排好各项油藏监测工作，以满足油田开发和分析油田各个开发阶段动态特征的需求，并编制好监测方案。监测内容包括：生产井产量、含水率和注入井注入量监测；生产井和注入井地层压力、温度监测；生产井产液剖面监测；注入井吸水剖面监测；井下技术状况监测；含油饱和度监测；储层渗流参数监测等。

二、钻井工程实施管理办法

（1）钻井工程管理要根据油田地质开发及采油需求，以实现油气层保护、降低钻井综合投资、缩短建井周期为目标，依靠钻井技术创新和“一体化”管理模式优化，形成满足吉林油田不同区块、不同油藏低成本、效益开发的钻完井配套技术序列。

（2）钻井工程方案的编制要充分结合油藏特征及开发方式，要依据油藏类型和开采方式的不同，确定开发井的钻井、完井程序及工艺技术方法。强化钻井过程中的油层保护措施，井身结构的设计要适合整个开采阶段生产状况的变化及进行多种井下作业的需要。

（3）钻井工程方案的主要内容应包括：油藏工程方案要点；采油工程要求；已钻井基本情况分析；地层孔隙压力；破裂压力及坍塌压力预测；井身结构设计；钻井装备要求；井控设计；钻井工艺要求；油气层保护要求；录井要求；固井及完井设计；健康、安全、环境要求；钻井周期设计；钻井工程投资概算。

（4）钻井工程实施中应加强现场监督，按照开钻验收、工程实施、完井验收 3 个阶段进行规范化管理。钻井监督要依据钻井设计、合同及相关措施，监督和检查钻井工程质量、工程进度、资料录取、打开油气层技术措施以及安全环保措施等工作。

（5）为保证钻井施工安全、固井质量合格和保护套管，要根据需要对相关的注水井采取短期停注或降压措施。在地层压力水平较高的地区钻井和作业要采取井控措施。

（6）要注重研发储备技术、攻关瓶颈技术、推广成熟技术、引进先进技术，把技术创新与技术进步作为油田开发技术管理的重要内容。

（7）要做好油田开发科技规划和计划工作。按照“研发、攻关、推广、引进”4个层次，研究制订科技发展规划和计划，落实人员和专项资金，明确具体保障措施。按照“先进适用、经济有效、系统集成、规模应用”的原则搞好科技管理工作。

（8）要针对油田开发中制约发展的瓶颈技术进行攻关，集中资金和力量，明确目标、落实责任，严格搞好项目管理，采用开放式的研发机制，充分发挥股份公司优势，搞好技术攻关。加强成熟适用新技术推广力度，努力缩短科研成果转化周期，尽快形成生产能力。

（9）有计划地组织技术研讨和技术交流，促进科技成果共享，开展国际合作，引进先进技术和装备。特别要注意做好工程技术的研发、推广、引进工作。对引进的先进技术、装备、软件，要充分做好消化、吸收工作，避免重复引进。

（10）按照“统一规划、统一标准、统一建设、统一管理、分步实施”的原则，加强油田开发生产过程中数据采集、传输、存储、分析应用与共享工作，建好用好勘探开发数据库，实现网络化、信息化、可视化管理，促进油田开发管理的现代化。

三、采油工程实施管理办法

（1）采油工程管理要根据油田地质特点和开发需求，以实现油田高效开发为目标，依靠科学管理和技术创新，优化措施结构，形成适应油田不同开发阶段需要的采油工艺配套技术。

（2）采油工程管理主要包括：采油工程方案编制及实施；完井与试油、试采管理；生产过程管理；质量控制管理；技术创新与应用和健康、安全、环境管理。

（3）采油工程方案是油田开发方案的重要组成部分。油田投入开发或区块进行重大调整，采油工程必须早期介入，提前开展必要的前期评价、专题研究和先导性试验，在此基础上编制采油工程方案。编制采油工程方案要以提高油田开发水平和总体经济效益为目的，以油藏工程方案为基础，与钻井和地面工程相结合，经多方案比选论证，采用先进实用、安全可靠、经济可行的技术，保证油田高水平、高效益开发。

（4）承担采油工程方案编制的单位，应具有相应的资质，其中一级和二级资质由中国石油股份公司勘探与生产分公司授予，三级资质由油田公司授予。

（5）采油工程方案通过审查批准后，应严格按照方案组织实施。执行过程中若需对完井方式、采油方式等进行重大调整，应向审批部门及时报告，经批准后方可实施。

（6）油田投产2～3年后，应对采油工程方案实施效果进行后评估，评估的主要内容包括：方案设计的合理性、主体技术的适应性，各种经济技术预测指标的符合程度等。

（7）单井设计是指导施工作业的依据，主要包括试油、试采、井下作业和试井设计。试油、试采、井下作业设计应包括地质、工程和施工设计，试井设计应包括地质和施工设计。各项设计要符合相关的技术标准和要求。

（8）重点井和高危险性井的工程设计由油田公司主管部门组织编写和审批。压裂、酸化、大修、防砂等重点措施工程设计由油田公司主管部门或授权单位组织编写和审批。常规措施和维护性作业工程设计由油田公司所属采油单位组织编写和审批。

（9）施工方必须依据工程设计编写施工设计，并严格按照施工设计组织实施，严禁无设计施工。

（10）采油工程方案设计的完井方式符合率需达到98%，采油方式的符合率达到95%，井口注入压力的误差小于 ±20%。单井工程设计符合率大于95%。

（11）依据油藏工程方案和增产、增注措施的要求，按照有利于实现油井最大产能、延长油井寿命、安全可靠、经济可行的原则，进行完井设计和管理。采油工程主管部门要参与钻井工程方案设计审查，钻井工程的完井设计要以采油工程方案为重要依据。

（12）采油工程的生产过程管理贯穿于油田开发全过程，主要包括采油、注水（汽）、作业、试井等采油生产过程管理，其工作目标是实现生产井的正常生产、高效运行和成本控制。

（13）采油工程要加强系统建设，各油田分（子）公司必须建立、健全各级采油工程管理和技术研究推广机构及其责任制。

（14）质量控制是保证采油工程质量、提高措施效果的关键环节之一，也是各级采油工程主管部门的重要管理内容之一。采油工程质量控制与监督主要包括队伍资质审查、施工作业监督以及设备、工具和材料以及专用仪表的质量控制。

（15）进入油田技术服务市场的施工单位应具有施工资质和准入证，并从事相应资质的施工。油田业务主管部门每年应对施工单位进行资质复审和业绩综合考评。

（16）首次进入油田公司技术服务市场的新技术、新工具、新材料、新产品等，须经采油工程主管部门组织专家进行技术和质量认定，通过后方可开展现场试验。

（17）积极推进技术创新，加大采油工程核心技术的研发和成熟配套技术的推广应用力度，注重引进国际先进技术，不断增强油田开发技术竞争力。

（18）采油工程各项活动要树立“以人为本，安全第一”的思想，符合“健康、安全、环境”体系的有关法律、法规以及国家、行业、股份公司有关标准。

（19）采油工程方案、工程设计和施工设计必须包括有关“健康、安全、环境”的内容。各种作业必须制定安全应急预案。新技术、新产品和新装备的矿场试验应制定安全防护措施。

（20）采油工程现场试验、新技术推广、重大技术改造项目方案设计中，要充分考虑环境保护因素，必要时要事先进行实验、论证，对于暂时无法掌握、并有可能造成较大危害的项目，要严格控制试验和使用范围。

四、地面工程实施管理办法

（1）持续融合技术创新管理在低成本开发实施中，要以油藏工程方案为依据，在满足生产需求的前提下实现优化简化，大胆尝试新技术、新工艺、新设备和新材料，实现装置功能集成化、设备橇装化，减少征地费用，降低工程投资，缩短设计和施工周期，减少运行费用。

（2）地面工程方案实施要密切与油藏工程、采油工程和钻井工程相结合，并充分采纳采油单位合理意见，充分考虑油、水、电、信、路、自控仪表、土建、规划和测量等多专业协作，并做好经济投资估算，使方案具有可操作性。

（3）油田地面建设应做好中长期发展规划，应研究已建设油田地面工程对油气生产的适应性，原油、伴生气集输处理、水处理、注水系统、油气水储运等各系统的负荷率，各种处理介质与处理能力、各种能量消耗与供给的平衡，根据勘探、开发形势预测地面工程的发展，根据生产的变化规律预计未来发展的趋势，在各系统优化的基础上，进行整体优化，编制出地面建设的总体规划，规划在逐步实施的过程中，应根据实际生产情况，不断调整。

（4）老油田地面工程改造要根据油田地面工程与油气生产的适应性、根据油田地面设施的老化和腐蚀状况，在调查研究的基础上，制订老油田改造规划，做到总体规划，分年实施。老油田地面工程改造要认真做好优化、简化工作，在油气水系统平衡，保证地面工程在合理的运行生产负荷率的条件下，做好“关、停、并、转、减、修、管、用”等工作。

（5）施工图设计必须选择有相应资质的设计单位，并严格按照批准的初步设计开展。施工图设计时，如建设地点、建设规模、各系统工艺方案、主要设备选型、工程内容和工程量、建设标准发生较大变化时，须经原初步设计审批部门核实、批准。

（6）油田地面工程建设应严格执行建设程序，认真做好前期工作、工程实施、投产试运行、竣工验收各阶段管理，履行建设单位责任，组织设计、施工、检测、监理、质量监督等各参建单位，建设优质、高效的油田地面工程。

（7）油田地面生产管理必须坚持“高效、节能、安全、环保”的原则，对油田地面生产进行优化，降低生产成本，应用先进适用的配套技术，确保油田经济、高效开发。

（8）科技创新和推广应用是提高地面工程效益、提高油田地面工程建设、生产水平的根本措施，要自始至终做好科技创新工作推动油田生产力发展、促进油田效益开发。要在科技发展规划的指导下、结合生产实际，开展科学储备技术的研究开发，针对制约油气集输、处理、水处理等地面工程发展的瓶颈技术，组织攻关研究，总结各油田应用的先进、成熟、适用技术，结合油田的特点，因地制宜地推广应用先进技术，形成规模效益。使科技研发服务、指导生产，与发展战略结合，明确科技目标，实现持续发展。

（9）针对建设项目的性质，提出 QHSE 的目标和要求，形成 QHSE 管理体系，工程建设中应按照国家职业卫生法规、标准，对劳动卫生防护设施效果进行鉴定和评价，配备符合国家卫生标准的防护设备，定期进行职业健康监护，建立《职业卫生档案》，对可能发生的自然灾害、环境污染事故、安全生产事故、影响公共安全的事故须制订应急预案，定期训练演习。应急预案应保证能合理有序地处理事故，有效控制损失。

第二节　持续融合技术创新管理模式低成本开发油藏工程实施细则

油藏工程方案是油田开发方案的重要组成部分，主要内容包括：概况；油田地质研究；开发原则、开发方式、开发层系组合、井网部署及监测系统；开发指标预测及经济评价；多方案的经济比选及综合优选，以及实施要求。编制低品位资源油藏工程方案，要更加重视油藏甜点识别与刻画，即控制含油性、产油能力相关的主要地质要素进行精细刻画，比如物性、脆性等。

一、油藏工程方案设计原则

（1）以经济效益为中心，充分利用油气资源，尽量采用高效驱油方式，努力取得较高的采收率。

（2）油田开发要有较高的采油速度和较长的稳产期。一般油田稳产期石油地质储量采油速度应在2%左右，低渗透油田不低于1%。

（3）积极采用先进技术，提高油田开发水平和经济效益。

二、油藏工程方案设计

1. 油田地质研究

（1）油田概况。

油田地理位置、气候、交通等状况，阐述油田勘探历程和开发准备程度，地震工作量及处理技术，探井、评价井井数及密度取心和分析化验资料数量，试油、试采成果及开发试验情况，以及油田规模、层系及类型等。

（2）油藏特征描述。

区域构造位置及构造发育史，地层层序及沉积类型等。按照储层细分和对比的原则及方法，划分出合理的细分和对比单元。并结合新增的油藏静态、动态资料检验对比单元划分的准确性。

（3）构造、断层特征。

在新增资料（特别是钻井资料）的基础上不断修正构造特征的认识，分级描述构造的类型、形态、倾角、闭合高度、闭合面积等，分级描述断层的分布状态、密封程度、延伸距离及断层要素。

（4）储层描述。

① 储层描述基本单元为小层，根据岩石相、测井相划分，确定出沉积微相类型，并描述不同沉积微相的特点，包括岩性、沉积构造、沉积韵律等，描述微相平面展布特征，并编制出

各小层的平面沉积微相图。

② 地应力及裂缝描述(裂缝油藏重点描述)。描述地应力状况,包括最大主应力和最小主应力方向和大小。结合以前对裂缝的认识,分组系描述裂缝性质、产状及其空间分布、密度(间距)、开度等。

③ 储层微观孔隙结构特征。孔隙类型:描述薄片、铸体、电镜观察到的储层孔喉情况,参考成因机制,确定储层孔隙类型(原生孔、次生孔、混杂孔隙类型等),并描述不同孔隙类型的特征。喉道类型:确定对储层储集和渗流起主导作用的喉道类型并描述其特征。孔隙结构特征参数:描述各类储层的毛管压力曲线特征,确定其孔隙结构特征参数,主要包括排驱压力、中值压力、最大孔喉半径、孔喉半径中值、吼道直径中值、相对分选系数、孔喉体积比、孔隙直径中值、平均孔喉直径比等。储层分类:以渗透率为主对孔隙结构特征参数进行相关分析,确定分类标准,并对孔隙结构和储层进行分类,描述各类储层的物性及孔喉特征。储层黏土矿物分布特征:确定出储层黏土矿物的主要类型,描述其在储层中的分布特征。储层敏感性分析:对储集层进行水敏性、酸敏性、速敏性、盐敏性分析和评价。

④ 储层物性及非均质性。研究储层的"四性"关系,建立储层物性参数的测井解释模型,根据模型解释储层物性参数。储层宏观非均质性研究主要包括:层内非均质性、层间非均质性、平面非均质性。

⑤ 储层评价。依据储集层厚度、孔隙度、渗透率、砂体边疆性、平均喉道半径等主要评价参数,分类指标及辅助参数对储集层进行综合评价和分类。

(5)储层"七性"关系评价。

针对致密油藏,在传统的岩性、物性、电性、含油性等"四性"关系评价基础上,开展烃源岩、地应力、脆性"七性"关系评价。在常规化验分析和测井资料基础上,重点进行恒速压汞、核磁、覆压、脆性、地应力、烃源岩等特殊化验分析,以及多极子阵列声波测井等研究,评价烃源岩、储层的脆性及地应力的各向异性。

(6)流体分布。

利用测井和试油等动静态资料,开展油水层识别,分析油水运动规律,描述垂向和平面上的油、水分布特征;分区块、分层系确定油气水分布特点好油藏类型,明确油气界面、油水界面、油气水分布的控制因素,落实含油、气、水饱和度。

(7)流体性质。

分析原油的组分、密度、黏度、凝固点、含蜡量、含硫量、析蜡温度、蜡熔点、胶质 + 沥青质含量和地层原油的高压物性(PVT 性质)、流变性等特性;天然气性质,主要描述相对密度组分、凝析油含量;地层水性质主要描述组分、水型、硬度、矿化度、电阻率

(8)渗流物理特征。

依据岩样润湿性实验结果确定其表面润湿性;描述各类储层的相对渗透率曲线,确定其特征参数,主要包括:束缚水饱和度、残余油饱和度、驱油效率、油水、油气共渗区等;确定各类储层的驱油效率和残余油饱和度。

（9）油藏的温度、压力系统。

确定油藏油层、气层、水层温度及温度梯度，描述油藏温度系统；确定油、气、水层压力及压力系数、压力梯度等，描述油藏压力系统，并计算地层破裂压力。

（10）驱动能量和驱动类型。

描述油藏的驱动能量，包括弹性能量，溶解气能量，气顶能量以及边、底水能量大小，对油藏天然能量进行评价和分类。描述油藏流体驱动机理和驱动类型。

（11）建立三维地质模型。建立一个描述构造、储层、流体空间分布的静态三维地质模型，计算地质储量。

（12）油藏数值模拟。

① 地质储量拟合。在静态地质模型网格粗化后形成的数值模拟地质模型的基础上，拟合地质储量。拟合精度要求达到小层或单砂体，储量拟合误差≤ 1%。

② 生产历史拟合。油藏数值模拟生产历史拟合的开发指标主要包括：产量及累计产量、含水、气油比、压力。生产历史拟合时间点以月为拟合单位，也可根据油藏开采历史长短或实际需要选择日或年为时间单位。生产历史拟合既要拟合产量及累计产量、含水、气油比、压力等开发指标的实际值，还要充分反映开采动态历史的变化状况和趋势。

2. 方案设计内容

（1）油藏工程设计要认真分析油藏天然驱动方式和驱动能量大小，论证利用天然能量开发的可行性；需要人工补充能量的油藏，要论证补充能量的方式和时机，并要认真分析气驱、水驱、稠油热采或蒸汽驱等开采方式的可行性，进行技术经济指标的对比，确定经济、有效的开发方式。针对低渗透砂岩油藏，应保持较高的压力水平开采，建立较大的注采压差。对超低、特低渗透油藏要研究油藏裂缝系统、地应力分布，建立有效驱动体系。

（2）油藏工程方案设计要以油藏地质特征为基础论证开发层系。要根据油层厚度、渗透率级差、油气水性质、井段的长度、隔层条件、储量大小等论证层系划分的必要性和可行性。

（3）油藏工程方案设计必须对开发井网部署进行充分论证，其主要内容是：① 根据储层沉积特征和发育规模，所设计的开发井网要具有较高的水驱储量控制程度。② 要充分考虑储层砂体形状及断层发育状况、断块大小及形态、裂缝发育情况等，确定井网几何形态、注采井排方向和井排距。③ 积极采用新技术，如水平井、特殊结构井技术等。④ 井网部署要有利于后期调整。

（4）油藏工程方案设计要着重做好低品位资源在新工艺技术条件下的油田生产能力及产量剖面的预测。油田生产能力指方案设计井全面投产后，在既定生产条件下的稳定年产量。具体要求是：① 要充分考虑超低、特低渗透储层物性和流体性质对产能的影响，分析储层物性（特别是渗透率、饱和度、空隙度）、流体物理性质（特别是地面、地下原油黏度），稠油、高凝油的流变性等。挥发油和凝析气应做相图分析。② 依据测试、试油、试井、试采、先导性矿场试验等资料，确定在人工补充能量方式下的分层系和单井产能。③ 充分考虑先进的水平井及直井缝网压裂技术、开发期蓄能压裂、CO_2 能量补充等技术应用，依据先导性矿场试验、室内实验资料，合理确定油层产能水平及递减规律。

（5）油藏工程方案应在产能论证的基础上进行开发指标预测。以地质模型为依据，对重点油田或开发单元开展油藏数值模拟，预测各种方案的15年开发指标及最终采收率。

（6）油藏工程方案中应进行多个方案设计，所设计方案必须在开发方式、层系组合、井网井距等重大部署方面有显著特点，结果有较大差别，并与钻采工程、地面工程设计相结合，整体优化，确保推荐方案技术经济指标的先进性。

（7）在钻开发井跟踪分析过程中，要根据地质研究发现的构造变化、储层分布异常或油气水分布变化等新情况，提出补充录取资料的要求、钻井次序的调整建议。补充录取资料应纳入产能建设计划。

（8）钻遇油层与原地质模型局部有较大变化时，应及时对原方案设计进行局部调整；有重大变化时，应终止原方案实施，并按原方案的审批程序进行审批。

（9）射孔方案编制应保证注采关系完善，充分考虑开发层系储层顶底界控制、避射层段、投产压裂方式等，并依据储层特征，提出对射孔工艺的基本要求。

（10）根据油田开发方案要求和实施情况，制订详细的生产井和注入井投产程序和实施要求。主要内容包括：注入井的转注时机；依据开发方案要求提出生产井的投产顺序，注入井排液、转注安排；制订注入井和生产井的配产配注方案。

（11）油田开发方案实施后3年内，按照有关标准对方案进行后评估，评价方案符合程度。评估中应根据开发钻井、测井、测试及生产资料，重新核定油田地质参数，修改完善地质模型，进行10～15年油田开发指标预测，作为油田开发过程管理的重要依据。

（12）油田产能建设阶段，油藏工程方案实施与跟踪的主要工作是进行跟井对比，补充录取资料，完善地质模型，及时调整开发方案部署，调整注采井别，编制射孔方案，按方案实施要求进行投产。

（13）油田开发动态监测要按照“系统、准确、实用”的原则，以满足油田开发和分析油田各个开发阶段动态特征及其内在规律的需要为目的，制订动态监测方案。主要内容包括：① 生产井产量、含水率和注入井注入量监测；② 生产井和注入井地层压力、温度监测；③ 生产井产液剖面监测；④ 注入井吸水（气、汽）剖面监测；⑤ 井下技术状况监测；⑥ 生产井流体性质监测；⑦ 含油饱和度监测；⑧ 储层渗流参数监测。

第三节　持续融合技术创新管理模式低成本开发钻井工程实施细则

钻井工程方案是油田开发方案的重要组成部分，钻井工程方案必须根据油田地质开发情况，通过前期可行性评价、现场攻关试验，在此基础上形成钻井工程方案。钻井工程方案的编制要以实现油气层保护、降低钻井综合投资、缩短建井周期为目标，充分与地质、采油结合，采用经济、高效技术，提高钻井施工效率、保证钻井施工质量。

一、钻井工程方案设计原则

（1）钻井工程方案编制过程中，要在总结近年来各地区产能建设钻井施工资料的基础上，不断对工程技术路线进行论证和优化，在确保钻井安全、受控的前提下，努力做好油气藏保护和成本控制。

（2）加强钻井方案实施过程中的现场跟踪调研，掌握钻井方案实施过程中的各种资料，分析钻井工艺技术的适应性，找出存在的问题和潜力，提出有针对性的钻井工程方案完善意见，持续优化钻井工程方案。

（3）钻井工程方案的编制应满足钻井生产进度需要，应用新工艺、新技术的特殊工艺井的钻井工程方案，需研讨论证的，可适当放宽时限，但不能影响正常钻井生产。技术路线确定后，仍按时间节点考核。

二、钻井工程方案设计

1. 设计内容

（1）井身结构与钻井液密度的确定。根据井身结构设计原则，对已钻井进行井眼力学稳定性评估，分析井眼失稳的原因，弄清孔隙压力、坍塌压力和破裂压力的纵、横向变化规律，建立“三压力”剖面，设计出钻井液密度。根据“三压力”剖面和已钻井情况，设计多种井身结构方案，对每一方案进行可行性、风险性、经济性评估，优选出开发井的井身结构。

（2）井身质量控制。根据本地区各地层的地层倾角和倾向，计算出各地层的造斜性和各向异性系数，据此设计出该油田的钻具组合和钻井参数。

（3）钻头选型。利用已钻井的测井资料或岩心资料，建立该地区的牙轮钻头可钻性、PDC 钻头可钻性、塑性系数、硬度、抗剪强度、泥质含量等岩石力学特性剖面，并利用灰色聚类等方法，优选适合各地层的钻头类型。

（4）钻井液。根据本地区的泥页岩矿物组分和理化性能以及各地层对钻井液性能的基本要求，在室内进行大量分析试验。在此基础上，评价各种钻井液体系，优选处理剂及其配方，优选钻井液流变参数和滤饼质量定量评价，预算钻井液成本，制订复杂情况钻井及钻井液维护处理对策。

（5）钻井过程中的储层保护。分析储层物性和孔喉特征，评价储层“五敏”性。分析钻井过程中储层伤害因素，确定钻井过程中储层保护的技术对策。根据目前国内外广泛采用的屏蔽暂堵技术，研究其对本地区的适应性、可行性和经济性。优选暂堵剂，分析粒度分布、暂堵深度、强度评价，确定合理的钻井液粒度控制指标和实施措施。

（6）固井技术。根据油层位置、井径、漏失压力等资料和开发要求，按套管柱设计、强度校核、附件配置、注水泥浆工艺，确定水泥浆返高；评选水泥浆体系、外加剂、配方，选定前置液、压塞液、替置液，优选施工参数。井眼准备、下套管固井施工和井口装定等，进行逐项多方案论证、优选。

（7）近平衡钻井及井控。分析影响平衡钻井的因素，用近平衡钻井方法校核设计的钻井液密度，根据井控装备的选配原则、地层压力选配井口装置和压井管汇。

（8）井下复杂情况与事故的预防及对策。根据井眼稳定性评估结果、已钻井情况和地质情况，分析本地区发生事故与复杂情况的主要原因，提示各地层的钻井故障，制订缩径、坍塌、盐膏侵入、泥页岩蠕变、井漏、卡钻、煤层坍塌、漏失等事故与复杂情况的预防与处理措施。

（9）钻井周期预测。对已钻井的进度进行分析，根据井身结构设计、本地区或邻地区资料计算各地层不同钻头尺寸的钻井进尺、纯钻时间和机械钻速，预测全井所需的纯钻时间，结合已钻井的纯钻时效，预测全井的钻井周期，也可用地区钻速方程予以预测。

2. 设计要求

（1）根据钻井地质设计和开发井单井钻井设计样本要求，设计人员要做好设计的前期基础性工作，熟悉地质、工程资料，深入了解油田开发对钻井工程的要求，明确工程设计任务。设计人员应收集区域油藏地质资料，了解钻遇的地层剖面、地层压力、油气水分布情况，收集已完钻井实钻资料，掌握钻井、完井工程资料和质量情况，了解有关的钻井指标（钻井时效、材料消耗），依据国家和地方政府有关法律、法规和要求，按照安全、快速、优质、高效的原则进行编写。

（2）对于确实能够保证钻井质量和安全的情况下降低钻井成本的技术措施要进一步推广应用。对于现场施工情况要及时跟踪，发现新情况的要及时进行技术路线的调整和完善。

（3）对钻井设计中涉及钻井成本的材料用量、钻井工期等内容应在充分了解现场实际情况的基础上进行设计，从源头做好成本控制，进一步使钻井投资合理化。

3. 设计调整

（1）在开发井实施过程中，设计单位要加强跟踪评价和做好调整工作，因工程、地质等因素确需变更设计时，由设计单位进行修正并及时上报钻采工程部，做好现场施工的组织协调，补充设计按正常设计审批流程审批。

（2）如果水平井裸眼轨迹无法满足完井工艺要求需要套管完井的，由钻井工程方案设计单位根据水平井裸眼钻完井地质设计编写完井工程设计，按正常审批程序审批。

三、钻井工程实施管理

生产运行部门按计划安排钻井、作业施工队伍到相关产能建设单位，在钻井投资下达2个工作日内，将钻井任务、工期、队伍安排下达给产能建设单位。产能建设单位在投资下达、钻井队伍确定（发布中标通知书或完成商务洽谈）后15个工作日内（单位审查审批时间为5个工作日）签订完钻井合同。产能建设单位自接到投资实施计划后，进行桥涵道路协调、临时用地手续办理。对已有土地复垦方案的用地项目，40个工作日内完成用地办理；对没有或需要修改完善土地复垦方案的用地项目，将延长用地审批办理时间。产能建设单位组织钻井施工队伍按照钻井工程设计及钻井施工顺序实施。自钻井投资下达后，钻采工程主管部门按照钻井实施顺序，组织产能建设单位编制停注泄压方案，生产运行管理部门组织产能建设单位实施。

已下达投资计划的井位以满足钻机正常运行且有2～4轮（大钻2轮、中钻3轮、小钻4轮）可做钻前准备的井位为最低原则；开发管理部门定期分析汇总已出方案剩余可实施井位，安排钻井运行顺序，提交生产运行部门和产能建设单位。

四、随钻设备要求

（1）MWD随钻仪器应为国内海蓝、普利门、金地伟业、上海神开等正规厂家生产；LWD应为国外如哈利伯顿、贝克休斯、斯伦贝谢、威德福等知名厂家的主流产品。

（2）随钻设备提供方应保证所使用的MWD、LWD仪器设备工况良好，仪器新度为80%以上，必须有有效的仪器鉴定/校核纪录方可施工，否则应立即予以更换。

（3）每口井施工现场配备备用仪器1套和相关配件，杜绝因仪器数量及配件问题发生等停现象。

（4）随钻设备提供方在吉林油田必须设立维修基地或车间，以方便仪器维修。

（5）同时施工井数在5口井以上时，必须在其公司或基地额外准备1套全新仪器，避免因现场多套仪器同时发生故障而导致的长时间等停。

（6）仪器应该具有数据远传功能，满足现场随钻测量的数据能远传到吉林油田。

五、井眼轨迹控制

（1）井眼轨迹控制服务方应具有中国石油颁发的随钻控制施工资质。

（2）井眼轨迹控制人员必须具有2年以上水平井现场施工经验。

（3）井眼轨迹控制人员必须有较强的责任心，熟练掌握轨迹控制程序，能够及时正确判断工具的造斜率和预测井眼轨迹变化趋势。

（4）每口井应配备2名轨迹控制人员，如有多口井同时施工，还应配备1名技术总管，负责井眼轨迹控制总体协调管理工作。

六、健康安全环境

（1）油田开发全过程必须实行健康、安全、环境体系（HSE）管理。贯彻“安全第一、预防为主”的安全生产方针，从源头控制健康、安全、环境的风险，做到健康、安全、环境保护设施与主体工程同时设计、同时施工、同时投产。

（2）油田开发应贯彻执行《安全生产法》《职业病防治法》《消防法》《道路交通安全法》《环境保护法》《海洋环境保护法》等法律。预防、控制和消除职业危害，保护员工健康。落实安全生产责任制和环境保护责任制，杜绝重特大事故的发生。针对可能影响社会公共安全的项目，制订切实可行的安全预防措施，加强与地方政府的沟通，并对公众进行必要的宣传教育。

（3）按照国家职业卫生法规、标准的要求，定期监测工作场所职业危害因素。按规定对劳动卫生防护设施效果进行鉴定和评价。对从事接触职业危害作业的岗位和员工，要配备符合国家卫生标准的防护设备或防护措施，定期进行职业健康监护，建立《职业卫生档案》。

（4）按照国家规定开展劳动安全卫生评价和环境影响评价，实行全员安全生产合同和承包商安全生产合同管理。严格执行安全生产操作规程;对工业动火、动土、高空作业和进入有限空间等施工作业,必须严格执行有关作业安全许可制度。

(5)新技术推广和重大技术改造项目必须考虑健康、安全、环境因素,要事先进行论证及试验。对于有可能造成较大危害的项目,要有针对性地制定风险削减措施和事故预防措施,严格控制使用范围。

(6)对危险化学品(民用爆炸品、易燃物品、有毒物品、腐蚀物品等)、放射性物品和微生物制品的采购、运输、储存、使用和废弃,必须按国家有关规定进行,并办理审批手续。

(7)针对可能的安全生产事故、环境污染事故、自然灾害和恐怖破坏须制订应急处理预案,定期训练演习。应急预案应该保证能够有准备、有步骤、合理有序地处理事故,有效地控制损失。

(8)健全环境保护制度,完善环境监测体系。油田开发要推行“清洁生产”,做到污染物达标排放,防止破坏生态环境。油田废弃要妥善处理可能的隐患,恢复地貌。凡在国务院和省、自治区、直辖市政府划定的风景名胜区、自然保护区、水源地进行施工作业,必须预先征得有关政府主管部门同意,并开展环境影响和消减措施研究。

七、跟踪调整

钻井设计单位要做好跟踪研究与评价。在产能建设方案实施过程中,钻井设计单位要组织设计人员到现场收集各种实钻资料,分析钻井方案在实施过程中存在的问题,系统评价钻井技术路线是否适应油藏地质需要,并对钻井工程方案不断进行完善和优化。开展各项钻井工艺技术的适应性评价,对井身结构、钻井工艺、钻井液工艺、完井工艺等方面进行技术、经济评价,为下一步钻井工艺技术的优选、控制钻井投资提供依据。

八、资料验收

钻井资料由钻井工程管理部门组织验收。验收后由建设单位、钻井工程管理部门签署项目工程验收单。

第四节　持续融合技术创新管理模式低成本开发采油工程实施细则

采油工程方案以油藏工程为基础,与钻井和地面工程相结合,经多方案比选论证,采用先进实用、安全可靠、经济可行的技术,保证油田高水平、高效益开发。

一、采油工程方案设计原则

1. 突出集约化设计、大平台设计原则

(1)改变常规布井模式,形成以储层改造为主线,以油藏工程砂体研究、储层预测、剩余油研究为基础，以钻井井眼轨迹参数优化、密集井网防碰绕障为保证的井网设计，由常规小平台建井向集约化钻完井、工厂化作业、一体化集中处理的大井丛建井模式转变。

（2）跨专业的一体化设计，保障钻井、压裂、投产各环节工厂化作业。

2. 突出有效提高产能方面设计

（1）充分发挥油层生产能力→防止油层污染，优选完井工艺技术参数，优选入井液；

（2）提高油层生产能力→压裂改造油层，坚持改造与保护相结合；

（3）有效控制含水上升→防止隔层、同层水淹、水窜，合理优化压裂改造规模。

3. 突出有效保持产能方面设计

（1）充分发挥油井生产能力→延长油水井工作寿命，优化套管设计；

（2）保持油水井长期稳定生产→延长油水井免修期；

（3）保持储层的供液能力→保持地层能量，优化注水工艺技术；

（4）保证产能发挥的经济有效→降低油田开发投资规模，采取切实可行的环境保护措施，把对环境的影响降低到最小。

二、采油工程方案设计

1. 完井工艺设计

（1）油层套管设计。

按蠕变储层对套管的外加载荷理论，进行油层套管强度选择。油层套管选择以 N80–7.72mm、P110–9.17mm 套管为主。

（2）射孔参数设计。

① 井斜角≤30° 的井采用常规电缆传输射孔；

② 井斜角＞30° 的井采用油管传输射孔，采用压力起爆方式。

③ 射孔枪使用 102 型射孔枪，射孔弹采用 102 系列射孔弹，弹型为 DP44RDX32–1。孔密 16 孔 /m，相位角 60° ，螺旋布孔方式，射孔液选用自产地层水。

④ 复合射孔采用 102 枪，127 射孔弹。

2. 压裂工艺设计

（1）压裂采取整体优化、单井个性化设计，集成应用缝网、深穿透及转向压裂工艺，实现裂缝与井网匹配，提高水驱控藏程度。

（2）施工采用平台整体压裂、同步 / 顺序施工，利用缝端应力干扰，提高裂缝复杂程度。

（3）压裂材料优选高性能压裂液体系，实现蓄能、渗析和原油置换，利于产量提升及压后集中排液。

（4）压裂方案进行分类优化设计：① 扩边井立足大液量蓄能 + 准体积压裂工艺技术；② 油井排立足中等液量蓄能工艺技术；③ 水井排控缝长、缝内转向、多级加砂压裂工艺技术;④ 压裂返排液处理采取集中返排、集中储运、集中处理的运行模式,进行同区域回注。

3. 举升工艺设计

(1)举升工艺主体采用有杆泵举升工艺,对于城区、环保区采用螺杆泵举升工艺。

(2)根据实际完钻井身轨迹情况,系统针对大斜度、大狗腿度井进行偏磨量化分析,及重点防磨井段的确定及杆管受力状况分析,以此针对性开展防磨措施优化设计。防磨工艺采用聚乙烯内衬管与本体扶正器配套防磨方案。对于下泵深度井斜角超过 25° 油井要求采用专用斜井泵。

(3)从节能角度设计全部采用节能型抽油机及配套电机。部分区块采用双驴头双井抽油机,提高设备利用率。

4. 注水工艺设计

(1)由于大平台部分水井井斜角较大,井底位移较大,要求钻井施工必须严格控制井深轨迹,控制狗腿度,以保证后期注水管柱下入以及其后测调试的顺利实施。

(2)水井分 3～4 段注水,采用井下偏心分注工艺技术。注水井严格要求钻井施工必须严格控制井深轨迹,控制狗腿度,以保证后期注水管柱下入以及其后测调试的顺利实施。

(3)确保注水管柱居中,实现封隔器有效密封,需采用斜井专用封隔器,规格型号:Y341-110PHFJJL-120℃ /25MPa。设计管柱为斜井专用封隔器 + 可双重测试配水器作为主体分注管柱,满足大平台水井分层注水的需求。

三、采油工程实施管理

精选示范区、践行工厂化作业理念,以“高效、降本、增产”为终极目标。压裂现场施工根据大平台地面和地下井网,按照集中压准作业、工厂化压裂施工、统一压后管理原则,发挥平台压裂效果,提高作业效率,突出整体效益。同步干扰压裂井应选择人工裂缝方位有利配置的临近同层油水井,工厂化施工需优化完成压裂井、压裂层施工顺序,并计算出每日施工所需材料用量及类型,设计满足施工能力的压裂设备型号和数量。

采油工程工厂化压裂配套设备及技术保障措施:

(1)连续泵注系统保障。压裂泵车采用 2000 型以上车型,增加功率储备系数,保证连续施工;混砂车、仪表车现场备用,施工前对高压管汇、压裂井口、控制阀门等关键部位检查。

(2)水源及连续供水保障。施工前采用打水源井及建立蓄水池组合方式保障供水。

(3)压裂液储液系统。每组车都具备 1000m^3 左右软体罐储备压裂液。对于特殊施工规模较大的井,采取临时挖坑敷设防渗布措施,储备压裂液以满足施工需要。

(4)返排残液回收和处理系统。井场附近挖掘临时排污坑,铺设防渗布用于储存残液;同时配备压裂液回收和处理装置,对部分残液进行处理后再次用于压裂。

(5)固相废弃物集中处理,液相废弃物循环利用。压裂返排液在线回注水井调剖与清洁作业一体化。形成返排液 + 低成本钠基膨润土调剖体系,满足现场注入调剖需求。现场投产作业采用油水不落地清洁作业技术,实现了投产作业“零污染”。

四、采油工程保障运行

（1）成立采油工程方案运行领导小组，采油厂总工总体负责，方案设计人员参与。

（2）适应整体方案分步实施的要求，加强方案实施跟踪研究，及时进行调整。

（3）加强实施过程中的质量控制，确保采油工程方案实施过程的最优化。

（4）油田开发与环境保护工作并重，当环境保护要求与油（水）井生产发生矛盾时，以环境保护为主。

（5）各施工环节制订健康、安全和环境应急预案。

（6）方案优化完善环保工艺技术，要求对钻井采油固、液废弃物进行无害化处理，达到《中华人民共和国安全生产法》标准。

（7）采油生产过程中，必须做好生产操作、室内实验、现场试验施工等有关岗位人员的安全和健康防护工作，保障员工健康和人身安全。

（8）井下作业、采油生产、注水等施工中应采取环保措施，防止污水、原油等落地造成污染，做好生态环境恢复工作。

（9）在井下作业施工中，含有有害物质、放射性物质，以及油污的液体和气体不得随意排放，必须按有关规定处理。

第五节　持续融合技术创新管理模式低成本开发地面工程实施细则

油田地面工程建设是油田开发产能建设的重要组成部分，优化油田地面工程建设，提高投资效益、降低生产成本，直接决定油田开发的效益。

一、地面工程方案设计原则

（1）油田地面工程建设应按照“经济、高效、安全、适用”的原则，严格执行建设程序，实行项目管理。积极采用先进配套技术，优化地面建设和生产运行，确保油田高效开发。

（2）油田地面工程建设应严格执行建设程序，认真做好前期工作、工程实施、投产试运行、竣工验收各阶段管理，履行建设单位责任，组织设计、施工、检测、监理、质量监督等各参建单位，建设优质、高效的油田地面工程。

（3）严格执行国家及行业有关方针、政策、标准、规范和法规。

（4）积极采用新技术、新设备、新材料、新工艺，简化和优化流程、节能降耗。

（5）以经济效益为中心，在保证技术先进的同时，力争做到少投入、多产出，并注重环境保护。

（6）油田开发建设充分与城市规划相结合，管线走向要满足城市规划和安全的前提下，并考虑施工便利、巡查、维修、管理方便，确定最佳路径。

（7）保护环境，做好油气生产“三废”处理，不随意排放。

二、地面工程方案设计

（1）地面工程实施方案设计必须选择有相应资质的工程咨询单位和设计单位完成。

（2）设计单位在接到油藏方案及放井坐标后，需要建站（或较复杂的产能建设项目）25个工作日内完成编写和审核，不需要建站的15个工作日内完成编写和审核。

（3）地面实施方案设计应达到如下基本规定：① 整装油田在油田产能建设完成后，达到产能规模后6年之内地面工程建设规模的生产负荷率不应低于75%；② 整装油田油气集输密闭率一般要达到95%以上，新油田集输系统的原油损耗率要达到0.5%以下；③ 整装油田集输耗气一般应低于13m³/t，稠油集输耗气一般宜低于55m³/t；④ 整装油田伴生气处理率应达到8 5%以上，边远、零散井应尽可能回收利用伴生气；⑤ 出矿原油含水率应达到0.5%以下；⑥ 整装油田采出水（含油污水）处理率应达到100%，处理后水质要达到标准要求；⑦ 一般整装油田生产耗电应低于135kW·h/t，稠油生产耗电应低于210kW·h/t；⑧ 整装油田加热炉运行效率大于85%，输油泵效率大于75%，活塞式注水泵效率大于85%，离心式注水泵效率大于70%。⑨ 土地面积的有效利用率应大于70%。

（4）安全预评价完成，设计单位在18个工作日内完成安全设施设计专篇的编写。

三、地面工程施工图设计

（1）施工图设计必须选择有相应资质的设计单位，并严格按照批准的初步设计开展。施工图设计时，如建设地点、建设规模、各系统工艺方案、主要设备选型、工程内容和工程量、建设标准发生较大变化时，须经原初步设计审批部门核实、批准。

（2）设计单位设计图纸要符合国家和行业相应标准和规范要求，并尽可能采取优化简化等设计措施，满足现场生产需求，减少建设工程量，节约建设投资。

（3）设计单位应充分考虑油田已建设施基本情况，统筹兼顾油气集输及处理系统、注水及污水处理系统、供配电系统、仪表自控系统，以及配套土建、机械、防腐、工程地质、工程测量等配套辅助系统。

（4）设计单位收到设计委托后严格按照约定设计周期保质保量完成施工图设计，其中不需要新建计量间、配水间的项目，在地面工程方案审批后15个工作日内完成施工图设计；需要新建计量间、配水间、中转站、联合站、变电所的项目，由开发部根据产能建设需求及运行实际，编制施工图设计时间。

四、地面工程现场施工

（1）初步设计批复后和施工图完成后即可开展工程施工、工程监理、工程检测等参建单位的招标及重要设备、物资采购招标和施工准备工作。

（2）地面工程建设的施工、监理、检测单位选择及物资采购等，除某些不适宜招标的特殊项目外，均需实行招标。招标可采取公开招标、邀请招标的方式，招标活动要严格按照国家有关规定执行，体现公开、公平、公正和择优、诚信的原则。

（3）工程开工应当具备以下条件：① 工程征地、供电、供水等相关协议，防火审批等手续已办理；② 经审查修改后的施工图已发送到施工、监理等单位；③ 完成施工场地平整、通水、通电、道路畅通；④ 工程施工、监理等参建单位进驻现场，施工机具运抵现场；⑤ 施工计划、质量保证计划、安全生产计划、监理、质量监督等实施计划已经制定、落实；⑥ 质量、健康、安全、环境（QHSE）各项措施都已落实；⑦ 工程建设资金已经拨付到位；⑧施工单位已签订工程施工合同和安全服务合同。

（4）地面工程建设必须严格执行建设程序，制订合理工期，科学组织、优化运行，严禁“三边工程”（边设计、边施工、边投产）。

（5）工程资料档案管理要做到“三同时”，即建立项目档案与项目计划任务书同时下达；工程档案资料与工程进度和质量同时检查；在工程竣工验收时同步验收竣工档案资料。建设项目档案工作应纳入项目管理程序，档案管理要求应列入监理管理和工程承包合同，明确各方面对档案工作的责任，认真做好保密工作。

第五章

持续融合技术创新管理模式实施低成本开发战略前景分析

第一节 适宜资源动用与有效开发前景

根据中国国土资源部最新石油储量统计结果，截至 2015 年底，探明未开发石油地质储量达到 86×10^8t、可采储量 15×10^8t。从地质条件分析，这些探明难动用、暂不能开发储量属于广义的低品位难采储量。从资源品质分类情况看，探明未开发储量可以划分为近期可开发、难开发（目前技术经济条件下动用难度较大）、暂不能开发储量（目前技术经济条件下难以开发并需进一步评价落实）三类，根据国土资源部 2009 年“全国油气资源储量利用现状调查”结果，难开发、暂不能开发储量合计占 34.7%，以此比例类推，2015 年底，难开发、暂不能开发地质储量合计 30×10^8t、可采储量近 5.2×10^8t。

根据我国陆上重点盆地主要层系低品位超低、特低资源（致密油）地质普查情况分析，重点盆地主要层系资源量 151×10^8t，其中Ⅰ、Ⅱ级合计 92×10^8t；可采系数按 6%～8% 计算，可采储量达（9～12）$\times 10^8$t。

近些年来，技术进步、管理创新和油价攀升推动美国低品位资源（致密油）实现规模上产。2012 年美国致密油产量 0.99×10^8t，占总产量 30%；2013 年攀升至 1.34×10^8t，占总产量的 36%；2015 年致密油产量 2.26×10^8t，占总产量的 48%，低品位资源已成为美国原油产量增长的主要来源。

自 20 世纪以来，中国持续开展了低品位资源开发试验攻关，截至 2015 年底，完钻各类井 2155 口，产能规模达到 170×10^4t，在技术进步及管理创新方面均取得长足进步和认识。在技术方面，以吉林油田为代表的新立油田Ⅲ区块集约化大平台井从效益建产试验区、乾 246 区块致密油水平井开发先导试验的成功实施，在低品位资源区探索和创新应用甜点评价与描述技术、水平井钻完井技术、水平井体积压裂技术，随着国内各油田持续推进低品位资源开发试验攻关，有望在 2020 年前可实现技术储备集成、水平井优快钻完井技术；集约化、工厂化压裂 / 重复压裂 + 置换与驱油 + 补充能量一体化技术；注 CO_2（天然气）、水吞吐补充能量等关键瓶颈技术的突破。在管理创新方面，吉林油田致密油项目部引领创新开展勘探开发一体化、地质工程一体化的工作模式，实施扁平化项目制生产管理，实现降本增效，明确工作职责、精简组织机构、下放管理权限，勘探开发、地质工程、科研生产、生产经营一体化。创造跨专业、跨部门、无缝衔接的融合协作创新环境，通过扁平化、一体化管理和里程碑考核创新管理模式来提高工作效率，通过技术进步、科学组织结合市场运作转变经营理念，实现降本增效。通过逐步试验、探索降投资途径，吉林油田低品位致密油在油价 50\$/bbl 时内部收益率可达到 4.1%，有望在低油价背景下实现效益开发，看到了国内陆相低品位资源通过创新管理模式、改变生产关系，解放生产力而规模效益开发的曙光。

以可采资源量为基础，在当前低油价背景下，全面推广应用持续融合技术创新管理模式，实施低成本战略，推动中国低品位资源持续效益开发显得尤为重要，预计在油价 70\$/bbl 条件下，到 2020 年探明并动用低品位地质储量 6.69×10^8t，产油量 660×10^4t；2030 年探明并动用低品位地质储量 40.27×10^8t，产油量 3000×10^4t，预计占中国石油总产量 2×10^8t 的 15%，成为必要的补充资源。如果在油价 90\$/bbl 条件下，到 2020 年探明并动用致密油地质储量 7×10^8t，产量 700×10^4t；2030 年探明并动用致密油地质储量 59.87×10^8t，致密油产量 5000×10^4t，预计占中国石油总产量 2.0×10^8t 的 25%，低品位资源将成为接替资源之一，对保障中国油气安全供应起到重要作用。

第二节　持续融合技术创新管理发展前景

一、油藏工程

油藏工程是一项以油层物理、油气层渗流力学为基础，进行油田开发设计和工程分析方法的综合性石油技术。研究油藏（包括气藏）开发过程中油、气、水的运动规律和驱替机理，拟定相应的工程措施，以求合理地提高开采速度和采收率。面对低品位油气资源的开采，在油藏工程方面对理论研究、物探技术的应用及数据采集与处理方面提出了更高的要求。

1. 加强提高物探在采集、处理解释方面的技术水平

常规物探技术的应用创新，一定程度上较好地支持了低品位资源有效开发动用，但尚未做到完全技术可行，尤其物探技术在开发中应用的深度和广度都很不够，与国内外先进物探技术水平有较大差距，一方面需要进一步挖掘现有海量地震勘探数据丰富地质信息，深化完善适用有效的地震勘探资料处理解释技术，做好地震勘探成果和技术在开发领域的普及深化应用；另一方面将积极推进国内外先进成熟适用的新技术应用，在采集方面，“两宽一高”地震勘探技术在国内外已经属于成熟，吉林油田剩余资源大，多数属于低品位资源，开展二次采集勘探即“两宽一高”地震勘探十分必要，将更好地为低品位资源开发动用提供物探技术保障；在处理解释方面，叠前信息将广泛应用，尤其在叠前油气检测、叠前裂缝识别、叠前地应力预测、叠前脆性预测等方面将有效指导部署及钻探，地震资料品质及地震分辨率的进一步提高将可更大程度地促进低品位资源的有效开发动用。

2．加强提高低品位资源单井产量理论基础研究，为低品位资源规模建产提供理论指导

低品位资源以特低渗透或者致密油为主，不同于常规油藏，其储层致密、储集空间以微纳米孔为主，岩石脆性和地应力复杂多变，多尺度多重介质渗流机理不清，需要发展致密油特有的地质、压裂和开发基础理论。在地质理论基础方面，应重点加强储层成因机制及演化模式、裂缝成因机理及分布规律、含油性主控因素及分布、致密油甜点分布模式等研究；在开发理论方面，重点加强开发实验测试与评价方法、多重介质非线性渗流机理、致密油开发动态与规律、基于基质—裂缝耦合机理的开发模型与预测方法、建产模式与投产方式等研究。

3．攻关低品位资源稳产技术，努力延缓产量递减，实现稳产

针对单井产能已突破的低品位资源，面临如何延缓产量递减、保持稳产的问题，基于致密油生产动态及开发规律分析，发展致密油全生命周期产能评价与预测技术，优化工作制度，建立低品位资源稳产模式；发展重复压裂技术，努力延缓产量递减，实现稳产。技术发展方向包括：发展注混合水 /CO_2 重复压裂技术，延缓递减、注水吞吐开发技术、注气 /CO_2 吞吐开发技术，建立致密油稳产模式，通过井间 / 井组接替实现稳产。

4．储备低品位资源提高动用程度技术，为提高开发水平提供技术支撑

针对低品位资源油井间、缝间动用程度低的难题，提高平面动用程度技术研究，通过优化井距，提高对储量的动用程度，通过优化井网，提高对储量的控制程度；应用大规模体积压裂 + 注水吞吐开发技术、多轮次重复压裂、提高 SRV 动用程度技术，推动低品位资源规模有效动用。

5．积极探索提高低品位资源采收率技术，加强开发先导试验，推动规模有效动用

超前储备低品位资源提高采收率理论与技术，奠定效益开发理论基础。针对低品位资源储层孔喉细小、不同尺度孔隙和裂缝间流体赋存状态及流动机理复杂，储层原油采收率低的难题，积极攻关致密油提高采收率理论，储备致密油效益开发理论与技术。理论与开发试验研究包括：注水吞吐开采机理、注天然气 /CO_2 吞吐开采机理、注表活剂提高驱油效率机理与技术；积极开展致密油注水 / 注气 /CO_2 等提高采收率先导试验，探索不同类型致密油持续有效开发新途径。

二、钻井工程

面对信息技术高速发展的今天，钻井技术的进步将为油气田尤其是低品位油气资源的开采提供高效、优质的服务，在成本节约、钻井效率提高方面做贡献。为了达到此目的，现代钻井技术发展趋势是：向信息化、智能化方向发展；向多学科紧密结合、提高油井产量和油田采收率方向发展；向有效开采特殊油气藏方向发展。

1. 向信息化、智能化方向发展

息化钻井技术以MWD、LWD、SWD、FEWD、GST、DDS为主要特征。智能化钻井技术是由井下导向工具、测试工具、作业控制者三者组成的闭环钻井系统。目前已投入商业运作的钻井系统有垂直钻井系统（VDS）、自动定向钻井系统（ADD）、自动导向钻井系统（AGS）、旋转导向钻井系统（SRD）、旋转闭环钻井系统（RCLS）。充分利用改信息化、智能化技术会为低品位油气资源的开采提供帮助。

同时，根据需要还形成了一系列专业技术，如为适应气体钻井、泡沫钻井和控压钻井等新技术快速发展的需要，形成了电磁波传输式随钻测量技术；为适应欠平衡钻井监测井筒与储层之间负压差的需要，哈里伯顿、斯伦贝谢和威德福等公司研制出了随钻井底环空压力。总之随钻测量技术的目标是提供更加准确的井下数据，各种技术的集成将使随钻测量技术应用更加广泛和高效。

2. 向多学科紧密结合、提高油井产量和油田采收率方向发展

开发自己的综合设计平台和软件，软件可融合地质模型、钻井模型、采油油藏模型、成本和费用核算模型，以便考证水平井的有效性和经济性。将多学科紧密结合在一起，综合考虑分析，向提高油田采收率的方向发展。

3. 特殊工艺钻井技术往低品位资源开发发展

随着钻井技术的不断攻关、经济技术条件逐渐成熟，原本难以开采或者开采程度很低的低品位资源可以得到开发利用。各种循环介质的欠平衡和气体钻井技术已在世界范围内得到了广泛应用，如果与水平井和套管钻井等技术结合起来，可大幅度提高钻井效率、降低作业成本；深井超深井钻井技术的发展将使深部低品位资源的利用率进一步提高；以旋转导向与地质导向技术和自动垂直为代表的自动化钻井技术将进一步提高低品位资源的开发效果。

钻井技术的发展进程以信息化和智能化钻井为核心，全面提高了钻井技术水平，使钻井技术由部分定量分析研究进入全面定量分析研究，从而发展了水平井钻井技术、多分支井钻井技术和欠平衡压力钻井技术，使钻井手段、钻井任务、钻井类型和钻井对象等方面都发生了巨大变化。使钻井工程技术在特殊油气藏开采过程中发挥着越来越重要的作用。

4. 复杂结构井钻井技术将向着适应油藏地质特征上发展

复杂结构井由于技术发展将适应更加苛刻的油藏环境。水平井、多分支井、大位移井和鱼骨井由于可提高油气藏暴露面积，有利于提高油气井产量和采收率、降低"吨油"开采成本将不断推广发展，井身结构将更加复杂实用的方向发展。

5. 井下管材由单一功能向着多功能方向发展

随着钻进技术及井身条件的需要，各种井下管材将不只是为了常规钻井的要求，而且还要克服各种井身结构带来的问题和井下复杂环境带来的挑战，完成技术上的突破。以连续管钻井为例，它为短半径、大位移、多侧向的水平钻井和欠平衡、小井眼钻井提供了安全、先

进、有效的技术手段；在钻杆方向上，目前已研制出了具有很高强度、挠性和耐用性而且质量轻、耐腐蚀强的碳纤维钻杆和钛合金钻杆，可大容量、高速度传输井下数据的智能钻杆，以及隔热钻杆和高强度钻杆等，同时钻杆遥测技术和钻杆屈曲技术也在不断发展。

三、采油工程

面对低品位油气资源储量低、开采难度加大的现状，采油工程技术只有进一步的发展才能跟上时代的步伐，提高采收率，在低成本的前提下，进行油气田开采。

1. 动力方面由常规的电机向提高电机性能和适应性领域发展

随着技术的发展，特别是电气工业技术的不断进步，电机性能会有较大的提升：通过优化电机结构，提高电机性能，可扩大技术的适应性和适用范围领域发展；通过改进加工工艺，减小轴向尺寸误差，从根源上抑制振动的产生；通过提高控制精度，确保电机运行过程中的稳定性；通过对现场条件的分析，设计电机结构参数，发展出专门适应某一特殊条件的电机。

2. 由传统油管外绑工具向连续油管内置方向发展

由于常规的油管外绑工具，施工工艺复杂，作业时间长，容易造成设备损伤等问题，目前行业内考虑用连续油管替代传统油管，通过特殊工艺将各项设备工具内置到连续油管内，在提高作业效率的同时，减少了对电缆的伤害概率。

3. 各种工具设备向着小型化复杂化自动化方向发展

随着工业技术、材料科学的进步，各种原来难以实现的工艺技术有了实现的可能。传统的井下工具及工艺可以在新技术新材料的支持下获得较大的发展。传统工具将逐步小型化、复杂化，电气控制技术将得到广泛的应用，自动化控制水平将极大提高。

4. 由传统的粗放型管理模式向精细化监测诊断配套发展

目前在井下故障的诊断方面，各项工艺还处于粗放的管理模式下。一般只能保障油井正常生产，对于出现的问题只能通过经验判断和简单的间接测量，通过信号线，以直读和反演解释的方式可实现对井下工况的监测和诊断，有利于提高技术应用的效果。

5. 由依靠经验设置举升参数向系统优化设计方面发展

各项注采工艺工作参数的确定，目前主要采用的是根据井的产量及其他数据，根据经验确定。随着优化技术的发展，根据油井实际供排协调、流入动态及含水等，通过科学的计算，实现系统举升的整体优化，可以有效提高技术的应用效果和效益。

6. 由零散的非系统施工向规范化配套系统集成领域发展

目前各项工艺的现场施工需要多部门配合，往往需要协调许久，没有统一的组织，配套施工设备也是临时性应用。由专业部门统一组织，科研部门攻关，各单位参与，通过技术攻关形成系列配套技术及设备，实现集成技术，为该技术的规模化推广创造条件。

四、地面工程

随着技术的发展，油田地面技术将重点发展地面工艺技术攻关；加强管道和站场的完整性管理，实现本质安全；稳步推进数字化油气田建设，提高油气田生产管理水平和效益；加强设计方案优化，提高油气田开发整体效益；加强地面系统管理，实现提质增效发展。油气集输及原油脱水新技术、污水处理新技术、物联网技术，研发一体化油气集输及脱水、一体化污水处理等新设备，地面建设建更加趋于设标准化设计、规模化采购、工厂化预制、模块化施工，地面建设周期短、质量高、投资省、效率高，满足生产需求。

1. 加大地面工艺技术攻关，实现创新驱动发展

一是强化稠油 SAGD（蒸汽辅助重力泄油）开发、稠油火驱开发、CO_2 驱、空气泡沫驱等重大开发试验地面配套技术研究；二是持续开展煤层气、页岩气、致密油气等非常规能源开发以及储气库建设地面配套工艺技术的优化研究；三是深化常温集油、原油低温脱水等节能技术研究；四是加大软件量油、稳流配水、井下节流、一体化集成装置、非金属管道等新成果的应用推广工作。

2. 加强管道和站场的完整性管理，实现本质安全

管道和站场是油气生产系统的重要组成部分，是安全环保的重要载体，是优化油气田生产组织与管理、提升效益的关键环节，对油气产量、效益、安全环保都具有重要的作用。“十三五”期间，中国石油全面开展油气田管道和站场完整性管理工作，确保本质安全。建立油气田管道和站场完整性管理的总体框架，综合考虑油气田管道和站场数量多、标准低、寿命短、建设分散、介质复杂的特点，充分借鉴国内外相关石油公司完整性管理工作经验和研究成果，进一步明确不同类型管道和站场数据采集和整理、高后果区识别、风险评价、完整性评价等各个完整性管理环节的内容、方法和流程。同时，加强完整性管理关键技术研究，既包括了完整性管理数据格式研究、油气田集输管道检测评价和修复技术研究、小口径管道检测技术研究、腐蚀直接评价技术研究，也包括高含水油田管道腐蚀机理研究、高矿化度采出液腐蚀机理研究等内容。

3. 稳步推进数字化油气田建设，提高油气田生产管理水平和效益

油气田数字化建设是新形势下提质增效的有效手段。数字化油气田的建设实施应坚持新油气田数字化建设与产能建设同步实施，通过产能建设带动数字化油气田建设；老油气田数字化建设应以效益最大化为目标，优选项目，结合整体调整改造，在充分优化简化的基础上分步推广实施。通过数字化油气田建设，实现生产数据自动采集、远程监控、生产预警等功能，达到中小型站场无人值守、大型站场少人集中监控，实现油气田统一调度管理。同时在协同作业、生产优化、决策分析上发挥油气田数字化的作用，以进一步提高油气田生产管理水平和开发效益。

4. 加强设计方案优化，提高油气田开发整体效益

优化简化是降低工程投资、控制运行成本的最有效手段。按照全生命周期效益最大化的理念，坚持地下地上统筹优化的原则对方案进行优化简化。把总体布局、集输与处理工艺、站场总平面布置、材质选择、腐蚀与控制、重要设备选型及近远期衔接作为重点，在满足生产需要和本质安全的前提下，减少布站层级和站场数量，简化工艺流程，减少占地面积，节能降耗，最大限度地降低工程投资和运行成本。

5. 加强地面系统管理，实现提质增效发展

油气田地面系统点多、面广、线长，系统庞大。使用该管理模式的优点，首先，便于企业随时与地方政府部门沟通，及时掌握地方政府利益诉求并制订相应措施；其次，便于油气企业抓住与各级政府会谈的各种有利时机，充分利用企业与地方政府签订的战略合作协议，以天然气利用改善地方能源消费结构、促进当地经济发展为突破口，全面调动各方资源，积极寻求政府部门的理解和支持，协调管道沿线省级投资主管部门采取“自上而下”的方式，组织管道沿线政府召开项目前期工作协调会。

第三节 持续融合技术创新管理模式远景

1. 世界石油公司不同阶段技术发展特点

石油科技的发展历程表明，在不同历史阶段及不同市场环境下，国外石油公司对油气开发所实施的开发战略有不同的表现。20 世纪 70 年代为规模取胜时代，20 世纪 80 年代为低成本取胜时代，20 世纪 90 年代以来为高科技取胜时代。进入 21 世纪，国外大的石油公司开发战略呈现不同的特点，但科技仍然是取胜法宝。科技创新是科技进步的核心，加强广泛科技合作，强占高新技术制高点，稳步推进持续发展石油科技（图 5–1）。

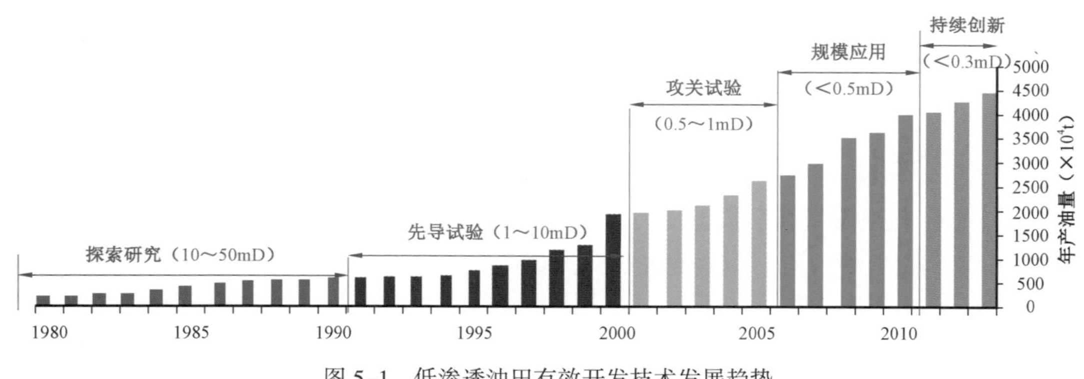

图 5–1 低渗透油田有效开发技术发展趋势

2. 长庆油田超低渗透油藏创新管理效果

中国石油从 1980 年开始开展了针对低渗透油气藏开发的基础研究和技术攻关，突破了

超低渗透油藏规模效益建产的关键技术，开发的渗透率界限由 5mD 降低到 0.3mD 以下；新建产能动用低渗透储量比例也逐年增大，低品位将成为常态。

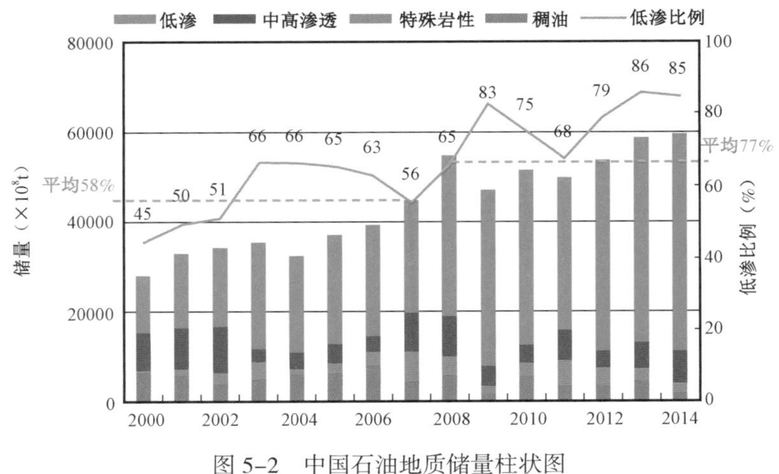

图 5-2　中国石油地质储量柱状图

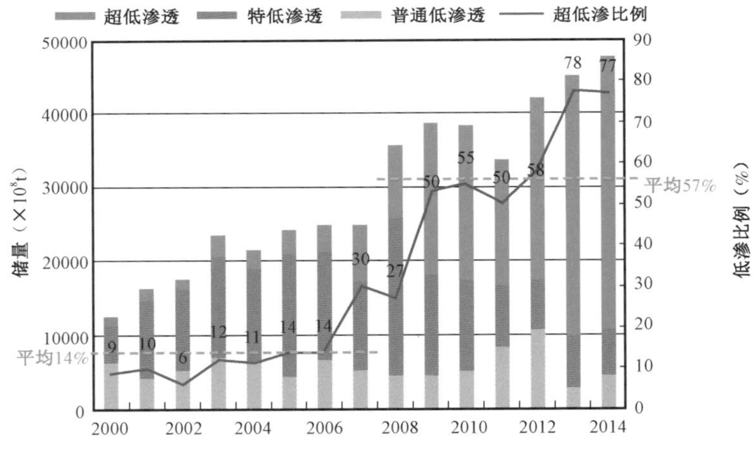

图 5-3　中国石油超低渗动用规模增幅柱状图

低渗透动用储量规模逐年增加，从 2000 年的 1.26×10^8t（45%）增加到 2014 年 4.2×10^8t（85%）；低渗透储量中超低渗动用规模增幅较大，从 2000 年的 1144×10^4t（9%）增加到 2014 年 36860×10^4t（77%），技术和管理取得较大收获。

截至 2014 年底，中石油动用低渗透储量 63.9×10^8t，年产量突破 4000×10^4t，占 36%，主要分布在长庆、吉林和大庆 3 个油田。

以长庆油田开发为例。长庆油田是世界著名的超低渗透油气田。开发 40 年来，坚持在低渗透上谋发展，先后发现并成功开发 36 个低渗透、特低渗透油气田，创造了著名的安塞、靖安、西峰模式和靖边、榆林、苏里格模式，成为中国低渗透油气田开发的典范。2009 年油气当量突破 3000×10^4t，2015 年油气当量将达到 5000×10^4t。长庆油田经过近些年的探索，已形成了一整套超低渗透油藏经济有效开发管理办法。

2008 年以来，通过标准化建设，建设工期缩短 20% 以上，投资降低 5% 左右，预计 2010 年底将累计建成产能 700×10^4t，生产原油 400×10^4t 以上；通过集成创新，采用井网优化、超前注水、多级压裂等关键技术，单井产量提高了 20% 以上；2009 年，油田公司下达超低渗透油藏开发 185 万吨产能建设，钻井工程综合成本较 2008 年降低 8.8%，地面工程单井综合成本较 2008 降低 10 万元／口。超低渗透油藏开发内部收益率 12.74%，大于基准收益率 12%，投资回收期 6.6 年；长庆油田实现了无需排污池的试油压裂绿色作业，已应用 123 口井，回收率达 80% 以上；勘探开发一体化有效利用预探、评价井井场、道路，2008 年一体化实施井场 46 个，每个井场减少征地 10 亩；地面建设群式井组方式，百万吨产建减少井场 229 个，节约土地 3435 亩。

3. 持续融合技术创新管理模式展望

采油工程技术和管理的整体发展，不但取得了可观的社会效益和经济效益，更为中国油气工程技术发展和管理提供了很好的借鉴。面对低油价的寒冬期和低品位资源的勘探开发的现实情况，必须要坚持技术驱动进步，创新驱动发展之路。我们将不断丰富持续融合技术创新管理模式内涵和外延，扩大其应用范围，继续引领新技术、新装备等采油工程科研利器创新突破和管理提升，支撑中国油气开发持续发展。

"持续融合技术创新管理模式" 将在开发低品位油气资源中得到广阔的应用前景。

（1）全面促进新工艺、新技术的研制与推广，提高油气产能建设；

（2）有效的开发管理模式将成为规模开发、经济建产的推手；

（3）开发投资得到科学控制，获取更好的经济效益；

（4）能够实现低品位油气资源绿色、低碳开发。

结合国内外的成功事例，"持续融合技术创新管理模式" 将按照新思路、新技术、新模式的方式，经过与专业和管理部门协作，将为中国油田开采带来新的技术变革、新的管理模式、新的经济收益及新的社会效益。

可以预见，在低品位油气资源实施持续开发过程中，从不断创新到技术融合，从 "授人以鱼" 到 "授人以渔"，将有机的技术与管理结合，必成为低品位资源开发的有效科学方法。

后　　记

油气资源劣质化已成为油气勘探开发所面临的共性问题，勘探开发主体已由常规低渗透油气藏转向特低渗透、致密性油气藏，以吉林油田为例，这种特点尤为突出，未动用储量中超过 80% 为特低渗透致密性油藏。近年来，受低油价和资源品质变差的双重冲击，采用常规产能建设模式难以满足降投资、降成本的客观要求，实现效益建产的难度越来越大，导致油田产能建设规模锐减，对油田发展影响深远。为应对油气资源劣质化条件下实现有效建产的挑战，在充分借鉴北美致密油气开发所形成的非常规理念与非常规技术系列成功经验基础上，升华了“持续融合技术创新管理模式”，按照老技术常用常新，不断拓展新思路、新技术和新模式，在专业技术和生产管理部门的协作下，针对吉林油田的生产实际，提出了“提产量、提采出程度、降投资、降成本”实现效益建产的策略，形成了大井丛集约化建产、地质工程一体化优化、油藏体积改造、非常规能量补充、工厂化作业等系列非常规开采技术及配套管理措施。通过重新认识低渗透资源，创新大平台集约化建产模式，全面促进新工艺、新技术的研制与推广，提高油气产能建设；有效的开发管理模式将成为规模开发、经济建产的推手；开发投资得到科学控制，获取更好的经济效益；能够实现低品位油气资源绿色、低碳开发。实践表明，在充分重新认识低渗透油藏潜力与技术体系的基础上，推广实施“持续融合技术创新管理模式”，是当前乃至今后长期实现油气田效益建产的必然选择。

在项目实施过程中，得到了吉林油田公司、中国石油勘探开发研究院各级领导的关心和支持，得到了一大批技术和管理人员的支持与帮助，在此一并表示感谢。在本书编写过程中，项目相关人员更是付出了艰辛的劳动，期间详细查找资料，统计数据，认真总结和提升，为此感谢吉林油田公司所属油气工程研究院、勘探开发研究院、地球物理勘探研究院、钻井工艺研究院、勘查设计院及各采油厂给予的帮助。特别感谢王毓才、张应安、朱勇志、李兴科、叶勤友、张德平、段永伟、张成明、孙超、王百坤、孙伟、张辉、陈建文、陈玉明、王立武、王树平、周保中、何军、何泳、杨振科、赵云飞、赵建忠、翁玉武、李涛、汪忠宝等同志对本书的无私贡献。

编者

2016 年 12 月